D1658821

Biofouling bei Membranprozessen

Springer

Berlin
Heidelberg
New York
Barcelona
Budapest
Hong Kong
London
Mailand
Paris
Tokyo

Hans-Curt Flemming

Biofouling bei Membranprozessen

Willy-Hager-Stiftung Stuttgart

Mit 114 Abbildungen

Springer

PD Dr. habil. Hans-Curt Flemming

Technische Universität München
Lehrstuhl für Wassergüte und Abfallwirtschaft
Am Coulombwall
D-85748 Garching

ISBN 3-540-58596-6 Springer-Verlag Berlin Heidelberg New York

CIP-Eintrag beantragt

Satz: Fotosatz-Service Köhler OHG
SPIN: 10465210 02/3020 – 5 4 3 2 1 0 – Gedruckt auf säurefreiem Papier

Dieses Buch ist
Herrn Oberingenieur Kurt Marquardt
gewidmet

Danksagung

Die Arbeiten zum Biofouling bei Membranprozessen gehen auf Anregung und Initiative von K. Marquardt zurück, der ihre Förderung durch den Stiftungsrat der Willy-Hager-Stiftung, Stuttgart, maßgeblich unterstützt hat. Dieser Stiftung gebührt mein Dank dafür, daß sie viele Jahre lang Sach- und Personalmittel zur Durchführung des Forschungsprojektes zur Verfügung gestellt hat. Dieser Dank gilt insbesondere auch Herrn Prof. Dr. G. Eigenberger als weiterem wissenschaftlichen Mitglied des Stiftungsrates. Mittel für Grundlagenuntersuchungen zum Thema wurden zusätzlich von der DFG gewährt, der hierfür ebenfalls herzlich gedankt wird.

Die Arbeiten wurden in der chemischen Abteilung des Instituts für Siedlungswasserbau an der Universität Stuttgart, langjährig geleitet von Prof. Dr. Wagner, durchgeführt. Seine Unterstützung des Projekts war sehr wertvoll. Ohne den sachkundigen, intensiven und innovativen Einsatz meiner Mitarbeiter wäre die Durchführung allerdings nicht möglich gewesen. Hier ist in erster Linie Frau Dr. Gabriela Schaule, Herrn Thomas Griebe, Herrn Jürgen Schmitt und ganz besonders Frau Hanna Rentschler und Frau Andrea Kern zu danken. Prof. Dr. K. Poralla, Universität Tübingen, hat die Dissertation von Frau Dr. Schaule betreut und entscheidende mikrobiologische Aspekte beigesteuert. Dr. Wolfgang Ruck als Laborleiter hat sowohl die organisatorische Abwicklung im Labor geregelt als auch manche Hindernisse rechtzeitig erkannt und zu ihrer Überwindung beigetragen. Darüber hinaus hat er viele Anregungen zum Projekt beigesteuert. Dr. Richard McDonogh hat die Arbeiten zur Permeabilität von Biofilmen durchgeführt und bei der Betreuung der Studienarbeiten von E. Gaveras und M. Beck Pate gestanden. Seine unkonventionellen australischen Ideen und seine Tatkraft waren höchst hilfreich. Herr Schoppmann vom Institut für Mikrobiologie der Universität Tübingen hat mit seiner Erfahrung und Kunstfertigkeit die elektronenmikroskopischen Aufnahmen zu einem wertvollen Hilfsmittel machen können, wofür ich ihm ganz speziell danke. Vielen ausländischen Kollegen bin ich dankbar für die hilfreichen und substanziellen Diskussionen und Kooperationen – vor allem Dr. H.F. Ridgway (Water Factory 21, Orange County), Prof. Dr. A. Fane (Membrane Centre, University of New South Wales, Sydney) und Prof. Dr. K.C. Marshall (Microbiol. Dep., University of New South Wales, Sydney).

Der Kontakt zur Anwendungspraxis war ebenfalls eine wesentliche Quelle der Inspiration. Die Diskussionen mit Herrn Nagel (Hager und Elsässer), Herrn Dr. Ladendorf (Aqua Engineering), Herrn Dr. P. Sehn (Dow Chemical) und Herrn Krack (Henkel Ecolab) gaben immer wieder die Möglichkeit, unsere Ergebnisse mit dem Betrieb großer Membrananlagen zu vergleichen, was immer wieder neue Einsichten eröffnete.

Nicht zuletzt hat die hervorragende Betreuung durch den Verlag – ganz wesentlich durch Frau Dr. M.Hertel – diesem Buch zum Leben verholfen.

München, Januar 1995 Hans-Curt Flemming

Vorwort

Seit 1975 fördert die Willy-Hager-Stiftung wissenschaftliche Arbeiten auf dem Gebiet des Umweltschutzes, insbesondere der Verfahrenstechnik der Wasserreinigung und -aufbereitung des Frisch- und Abwassers.

Das vorliegende Buch faßt die von der Stiftung geförderten Arbeiten zur Problematik des Biofouling bei Membranprozessen zusammen. Diese Arbeiten begannen 1986 und wurden von Herrn Dr. habil. H.-C. Flemming mit seiner Arbeitsgruppe in der Abteilung des Instituts für Siedlungswasserbau, Wassergüte- und Abfallwirtschaft (ISW) der Universität Stuttgart durchgeführt.

Membranprozesse gehören zu den energiesparenden, kostengünstigen und umweltschonenden Wasseraufbereitungsverfahren. Biofouling stellt dabei allerdings immer noch ein nicht befriedigend gelöstes Problem dar. Die Untersuchungen der Arbeitsgruppe haben gezeigt, wie komplex die Zusammenhänge sind und auch, wie sehr die zugrundeliegende Problematik häufig noch unterschätzt wird.

Das Verständnis des Biofouling auf der Grundlage der Biofilm-Entwicklung hat den Weg zu neuen Ansätzen eröffnet. Ursachen, Mechanismen und Gesetzmäßigkeiten, die für das Biofouling maßgeblich sind, konnten aufgedeckt werden. Von besonderem Interesse ist die sorgfältige Diskussion von Maßnahmen, die zu einer Verringerung oder Vermeidung von Biofouling führen. Dabei sind vor allem solche Lösungsansätze interessant, die mit wenig oder völlig ohne Zugabe von Bioziden auskommen.

Viele der hier vorgestellten Ergebnisse wurden bereits auf Tagungen oder in wissenschaftlichen Zeitschriften veröffentlicht und haben internationale Anerkennung gefunden. Um so wichtiger erscheint es uns, die Ergebnisse in einer kommentierten, zusammenfassenden Monographie der Fachwelt zur Verfügung zu stellen.

Für die geleistete Arbeit und die mit der Abfassung dieser Monographie verbundene zusätzliche Mühe möchte der Stiftungsrat dem Autor, Herrn Dr. H.-C. Flemming, seiner Arbeitsgruppe sowie der Abteilung Chemie, lange Jahre durch Herrn Prof. Dr. R. Wagner geführt, seinen besonderen Dank aussprechen.

Wir sind überzeugt, daß das Ziel der Willy-Hager-Stiftung, mit ihren begrenzten Mitteln richtungweisende Forschung zu fördern, durch den außergewöhnlichen Einsatz der Forschergruppe von Dr. Flemming in vollem Maße erreicht wurde.

Für den Stiftungsrat
Gerhart Eigenberger

Inhalt

Abkürzungen und Akronyme

AOC	Assimilierbarer organischer Kohlenstoff
BDOC	engl.: biodegradable dissolved oxygen carbon
BSA	Rinderserumalbumin
BSB	biologischer Sauerstoffbedarf
CA	Celluloseacetet
CSB	chemischer Sauerstoffbedarf
CTC	5-Cyano-2, 3-Dimethyltetrazoliumchlorid
DOC	engl.: dissolved organic carbon
EPS	extrazelluläre polymere Substanzen
KBE	Koloniebildende Einheiten
MY	Myoglobin
PP	Polypropylen
PX	Plexiglas
REM	Rasterelektronenmikroskop
RO	Umkehrosmose (engl.: reverse osmosis)
SDBS	Natriumdodecylbenzolsulfat
SDS	Natriumdodecylsulfat, engl.: Sodiumdodecylsulphate
TFC	engl. thin film composite membrane
TOC	engl. total organic carbon; gesamter organischer Kohlenstoff

Überblick

Was ist Biofouling, und wie wirkt es sich auf Membranprozesse aus?

Unter „Biofouling“ versteht man die unerwünschte Ablagerung von Mikroorganismen auf Oberflächen. Dabei entstehen mikrobielle Beläge, sogenannte Biofilme. Gesetzmäßigkeiten, die für Biofilme erkannt worden sind, können auch auf Biofouling angewandt werden. Biofouling kann daher als ein Biofilm-Problem betrachtet werden. Mikroorganismen aus dem Rohwasser lagern sich auf der Membran an und bilden dort Schleimsubstanzen (extrazelluläre polymere Substanzen, „EPS“), in die sie sich einbetten. Dies ist ein natürlicher Prozeß, der praktisch in allen unsterilen wäßrigen Systemen abläuft. Für Membranprozesse bedeutet dies, daß durch den Biofilm eine Gel-Phase zwischen Membran und Wasserphase entsteht. Dieser wirkt dann als Sekundärmembran. Er verstärkt den transmembranen Druckabfall und kann die Konzentrationspolarisation begünstigen, weil der Querstrom nicht mehr die Membranoberfläche selbst, sondern die Biofilm-Oberfläche berührt. Durch seine rauhe Oberfläche und deren viscoelastischen Eigenschaften verursacht der Biofilm eine Erhöhung des Reibungswiderstandes. Biofouling führt daher sowohl zu einer Verringerung der Permeatleistung als auch zu einer Erhöhung der Salzpassage (durch Konzentrationspolarisation) und einer Erhöhung des tangentialen Druckgefälles (Feed-Brine). Bei der Reinstwasserherstellung ist zu beachten, daß Mikroorganismen auch auf der Permeatseite von Membranen gefunden wurden, obwohl die Membranen theoretisch impermeabel für Partikel sind. Solche „durchgebrochenen“ Keime können anschließend das Permeat kontaminieren und damit eine Qualitätsminderung bewirken.

Es gibt zahlreiche Beispiele aus der Praxis für Probleme, die durch Biofouling hervorgerufen werden. Eine überschlagsmäßige Berechnung an einer RO-Anlage (Revers-Osmose-Anlage) ergab, daß die direkten und indirekten Kosten, die durch Biofouling und die entsprechenden Gegenmaßnahmen entstehen, bei ca. 30 % der Betriebskosten liegen.

Die Entstehung von Biofilmen

Die Entstehung von Biofilmen beginnt mit der Anlagerung von Mikroorganismen an eine Oberfläche. Primäre Besiedler von gängigen RO-Membranmaterialien sind sowohl Gram-positive als auch Gram-negative Bakterien. Sie sind ubiquitär im Wasser vorhanden und heften sich innerhalb einer Kontaktzeit von weniger als einer Stunde irreversibel an. Da grampositive und -negative Keime sehr verschiedene Oberflächenstrukturen besitzen, deutet diese Beobachtung darauf hin, daß beim Adhäsionsprozeß unterschiedliche Mechanismen zugrundeliegen müssen. Eingehende Untersuchungen wurden an *Pseudomonas diminuta* durchgeführt. Dieser Stamm heftet sich besonders schnell an RO-Membranen an. Es zeigte sich, daß abgetötete Zellen ebenso schnell angelagert werden wie lebende. Dabei kommt es allerdings auf die Abtötungsart an: Nach Einwirkung von Peressigsäure blieb die Adhäsionsrate gleich, während nach Hitzeeinwirkung die Adhäsionsrate um etwa eine Größenordnung unter derjenigen von lebenden Zellen lag. Dies ist ein Hinweis darauf, daß der „Klebstoff" zwar bereits von frei suspendierten Zellen gebildet wird, daß aber seine Struktur eine Voraussetzung für die Effektivität der Anheftung ist. Die Abtötung von Mikroorganismen verhindert also nicht die Entstehung von Biofilmen. Es wurde eingehend untersucht, welche Kräfte die Primäradhäsion von Mikroorganismen bewirken. Die Daten zeigten, daß die Anheftung bei *P. diminuta* wesentlich auf hydrophoben Wechselwirkungen und Wasserstoffbrückenbindungen beruht, weniger hingegen auf elektrostatischen Wechselwirkungen. Auffallend war eine geringe Abhängigkeit von der Temperatur und vom pH-Wert, während oberflächenaktive und chaotrope Substanzen eine signifikante (aber keineswegs vollständige) Hemmung bewirken.

Das Konzept der Toleranzschwelle

Die Entwicklung von Biofilmen ist ein allgemein verbreiteter Naturprozeß, der praktisch an allen benetzten Oberflächen stattfindet. Für die Mikroorganismen bietet das Leben im Biofilm entscheidende ökologische Vorteile. Dazu gehören der Schutz vor toxischen Stoffen, die Entwicklung synergistischer Gemeinschaften und die Fähigkeit der Biofilm-Matrix, Nährstoffe auch aus sehr verdünnten Lösungen anzureichern. Deshalb leben die meisten Mikroorganismen in Biofilmmatrices – sei es in Sedimenten, im Boden oder an anderen feuchten Oberflächen. Diese Tendenz, Biofilme zu bilden, wird z. B. in der Abwasserreinigung, der biologischen Abfallbeseitigung und der Bodensanierung in großem Umfang ausgenutzt. Biofilme entziehen der wäßrigen Phase Nährstoffe und immobilisieren sie als Biomasse lokal auf Oberflächen. Dies ist auch das Prinzip des Biofilm-Reaktors.

Aus diesem Grund ist es natürlich zu erwarten, daß auch auf RO-Membranen Biofilme entstehen. In unsterilen Systemen ist die Bildung von Biofilmen sogar unvermeidlich. Sie können in vielen Anlagen jedoch unbemerkt bleiben, denn „Biofouling" ist operational definiert: Es besteht, wenn die Biofilm-Bildung eine bestimmte Toleranzschwelle überschritten hat. Dies ist der Fall, wenn die Permeatleistung um 25–30% unter den erreichbaren Wert sinkt. Der Biofilm aber existiert bereits längst vorher – er störte nur noch nicht. Deshalb ist Biofouling in der Regel nicht auf den plötzlichen Eintrag von Mikroorganismen durch das Rohwasser zurückzuführen, sondern auf eine Erhöhung des bisher noch tolerablen Plateaus der Biofilm-Entwicklung.

„Biofouling" läßt sich als „Biofilm-Reaktor am falschen Platz" verstehen: Nährstoffe werden in ungelöstes, biologisches Material umgewandelt, allerdings an einer störenden Stelle. Wenn es aber gelingt, das Ausmaß der Biofilm-Entwicklung unter der Toleranzschwelle zu halten, kann man mit diesen Biofilmen durchaus leben.

In einer dynamischen Testzelle wurde nachgewiesen, daß die Biofilm-Bildung bei Membranprozessen bereits mit dem Betrieb der Anlage beginnt. Der primäre Biofilm nimmt bereits am Trennprozeß teil und bewirkt eine Verringerung der Permeatleistung. In diesem Stadium ist der Biofilm nach einem Tag flächendeckend und ca. 5–25 μm dick. Als Rohwasser wurde einwandfreies Trinkwasser der Bodensee-Wasserversorgung verwendet. Es ist davon auszugehen, daß jede Anlage, die nicht steril arbeitet, einen Biofilm trägt. Die Zusammensetzung und die Eigenschaften dieses Biofilms bestimmen, wie groß der Einfluß des Biofilms als Sekundärmembran ist. Die Schleimmatrix selbst ist relativ durchlässig, während die Zellen relativ undurchlässig sind. Daher sind EPS-reiche Biofilme bei gleicher Dicke weniger störend als EPS-arme Biofilme, weil bei den letzteren der Anteil an Zellen höher ist. Der Biofilm-Effekt ist vermutlich in viele Experimente zur Membrantechnologie unbemerkt mit eingegangen: Bei Versuchen, die über Zeiträume von Tagen verlaufen, ist immer mit einer Biofilm-Entwicklung zu rechnen. Schleimentwicklungen wurden schon von verschiedenen Forschern registriert, in ihrer Bedeutung aber nicht erkannt.

Erkennung und Nachweis von Biofouling

Die Erkennung von Biofouling erfolgt in der Praxis über die Abnahme der Permeatleistung, die Zunahme des Feed/Brine-Druckabfalls und die Zunahme der Salzpassage. Die Ursache aber, nämlich der Biofilm, kann auf diese Weise nicht erkannt werden, denn das System reagiert relativ unspezifisch auf Scaling, organisches Fouling und Biofouling. Zur Differenzierung sind Untersuchungsmethoden notwendig, die sich direkt auf Beläge selbst konzentrieren, d.h. auf die Oberflächen. Charakteristisch für Biofouling sind: hoher Wassergehalt, hoher Gehalt an organischer Substanz, Biomasse und nachweisbare biochemische Aktivität. Biofilme können aber aufgrund ihrer „klebrigen" Oberfläche auch große Mengen abiotischen Materials sorbieren, welches dann als sekundärer Fouling-Bildner wirkt. Die häufigste und am einfachsten durchführbare Messung bei Biofouling besteht in der mikrobiologischen Untersuchung der Wasserphase. Zellzahlen in der Wasserphase sagen allerdings nichts über Ort und Ausmaß von Biofilmen aus. Tatsache ist, daß die Biofilm-Zellen so unregelmäßig und wenig voraussagbar an das Wasser abgegeben werden, daß keinerlei Korrelation aufzustellen ist. Bei Verdacht auf Biofouling müssen daher repräsentative Oberflächen zugänglich gemacht und auf ihren mikrobiellen Bewuchs hin untersucht werden. Nur so sind eine eindeutige Ursachenzuordnung und gezielte Gegenmaßnahmen möglich. Vorrichtungen hierfür sind jedoch nur in den seltensten Fällen vorgesehen und müssen in zukünftige Planungen einbezogen werden.

Beseitigung von Biofouling

Die gängige Gegenmaßnahme bei Biofouling ist die Anwendung von Bioziden. Dabei ist aber zu beachten, daß Biofilm-Organismen erheblich toleranter gegenüber Bioziden sind als frei suspendierte Mikroorganismen. Außerdem nützt die reine Abtötung nicht viel, denn spätestens mit dem Wasser, das zum Ausspülen des Biozids benutzt wird, werden neue Keime in das System eingetragen. Für sie bildet der tote Biofilm sowohl eine günstige Aufwuchsfläche als auch eine hohe lokale Anreicherung von abbaubarem organischen Material. Damit wird der zeitliche Abstand zwischen zwei „Desinfektionen" immer kürzer. Da es die physikalischen und chemischen Eigenschaften des Biofilms sind (Gelphase, Nährstoff), die das Problem verursachen, ist es wichtiger, diesen Biofilm zu entfernen als ihn abzutöten. Für eine Reinigung muß die mechanische Stabilität des Biofilms überwunden werden. Dazu eignet sich eine Zwei-Schritt-Strategie: Zunächst muß die Matrix geschwächt werden (z.B. durch Oxidantien oder Biodispergatoren), dann muß die geschwächte Matrix durch erhöhte Scherkräfte ausgetragen werden. Entsprechende Reinigungsstrategien werden vorgestellt. Oxidierende Biozide können allerdings das Nährstoffangebot vergrößern, indem schwer abbaubare Stoffe anoxidiert und bioverfügbar gemacht werden.

Ganz wesentlich ist eine Erfolgskontrolle, um sicherzustellen, daß die Reinigung vollständig ist und um sie zu optimieren. Hierzu eignen sich Testzellen im *bypass*, die entsprechend untersucht werden können. Eine genaue Betrachtung des Wirkungsmechanismus von Reinigern in RO-Systemen brachte allerdings eine Überraschung. Es wurde festgestellt, daß nach deren Anwendung zwar kaum Biomasse ausgetragen wurde, aber die Permeatleistung trotzdem zunahm. Dafür gibt es nur eine Erklärung: Der Biofilm wurde durch den Reiniger durchlässiger gemacht. Dies konnte nachgewiesen werden. Dabei zeigte sich, daß auch eine Verschlechterung der Permeabilität auftreten kann, z.B. durch Formaldehyd. Dieser wird immer noch als Desinfektionsmittel angewandt; er führt zu einer Vernetzung von Proteinen. Dies könnte erklären, warum gelegentlich nach Reinigungsmaßnahmen eine deutliche Verschlechterung der Situation eintritt.

Verhinderung von Biofouling

Als Ansatzpunkte für Anti-Fouling-Strategien kommen in Frage: die Vorbehandlung des Rohwassers, die Betriebsweise der Anlage, die Reinigungsverfahren für Membranen, die Modulkonstruktion und die „Technische Hygiene". Heute ist im allgemeinen die Dauerdosierung von Bioziden üblich, um Biofouling-Probleme zu beherrschen. Die Kombination von Chlorung und anschließender Entchlorung stellt die häufigste Verfahrenskombination dar; allerdings funktioniert sie nicht immer. Auch pH-Stöße gehören zu den praktisch angewandten Möglichkeiten. Ansonsten werden verschiedenste Biozid- und Reinigungsformulierungen angewandt, in der Regel auf empirischer Basis. Eine Erfolgskontrolle wird praktisch nur indirekt anhand der Prozeßparameter vorgenommen, nicht aber auf den Membran-Oberflächen selbst, wo das Problem entsteht. Dadurch kommt es häufig zu ineffektiven Behandlungen.

Die Dosierung von Chemikalien, insbesondere von Bioziden, kann jedoch keine Lösung für die Zukunft bleiben: Zunehmende Anforderungen an die Abwasserqualität werden u.U. eine Behandlung des Konzentrats notwendig machen. Damit geht ein wirtschaftlicher Vorteil von Membranverfahren verloren.

Ansätze für Biozid-freie Anti-Fouling-Strategien

Eine zukunftweisende Anti-Fouling-Strategie läßt sich auf die Entwicklungsgesetze von Biofilmen gründen. Wie die vorliegende Arbeit zeigt, ist die Bildung von Biofilmen praktisch kaum zu vermeiden. Nach dem „Toleranzschwellen-Konzept“ ist es aber nicht notwendig, alle Biofilme zu beseitigen, sondern nur ihre Dicke bzw. ihren Effekt unter einer bestimmten Schwelle zu halten. Die Dicke von Biofilmen läßt sich durch Nährstoffmangel limitieren, wie das Beispiel der Trink- und Abwasserreinigung zeigt. Im Eingangsbereich biologischer Filter ist die Biomasse-Entwicklung am stärksten. Dort liegt in der Wasserphase die höchste Nährstoff-Konzentration vor. Diese Nährstoffe werden von den Mikroorganismen entnommen und in Biomasse und Stoffwechselprodukte umgesetzt. Wenn es nun gelingt, das hauptsächliche Wachstum von Biofilmen von der Membran auf vorgeschaltete Biofilter zu verlagern, wo es technisch gut zu handhaben ist, wird das Biofilm-Wachstum auf den nachgeschalteten Membranen durch Nährstoffmangel limitiert. Diese Nährstoffe werden dem Wasser im Vorfilter von den Biofilmen bereits entnommen. Solche Filter sind bereits in Anwendung – nur nicht für diesen Zweck.

Eine Biozid-freie Anti-Fouling-Strategie könnte also darin bestehen, die Vorreinigung des Rohwassers dahingehend zu optimieren, daß die Konzentration abbaubarer Stoffe möglichst geringgehalten wird, damit das Ausmaß der Biofilm-Entwicklung in der Anlage unter der Toleranzschwelle bleibt. Eventuell kann die Zudosierung von Stoffen, welche die Durchlässigkeit von Biofilmen erhöhen, dabei unterstützend wirken. Diese Strategie kann über effektive Monitoring-Systeme gesteuert werden. Dazu eignen sich Bypass-Membrananlagen oder zerstörungsfrei arbeitende Biofilm-Monitore, die auf Basis der Lichtreflexion arbeiten. Entsprechende Bemühungen sind derzeit im Gange.

1 Was ist Biofouling?

„Biofouling“ ist ein Begriff, der ursprünglich aus der Wärmetauscher-Technik stammt. Dort bezeichnet man die unerwünschte Ablagerung von Stoffen aus der Wasserphase auf Oberflächen generell als „Fouling“ [61]. Man kann dabei verschiedene Arten des Fouling unterscheiden, je nach der Natur des abgelagerten Materials. Einige Arten des Fouling sind in Tabelle 1.1 zusammengestellt.

Bei den ersten drei Fouling-Arten beruht die Zunahme der Schicht auf dem Transport der Fouling-Bildner aus der flüssigen Phase. Die Konzentration dieser Fouling-Bildner in der flüssigen Phase ist entscheidend für das Ausmaß des Fouling: Alles, was sich auf der Oberfläche absetzt, stammt quantitativ aus dem Wasser.

Für Mikroorganismen trifft dies jedoch in dieser Form nicht ganz zu. Ihre Anzahl auf der Oberfläche kann nicht nur durch weitere Anlagerung von suspendierten Zellen, sondern vielmehr durch Wachstum nach der Adhäsion zunehmen. Wenn also 99,9% aller Mikroorganismen aus einem Rohwasser entfernt werden, dann können die verbleibenden 0,1% als Impfmenge wirken, ein System infizieren und sich mittels gelöster Nährstoffe vermehren. Dies kann dann zu starkem Biofouling führen, obwohl nur sehr geringe Keimmengen in das System eintreten.

Membransysteme sind besonders anfällig gegenüber Fouling. Hier gibt es nicht nur eine zur Membranoberfläche tangentiale Fließrichtung, sondern auch einen vertikalen Vektor, der zum Durchtritt des Wassers durch die Membran führt. Dieser Vektor führt auch gelöste und suspendierte Stoffe zur Membran, die dort zurückgehalten werden. Sie können sich auf der Membranoberfläche akkumulieren und dort eine Sekundärmembran

Tabelle 1.1. Auswahl verschiedener Formen des Fouling, d.h. der unerwünschten Ablagerung von Stoffen auf Oberflächen

Fouling-Typ	Ursache
Scaling, mineral fouling	Ablagerung anorganischer Stoffe in kristalliner Form
Organic fouling	Ablagerung organischer Stoffe, z.B. Öl, Fett etc.
Particle fouling	Ablagerung von Partikeln, z.B. Ton, Huminstoffe etc.
Biofouling	Anheftung und Wachstum von Mikroorganismen

bilden. Die hydraulischen und sonstigen physikalischen Eigenschaften dieser Sekundärmembran sind es, welche die unerwünschten Effekte hervorrufen, die schließlich unter dem Begriff „Fouling" zusammengefaßt werden. Auch beim Biofouling entsteht eine solche Sekundärmembran; sie wird vom Biofilm gebildet. Ihre Entwicklung und ihre Eigenschaften sind daher von großem Interesse für das Verständnis und für gezielte Gegenmaßnahmen beim Biofouling.

Bereits relativ früh in der Entwicklung von Membransystemen stieß man auf das Problem des Biofouling [z.B. 125, 153], obwohl es darüber lange Zeit nur wenig Untersuchungen gab. Vielfach wurden Biofouling-Probleme auf abiotische Ursachen zurückgeführt [271, 272]. Häufig behalf man sich mit Augenblicks-Lösungen und war zufrieden, das Problem für den Einzelfall behoben zu haben. Die tiefere Erforschung des Biofouling erschien als zu schwierig und komplex. Mit der weiteren Ausbreitung der Membrantechnologie wuchs jedoch die Notwendigkeit, sich mit dem Biofouling intensiver und systematischer zu befassen.

Die vorliegende Arbeit widmet sich zwar hauptsächlich dem Biofouling auf Membranen, dabei soll jedoch das restliche System nicht außer acht gelassen werden. Deshalb gibt es immer wieder Betrachtungen über unerwünschte Biofilme in anderen Bereichen einer Membrananlage.

1.1 Biofouling als Biofilm-Problem

Wenn sich Mikroorganismen an Oberflächen anlagern und dort vermehren, bilden sie Biofilme [25, 26, 75]. Im angehefteten („sessilen") Zustand scheiden sie schleimige Substanzen, die extrazellulären polymeren Substanzen (EPS), aus, die sie an der Oberfläche verankern und praktisch in eine Schleim-Matrix einbetten (s. Kap. 4). Wenn dies in einem Wasseraufbereitungssystemgeschieht, kann es zu Problemen kommen [67–69]. Allerdings können solche Systeme einen gewissen Grad an Biofilm-Wachstum tolerieren. Erst wenn unerwünschte Effekte auftreten (Überschreiten der „Toleranzschwelle", s. Kap. 1.2) spricht man von *Biofouling*. Das zugrundeliegende Phänomen ist dabei aber der Biofilm, der sich bereits schon vorher gebildet hatte - nur in den seltensten Fällen sind es plötzlich eingedrungene Bakterien.

Mikroorganismen sind in praktisch allen Wässern vorhanden, selbst in hochreinen Wassersystemen (siehe z.B. [184]). Sie heften sich an Oberflächen und wachsen dort; dies ist gehört zu ihrer „Überlebensstrategie", besonders in nährstoffarmer Umgebung [146]. Das Ergebnis sind dann Biofilme. Auf die besonderen chemischen, biologischen und physikalischen Eigenschaften von Biofilmen wird in Kap. 4.2 noch genauer eingegangen. Wenn die Aufwuchsfläche keine Nährstoffe abgibt, können die Mikroorganismen von den gelösten, mikrobiell verwertbaren Substanzen leben, weil die Biofilm-Matrix als Molekularsieb wirkt und die Anreicherung gelöster Stoffe aus der Wasserphase erleichtert. Soweit diese Stoffe nicht zu CO_2 und sonstigen Endprodukten veratmet werden, setzen die Biofilm-Zellen sie in Biomasse um und immobi-

Tabelle 1.2. Folgen des Biofouling in Wassersystemen

- Verringerte Anlagenleistung
- Verkürzung der Lebensdauer von Anlagenteilen
- Verschlechterung der Qualität des produzierten Wassers
- Sicherheitsprobleme, z.B. durch Verstopfen von Ventilen und Grenzwertgebern [182] oder auf begehbaren Flächen
- Erhöhter Reinigungsaufwand
  - Ausfallzeiten
  - Belastung von Anlagenteilen
- Erhöhter Einsatz von Bioziden und Reinigungsmitteln
  - Umgang mit Giftstoffen
  - Belastung des Abwassers
- In jedem Fall: zusätzliche Kosten, die sich jährlich zu schwer abschätzbaren, aber erheblichen Beträgen summieren

lisieren sie in gelförmigem Zustand lokal auf Oberflächen. So werden sie der Wasserphase entzogen. Dies ist das Prinzip des Biofilm-Reaktors. Es wird bei der Reinigung und Aufbereitung von Trink-, Brauch- und Abwasser angewandt, um gelöste Stoffe aus der Wasserphase zu entnehmen.

Biofilme bilden sich allerdings unabhängig von den praktischen Bedürfnissen des Menschen - sie entstehen überall dort, wo die Grundvoraussetzungen erfüllt sind. Diese Grundvoraussetzungen sind: Grenzflächen, Wasser, Mikroorganismen und Nährstoffe. Sie sind denkbar einfach, deshalb sind Biofilme in der Natur auch sehr weit verbreitet [67] und repräsentieren die Form, in der praktisch mehr als 99% aller Mikroorganismen auf der Erde vorkommen [41].

In ihrem Standardwerk „Biofilms“ haben Characklis und Marshall [26] die o.g. Nomenklatur allgemein für unerwünschte Biofilme übernommen. „Biofouling“ ist also ein Biofilm-Problem - „Biofouling“ tritt auf, wenn sich ein Biofilm-Reaktor sozusagen am falschen Ort bildet. Dabei ist es sehr wichtig, im Auge zu behalten, daß das Fouling-Potential eben nicht nur aus den Mikroorganismen besteht, sondern ganz wesentlich aus den Nährstoffen, die potentielle Biomasse darstellen. In wasserführenden Systemen kann Biofouling Gewinnung, Aufbereitung, Transport, Lagerung und Nutzung von Wasser stark beeinträchtigen. Die Folgen sind in Tabelle 1.2 zusammengefaßt.

In der Regel tritt eine Fouling-Art nicht isoliert auf. Der Biofouling-Anteil ist dabei oft schwer differenzierbar [30]. Ein Beispiel für kombinierte Effekte ist die Entstehung von Zahnstein, d.h. von mineralischen Ablagerungen („Scaling“), die durch Biofilme auf Zähnen begünstigt werden [248]. Callow et al. [22] wiesen nach, daß in Biofilmen auf Schiffsböden eine erhöhte Deposition von Calciumcarbonat stattfindet, vermutlich durch lokale Übersättigung in der diffusionskontrollierten Gelmatrix des Biofilms. Lowe et al. [143] untersuchten ein Modellsystem von *P. fluorescens* und Kaolin-Partikeln. Sie fanden, daß die Biofilm-Bildung in Anwesenheit von Kaolin zwar zunächst langsamer ablief, nach einigen Wochen jedoch eine stärkere Akkumulation des Biofilms als im kaolinfreien System zu beobachten war. Diese Hinweise lassen darauf schließen, daß Biofouling möglicherweise auch auf Membranen das Scaling begünstigt. Die rauhe, „klebrige" Oberfläche des Biofilms dürfte auch die Anheftung von Partikeln erleichtern und auf diese Weise das Partikel-Fouling verstärken. Die Wechselwirkungen verschiedener Fouling-Arten sind kompliziert und generell noch wenig untersucht. Es ist jedoch anzunehmen, daß die Entwicklung von Biofilmen andere Fouling-Arten generell eher begünstigt als hemmt.

1.2 Das Konzept der Toleranzschwelle

„Biofouling" ist operational definiert: Wenn die Auswirkungen von Biofilmen in einem System eine gewisse Toleranzschwelle überschritten haben und sich auf die Leistung so negativ auswirken, daß gezielte Gegenmaßnahmen ergriffen werden müssen, liegt Biofouling vor. Wie in Kap. 3.1 gezeigt wird, enthalten praktisch alle arbeitenden Membrananlagen Biofilme. Allerdings haben nicht alle mit Biofouling zu kämpfen. Das liegt aber nicht daran, daß in solchen Anlagen keine Biofilme vorkommen, sondern daran, daß die Effekte dieser Biofilme unterhalb der Toleranzschwelle liegen. Am besten läßt sich dies anhand der generellen Entwicklung von Biofilmen zeigen. Das Biofilm-Wachstum in technischen und natürlichen Systemen folgt fast immer einer sigmoiden Kurve, wie sie in Abb. 1.1 (nach [30], erweitert) dargestellt ist. Einzelheiten darüber, wie sich Biofilme auf Membranen entwickeln, sind in Kap. 4 zu finden.

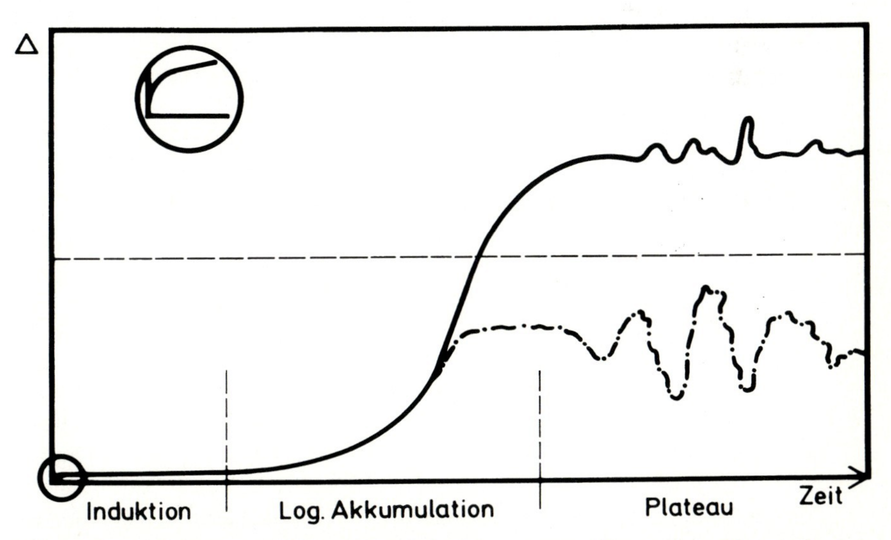

Abb. 1.1. Entwicklung von Biofilmen (nach [30], erweitert). Plateau-Phase über und unter hypothetischer Toleranzschwelle; △: Biofilm-Parameter (Masse, Zellzahl, Dicke u.a.), gestrichelte Linie: Toleranzschwelle

„Kein Biofouling" heißt daher nicht „kein Biofilm", sondern nur, daß der Biofilm noch nicht stört. Wenn es soweit kommt, werden diese Störungen im Fouling-Faktor erfaßt:

$$f = \frac{p_{\text{aktuell}}}{p_{\text{theor}}} \tag{1.1}$$

Dabei ist f der Fouling-Faktor, p_{aktuell} die aktuelle und p_{theor} die theoretisch zu erwartende Permeatleistung. Dieser Faktor charakterisiert auch die Toleranzschwelle, denn wenn er überschritten wird, muß die Anlage gereinigt werden.

Diese Tatsache ist wichtig für das Verständnis von Biofouling. Wenn der Fouling-Faktor überschritten wird, dann ist dies also meistens nicht auf den plötzlichen Einbruch von Bakterien von außen in das System zurückzuführen, sondern auf eine Veränderung, die zur Erhöhung des Plateaus des bereits vorhandenen Biofilms geführt hat.

2 Auswirkungen von Biofouling

Die Mikroorganismen sind auf der Membranoberfläche nicht als Deckschicht, sondern als Belag organisiert. Charakteristisch für eine Deckschicht ist, daß sie auf einer Konzentrationspolarisation beruht und abspülbar ist, während ein Belag hingegen eine eigene strukturelle Stabilität besitzt (Abb. 2.1 a und b).

Biofilme bilden eine Gelphase zwischen der Membranoberfläche und der Wasserphase. Sie verhindern die direkte, tangentiale Anströmung. Dadurch kommt es zu einer Konzentrationspolarisation auf der Rohwasserseite, wodurch der transmembrane Druck ansteigt, die Permeatausbeute sinkt und schließlich auch die Salzrückhaltung verschlechtert wird [209].

In Abb. 2.2 ist der Aufbau eines Spiralmoduls für die Umkehrosmose skizziert.

Abbildung 2.3 zeigt schematisch den möglichen Druckabfall, der beim Betreiben eines solchen Moduls entsteht. Zu unterscheiden ist dabei:

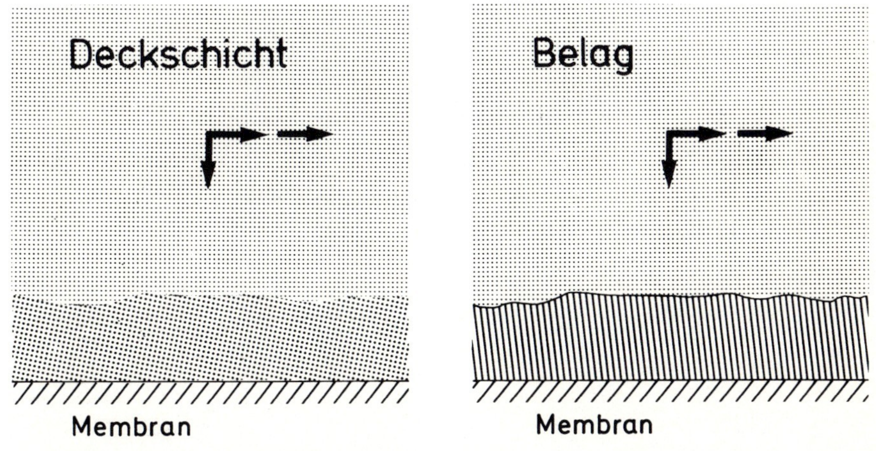

Abb. 2.1. Unterschied zwischen Deckschicht (a) und Belag (b); waagrechte Pfeile: tangentialer Transport, senkrechte Pfeile: vertikaler Transport

a) der transmembrane Druckabfall $\Delta p_{\text{Membran}}$, der durch den Widerstand der Membran und eventuelle Deckschichten bzw. Beläge erzeugt wird, und
b) der feed/brine-Druckabfall $\Delta p_{\text{feed/brine}}$, der sich entlang der Verfahrensstrecke aufbaut und vom Reibungswiderstand der überströmten Flächen stammt.

In Tabelle 2.1 sind die Folgen des Biofouling auf Umkehrosmose-Membranen aufgeführt [85].

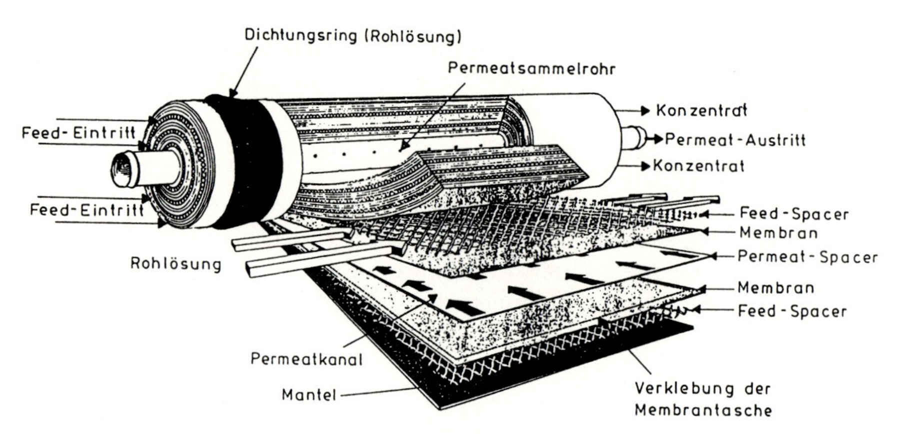

Abb. 2.2. Schematische Darstellung eines RO-Spiralmoduls

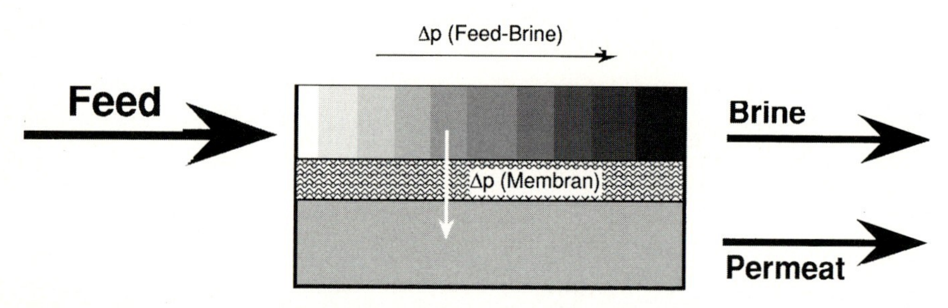

Abb. 2.3. Druckverhältnisse in einer Umkehrosmose-Einheit

Tabelle 2.1. Folgen des Biofouling auf Umkehrosmose-Membranen

Erhöhter Membranwiderstand durch den Biofilm
- Verringerung der Permeatausbeute,
- erhöhter Energieaufwand,
- Erhöhung des transmembranen Druckabfalls $\Delta p_{\text{Membran}}$

Gel-Phase zwischen Membran-Oberfläche und Wasser
- Konzentrationspolarisation, weil der tangentiale Flow den Biofilm nicht durchdringt und daher die Membranoberfläche nicht berührt
- Erhöhung des feed-brine-Druckabfalls $\Delta p_{\text{feed/brine}}$
- Verschlechterung der Salzrückhaltung

Schädigung der Anlage und Verschlechterung des Produkts
- eventueller mikrobieller Angriff auf Membranen
- Verkürzung der Lebensdauer von Modulen durch Reinigungsoperationen
- Durchtritt von Keimen und Kontamination des Permeats

Erhöhte Kosten
- verringerte Anlagenleistung
- schlechtere Produktqualität
- erhöhter Energiebedarf
- erhöhter Reinigungsaufwand und Stillstandszeiten
- evtl. notwendige Abwasser-Behandlung
- früherer Austausch beschädigter Anlagenteile
- Aufwand für Lagerung und Umgang mit gefährlichen Stoffen

2.1 Erhöhter Membranwiderstand

Biofilme auf Membranen bilden eine Gelschicht, die einen eigenen hydraulischen Widerstand ausübt. Wie bereits erwähnt, wirken Biofilme als Sekundärmembran. Wenn der hydraulische Widerstand ein bestimmtes Ausmaß übersteigt, können Schäden eintreten.

Der transmembrane Druckabfall, der durch Biofilme hervorgerufen wird, bewirkt eine signifikante Abnahme der Permeatleistung (*flux decline*). Dies ist in Abb. 2.4 dargestellt [210]. Nach der Reinigung ist der Flux wieder auf dem alten Wert.

In den meisten Fällen wird der Betriebsdruck erhöht, wenn ein flux decline auftritt. Dies geschieht durch Erhöhung der Pumpenleistung und führt zu höherem Energiebedarf. Spiralmodule vertragen allerdings nur einen bestimmten Maximaldruck, oberhalb dessen sie sich teleskopartig verformen und irreversibel geschädigt werden (Abb. 2.5).

In einer detaillierten Untersuchung haben McDonogh et al. [152a] sich mit der Frage des hydraulischen Widerstandes von Biofilmen beschäftigt. Wenn man davon ausgeht, daß der Biofilm eine Sekundärmembran bildet, dann ist der Trennprozeß stark abhängig von der Dicke und der Permeabilität der Fouling-Schicht. Von diesen Faktoren hängt das Ausmaß des noch tolerierbaren Biofilm-Wachstums ab. Mit anderen Worten: Die Erreichung

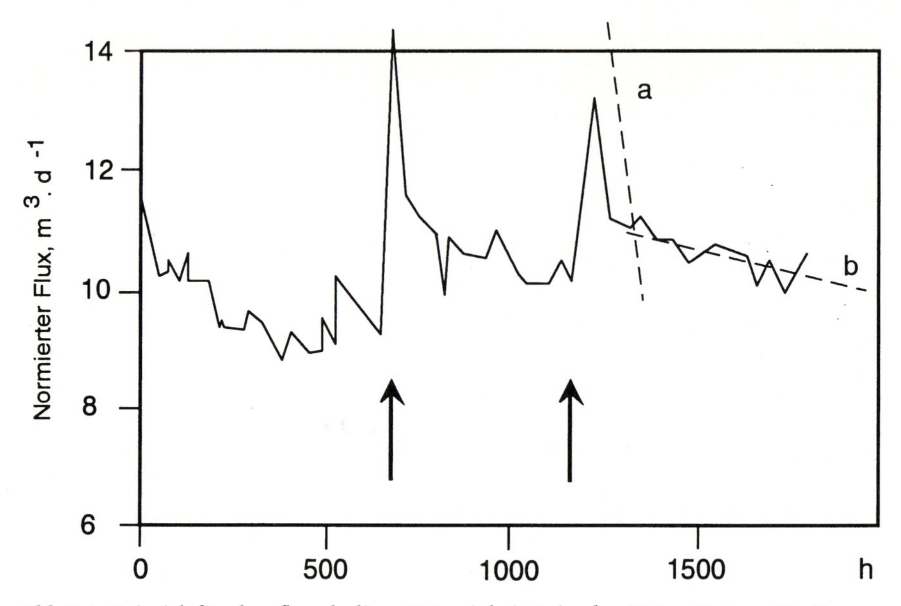

Abb. 2.4. Beispiel für den flux decline; Untereinheit 2 in der Water Factory 21, Orange County, USA. Man beachte die zweiphasige Kinetik des flux decline; **a**: schnelle Abnahme, **b**: langsame Abnahme [210]

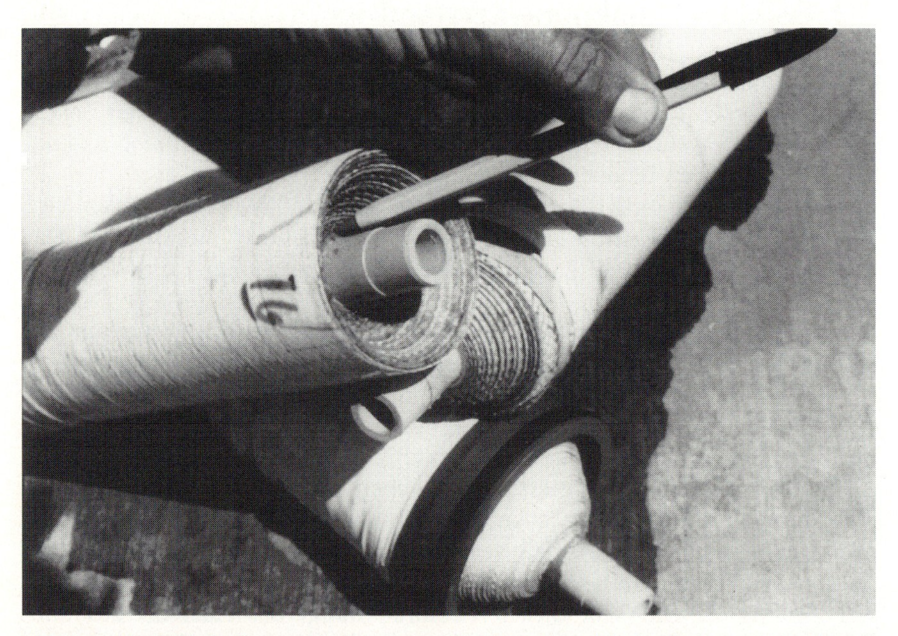

Abb. 2.5. Durch Biofouling verblockte, beschädigte Spiralmodule (Aufnahme: H.F. Ridgway)

der Toleranzschwelle und damit die Notwendigkeit des unmittelbaren Eingreifens wird davon bestimmt, wie stark der Biofilm den Trennprozeß beeinträchtigt.

2.2 Erhöhter Reibungswiderstand

Ein Biofilm verhält sich in rheologischer Hinsicht ebenfalls wie ein Gel. Er hat eine mehr oder weniger rauhe Oberfläche und eine nicht-rigide Struktur; er ist viscoelastisch. Für durchströmte Systeme bedeutet dies, daß der Biofilm zu einer überproportionalen Zunahme des Reibungswiderstandes führen kann. Seiferth und Krüger berichteten bereits 1950 [236] über eine mehr als 50%ige Abnahme der maximalen Transportkapazität einer Fernwasserleitung innerhalb von 3 Jahren durch mikrobiellen Belag. Die Abnahme des Rohrquerschnittes entsprach einer Verringerung von weniger als 3%. Jedoch hat die geriffelte, elastische Struktur des Biofilms zu diesem starken Reibungsverlust geführt.

In Membransystemen wird $\Delta p_{feed/brine}$, also der Druckabfall über der Prozeßstrecke, ebenfalls durch den Reibungswiderstand von Biofilmen erhöht. Das bedeutet, daß die Energie, die zur Einstellung bestimmter cross-flow-Geschwindigkeiten benötigt wird, ebenfalls zunimmt.

Filamentöse EPS kommen in Biofilmen neben den „reinen Schleimstoffen" ebenfalls vor [29]. Sie erhöhen die Rauhigkeit der Biofilm-Oberfläche zusätzlich [25, 32]. Besonders in nährstoffarmen Systemen oder unter Sauerstofflimitierung wird die Bildung filamentöser Biofilme beobachtet [162]. Die Entwicklung eines 75 µm dicken Biofilms auf Glaskugeln von 1 mm Durchmesser ließ den Reibungsfaktor innerhalb von 10 Tagen von 8,1 auf 217 ansteigen [46].

Wenn die Unebenheiten an der Biofilm-Oberfläche die Dicke der laminaren Grenzschicht überschreiten, dann können Turbulenzen bis an die Oberfläche reichen und in der Oberflächenzone Wirbeldiffusion erzeugen. Das bedeutet, daß unter diesen Umständen in Biofilmsystemen ein advektiver Stofftransport auftreten kann, der ein Vielfaches des diffusiven Stofftransportes beträgt [238]. Gleichzeitig bedeutet dies auch, daß der Reibungswiderstand deutlich zunimmt, und zwar stärker als bei einer Fläche mit gleicher nicht-elastischer („rigider") Rauhigkeit. Interessanterweise können jedoch EPS, die im Gel-Zustand den Reibungswiderstand erhöhen, ihn in gelöstem Zustand verringern, wie z.B. an EPS gezeigt wurde, die von Bakterien auf der Oberfläche schnell schwimmender Fische isoliert wurden [220].

2.3 Konzentrationspolarisation

Membranprozesse, bei denen der Trennvorgang auf einem Druckgefälle beruht, führen zwangsläufig zu einer Konzentrationserhöhung des abgetrennten Stoffes über der Rohwasserseite der Membran (s.S. 11). Dies wird als Konzentrationspolarisation bezeichnet [195]. Da die zur Trennung aufzuwendende Energie von der Konzentration auf der Rohwasserseite abhängt, führt die Konzentrationspolarisation zu einem erhöhten Energiebedarf. Zudem kann das Löslichkeitsprodukt für bestimmte Salze überschritten werden, die sich dann auf der Membran abscheiden und zum Scaling führen.

Ein Biofilm kann möglicherweise Kristallisationskeime für übersättigte Salzlösungen bieten, wobei es dann zur Ausfällung dieser Salze kommt. Insofern kann Biofouling das Scaling begünstigen [22]. Dieser Mechanismus ist in der Membrantechnik allerdings bislang noch nicht untersucht worden. Aus Untersuchungen zur Entstehung von Karies ist bekannt, daß der Biofilm auf Zähnen eine Diffusionsbarriere darstellt, welche die Präzipitation von Phosphaten beschleunigt und damit die Plaque-Bildung fördert [248].

In der Membrantechnologie wurde das Problem der Konzentrationspolarisation durch die Querstrom-Technik gelöst. Durch Anlegen eines zur Membranoberfläche tangentialen Stromes werden die gelösten Stoffe, die aufgrund der Konzentrationspolarisation, wieder in den restlichen Wasserkörper befördert. In Spiralmodulen wird dieser Effekt durch den Spacer hervorgerufen (s. Abb. 2.3). Dadurch wird direkt auf der Membranoberfläche eine turbulente Strömung erzeugt. Wenn sich dort nun aber ein Biofilm bildet, verhindert die Gelmatrix den konvektiven Transport. Das führt dazu, daß die vom Spacer hervorgerufene Turbulenz die Membranoberfläche nicht mehr erreicht. Da der Trennprozeß sich durch den Biofilm hindurch vollzieht, findet die Konzentrationspolarisation nun in dessen Gelmatrix statt. Dieser Effekt kann nicht mehr durch den Querstrom aufgehoben werden. Eine quantitative Betrachtung des Einflusses von Biofilmen auf die Konzentrationspolarisation ist bislang noch nicht geschehen.

Die Salzrückhaltung ist eine Funktion der Differenz zwischen der Salzkonzentration auf der Rohwasser- und auf der Permeatseite. Konzentrationspolarisation führt zu einem erhöhten Salzübergang und damit zu einer erhöhten Salzkonzentration im Permeat. Damit bewirkt der Biofilm indirekt eine Verschlechterung der Qualität des Permeates.

2.4 Kosten

Eine detaillierte Abschätzung der Kosten des Biofouling wurde für die Umkehrosmose-Anlage der Water Factory 21 in Orange County, Californien, durchgeführt [85] und ist in Tabelle 2.2 dargelegt. Es wurde zugrundegelegt, daß die Membranen ca. 80% ihrer effektiven Laufzeit von vier Jahren unter ca. 150% des ursprünglichen Betriebsdruckes arbeiten. 25% dieses erhöhten Energiebedarfes wurden als Effekt des Biofouling angenommen. Die Standzeit der Module betrug anstatt der ursprünglich veranschlagten 8 nur 4 Jahre; dies wurde auf die Schädigung durch die Reinigungsprozesse zurückgeführt. Täglich werden dem Rohwasser 8 mgL^{-1} einer kombinierten Chlorverbindung zugesetzt. Das sind etwa 77 Tonnen pro Jahr zum Preis von insgesamt 25000 $, die zur Verringerung des Biofouling aufgewendet werden. Die Membranreinigung an sich ist relativ billig, aber nur, weil die Water Factory ihre Reinigungsmischung selbst herstellt. Bei externem Bezug würde sich der angesetzte Betrag mindestens verdreifachen. Es muß auch in Betracht gezogen werden, daß die Reinigung die Membranen schädigt und so zu ihrem vorzeitigen Verschleiß führt. Die in Tabelle 2.2 zusammengestellten Kosten liegen vermutlich noch relativ niedrig, weil die Anlage der Water Factory sorgfältig überwacht wird und beträchtliche Anstrengungen unternommen werden, rechtzeitig Maßnahmen gegen das Biofouling zu ergreifen und diese überwacht und auf ihre Effektivität hin zu optimieren [209].

Die Aufstellung zeigt direkte und vielfach nicht in Betracht gezogene indirekte Kosten, die das Biofouling auf RO-Membranen verursacht. Die Zusammenstellung der direkten bzw. indirekten Biofouling-Kosten zeigt, daß sie etwa 30% der gesamten Betriebskosten der Water Factory 21 betragen [84]. Abbildung 2.6 zeigt zur Illustration den Abtransport von irreversibel durch Biofouling geschädigten Modulen aus der genannten Anlage.

Tabelle 2.2. Kosten, die durch Biofouling beim Betrieb der RO-Anlage in der Water Factory 21, Orange County, entstehen

Kostenbereich/ Material	Kosten/Kommentar	Jährlicher Betrag [$]
Membranreinigung		
a) Arbeit	27 $/h, 12 Tage/Jahr	7776
b) Chemikalien	696 $/Monat, 1 Reinigung/Monat	8352
Vorbehandlung		
a) Kalk	60% wiedergewonnen; 25% für Biofouling-Bekämpfung	32536
b) Filter	320 Filter, 3 pro Jahr, 7 $ pro Filter	6720
c) Polymere	3 mg/l, 150 lb/Jahr, 1,3 $ pro lb	7414
d) Biozide	8 mg/l Chlor, 325 $/t, 77 t/Jahr	25084
e) Energie	1660 kw/AF; 25% wegen Biofilm-Widerstand	223000
Verringerung der Permeatleistung	1694 kwh/AF; 911000 $/Jahr; 150% Betriebsdruck für 80% der 4jähr. Standzeit	242934
Verkürzung der Standzeit der Module	1 Mio $ Investitionskosten; Standzeit 4 anstatt 8 Jahre	125000
Tests und Neuentwicklungen	Tests neuer Membranen und Vorbehandlungsprozesse	50000
Gesamtkosten		727816

Abb. 2.6. Trauriger Abtransport von Modulen, die durch Biofouling irreversibel verblockt wurden (Water Factory 21, CA; Aufnahme: H. F. Ridgway)

2.5 Mikrobieller Angriff

Biofilme können das Membranmaterial durch Ausscheidung von Säuren oder extrazellulären Enzymen angreifen. Dieser Effekt wird „Biodeterioration" genannt [213].

Es gibt zahlreiche Berichte, die vermuten lassen, daß Bakterien, die auf Celluloseacetat-Membranen wachsen, Enzyme oder andere Substanzen bilden, welche die Membran angreifen und direkt hydrolysieren [23, 84, 85, 106, 132, 209]. Dennoch konnte bislang eine enzymkatalysierte Spaltung eines voll substituierten Celluloseacetat-Polymeren unter kontrollierten Laborbedingungen nicht eindeutig nachgewiesen werden. Deshalb ist die wirkliche Bedeutung dieses möglichen mikrobiellen Angriffs auf Celluloseacetat-Membranen noch nicht geklärt. Ho et al. [112] fanden, daß keiner der Bakterien- und Pilzstämme, die von irreversibel verblockten Celluloseacetat-Membranen isoliert worden waren, in der Lage ist Celluloseacetat abzubauen, obwohl einige der Pilz-Stämme unsubstituierte Cellulose hydrolysieren können. Daß Celluloseacetat nicht abgebaut werden konnte, wurde der Substitution des Cellulose-Polymeren zugeschrieben. Reese [198] wies erstmals nach, daß verschiedene Cellulosederivate (wie z.B. Celluloseacetat) gegenüber mikrobiellem Angriff widerstandsfähiger wurden, je höher sie substituiert waren. Einige cellulolytische Pilze wurden gefunden, die wasserlösliches Celluloseacetat vollständig abbauen konnten, und zwar bis zu einem Substitutionsgrad (DS-Wert) von 0,76. Das angreifende Enzym war die Cellobiose-Octaacetase. Dennoch waren Organismen, die dieses Enzym besaßen, nicht fähig, Cellulosetriacetat mit einem DS-Wert von 2,86 anzugreifen. Vermutlich ist das Enzym sterisch durch die starke Acetyl-Substitution behindert; dies wurde bislang allerdings noch nicht nachgewiesen [210].

Sinclair [240] benutzte 129 Bakterienstämme aus Celluloseacetat-Anreicherungskulturen und verwendete Wasser aus dem Wellton-Mohawk-Kanal (nahe bei Yuma, Arizona) als Medium. Von 16 Isolaten, die Celluloseacetat-Membranen besiedelten, konnten 7 auf Nährsalzagar wachsen, wobei Celluloseacetat (DS-Wert unbestimmt), Carboxymethyl-Cellulose, Cellobioseoctaacetat oder Cellobiose die einzige Kohlenstoff-Quelle war. 6 dieser 16 Organismen wurden als gramnegative, cellulolytische, fluoreszierende Pseudomonaden identifiziert, die einen wasserlöslichen grünen Fluoreszenzfarbstoff bildeten. Obwohl nicht direkt gezeigt werden konnte, daß einer dieser Stämme für Membranschäden (d.h. für die stark sinkende Rückhaltungsrate) verantwortlich war, deutet ihre Anwesenheit im Rohwasser auf die Möglichkeit hin, daß sie unter gegebenen Umständen auf der Membranoberfläche vorkommen und Schäden verursachen können.

Kutz et al. [128–130] berichten, daß *Seliberia* sp. in den Mikroporen bzw. Tunnels in Celluloseacetat-Membranen einer Umkehrosmose-Anlage gefunden wurden. Diese Membranen waren offensichtlich durch mikrobiellen Angriff stark geschädigt. Der gleiche Organismus zeigt verschiedene Morphologien, je nachdem, auf welcher C-Quelle er wächst. Er wurde auch in dem Grundwasser gefunden, aus dem die RO-Anlage gespeist wurde. Wenn Celluloseacetat-Streifen der RO-Membran in einem Mineralsalzmedium in Gegenwart von *Seliberia* sp. inkubiert wurden, konnten nach etwa vier Wochen Hydrolyseschäden nachgewiesen werden. Allerdings wurde nicht belegt, daß die beobachteten Angriffe auf die Membran mit irgendeiner enzymatischen Aktivität korreliert waren. Daher ist es immer noch möglich, daß nicht-enzymatische Ursachen, wie etwa lokale pH-Unterschiede im Biofilm, die durch die metabolische Aktivität der Organismen verursacht werden, die Membranhydrolyse indirekt beschleunigt haben [210].

Über den mikrobiellen Angriff auf andere Membranmaterialien – etwa Polyamid oder Polysulfon – liegen keine Berichte vor. Tatsächlich könnten sol-

Abb. 2.7. Mikrobieller Angriff auf die Klebenaht eines Celluloseacetat-Moduls

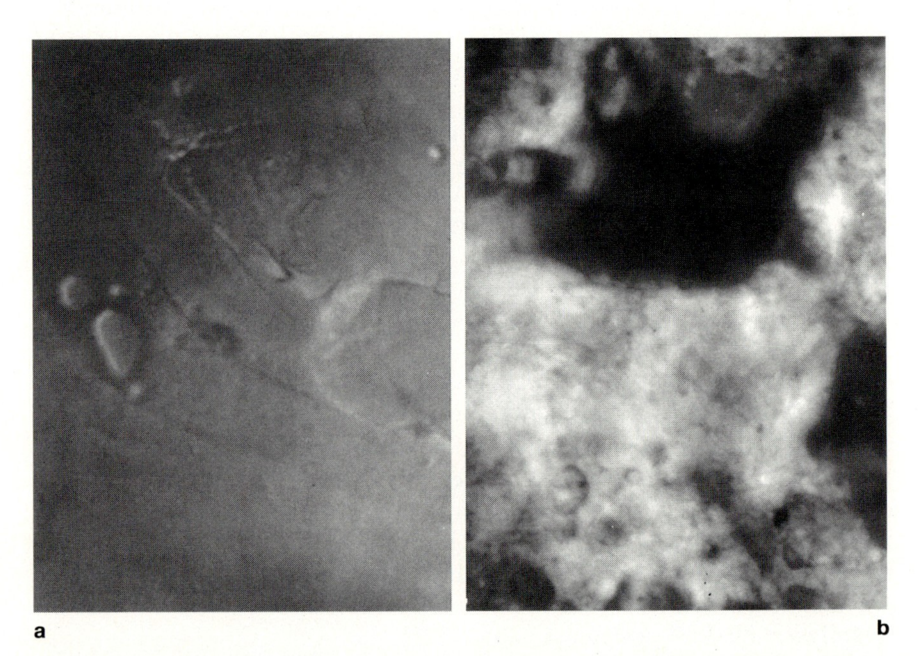

Abb. 2.8. Mikroskopische Aufnahme der Klebenaht aus Abb. 2.6; **a** intakter Kleber, **b** geschädigter Kleber; Pilz-Mycel deutlich erkennbar; 500fache Vergrößerung

che Materialien resistenter, wenn auch nicht vollständig widerstandsfähig gegenüber Biodeterioration sein.

Die Klebstoffe, mit denen die Membranen im Modul verarbeitet werden, müssen ebenfalls betrachtet werden. Sie sind potentiell von Mikroorganismen angreifbar. Besonders während längerer Stillstandszeiten muß ein solcher Schaden mit in Betracht gezogen werden. Ein Beispiel für starken mikrobiellen Angriff auf die Klebenähte ist in Abb. 2.7 dargestellt [85]. Diese Membran bestand aus Celluloseacetat und wurde zur Reinigung von Oberflächenwasser benutzt. Der Klebstoff wurde von Pilzen besiedelt (Abb. 2.8) und als Nährstoff verwendet, was die Stabilität des Moduls erheblich beeinträchtigte.

3 Beispiele für Schadensfälle durch Biofouling

Berichte über Probleme mit Biofouling in der Membrantechnologie kommen aus verschiedenen Bereichen, vor allem aus dem Bereich der Umkehrosmose, [58, 71, 73], z.B. aus der Reinstwasserproduktion [49, 79, 149, 197], der Nahrungsmittelindustrie [126, 153], der Meerwasser-Entsalzung [2, 9, 56, 121, 158, 149, 187, 273–275], aus Haushaltsanlagen [188] und aus der Abwasserreinigung [10, 202–210, 267].

Als Hauptquelle für die mikrobielle Kontamination wird das Speisewasser angesehen. Oberflächenwasser mit hoher Keimzahl gilt als hoch fouling-bildend [9]. Allerdings muß dabei in Betracht gezogen werden, daß die Nährstoffe im Oberflächenwasser das Fouling-Potential erhöhen.

Membransysteme sind durch eine große Oberfläche charakterisiert. Damit bieten sie ein günstiges Habitat für Mikroorganismen und Biofilme. Neben dem bereits angesprochenen vertikalen Transportvektor wird das Biofilm-Wachstum auch durch die Tatsache begünstigt, daß durch die Abtrennung gelöster Stoffe direkt über der Membran eine Anreicherung biologisch verwertbarer Substanzen stattfindet.

Auch Vorbehandlungsschritte können Biofouling begünstigen. Eine häufige Ursache für Membran-Fouling ist die Überdosierung von Flockungshilfsmitteln, die zugesetzt werden, um Suspensa zu entfernen [102]. Sie bilden eine verbesserte Aufwuchsfläche für Mikroorganismen und sind z.T. selbst mikrobiell abbaubar. Ahmed u. Alansari [2] berichten, daß Natriumhexametaphosphat, das als Konditionierungsmittel zugesetzt worden war, sowohl stark verkeimt war und damit eine Quelle für Mikroorganismen darstellte, als auch Nährstoffe für das Biofilm-Wachstum lieferte. In erster Linie trug Phosphat, das als Hydrolyseprodukt entstand, zur „Düngung“ der Mikroflora im System bei. Organische Spurenverunreinigungen bildeten eine zusätzliche Kohlenstoff-Quelle. Natriumthiosulfat, das zur Neutralisierung des Chlors eingesetzt wurde, konnte von Mikroorganismen verwertet werden [273]. Es besteht sogar die Möglichkeit, daß sogar autotrophe Bakterien, die CO_2 als C-Quelle und Thiosulfat als Elektronenakzeptor benutzen, unter entsprechenden Bedingungen zu erhöhtem Biofouling führen. Applegate et al. [9] fanden, daß Biofouling durch die Chlorung des Rohwassers begünstigt wurde. Dies war auf die Oxidation von Huminstoffen zurückzuführen, welche dadurch besser biologisch abbaubar wurden. Ein ähnlicher Effekt ist auch bei der Ozonung zu erwarten [99, 134]. Öl und andere

Kohlenwasserstoffe sind im Rohwasser nur selten enthalten, sie können aber durch Lecks oder durch Verunreinigung in das System gelangen. Obwohl diese Stoffe wenig wasserlöslich sind, haben sie ein großes Reduktionspotential und können mikrobielles Wachstum stark begünstigen [111].

Das Leitungs- und Vorbehandlungssystem vor der Membraneinheit bietet ebenfalls Oberflächen, auf denen Biofilme wachsen können. Ionenaustauscher [66, 68], Aktivkohle-Filter [97, 135, 162], Entgaser [160, 162] und Vorratstanks enthalten mehr oder weniger dicke Biofilme. Von diesen kann das behandelte Wasser mit weiteren Mikroorganismen kontaminiert werden.

Wichtig ist auch, im Auge zu behalten, daß die Lebensform als Biofilm die Mikroorganismen in die Lage versetzt, auch bei extrem niedrigen Nährstoffkonzentrationen zu überleben und sogar zu wachsen. Dieser Aspekt wird im Kapitel 3.4.1 näher behandelt.

3.1 Oberflächenwasser-Aufbereitungsanlagen

Eine Umkehrosmose-Anlage, die in Kombination mit Ionenaustauschern zur Herstellung von Kesselspeisewasser aus Flußwasser mit einer Kapazität von 300 m^3/h betrieben wird, zeigte nach Inbetriebnahme trotz einer aufwendigen Voraufbereitung eine starke Leistungsminderung durch Biofouling [264]. Das eingesetzte Flußwasser wurde durch Kiesfiltration, Ozonung, Flockung, Inline-Koagulation, Chlorung und erneute Kiesfiltration vorbehandelt. Es entsprach in mikrobiologischer Hinsicht den Anforderungen der Trinkwasserverordnung. Die Einschränkungen solcher Angaben für die Beurteilung des Biofouling-Potentials werden in Kap. 5.1 dargestellt.

Die Bilder 3.1 bis 3.3 zeigen die Oberfläche einer RO-Membran aus dieser Anlage, die durch Biofouling irreversibel verblockt wurden. Es handelte sich um eine Polyamid-Membran (FT 30). Diese Membran war bereits zahlreichen Reinigungssprozessen ausgesetzt [79]. Ganz deutlich wird, wie die Mikroorganismen in die Matrix der Schleimsubstanzen eingebettet und auf diese Weise der direkten Wirkung von Bioziden entzogen sind.

Die laminare Struktur des Films ist in Abb. 3.3 deutlich zu erkennen. Unter dem Biofilm liegt die aktive Trennschicht (5 nm Dicke) und die gut sichtbare poröse Stützschicht.

Abb. 3.4 zeigt einen transmissionselektronenmikroskopischen Schnitt durch die Membran [79]. Hier ist die Dicke des Belages deutlich erkennbar. Unmittelbar auf der Membranoberfläche haben sich Partikel angesammelt.

Abb. 3.5 ist eine Ausschnittvergrößerung, auf der eine Mikrozyste zu sehen ist.

An einem weiteren Schadensfall mit aufbereitetem Flußwasser zeigt sich, daß oberflächlich ähnlich aussehende Biofilme im Detail große Verschieden-

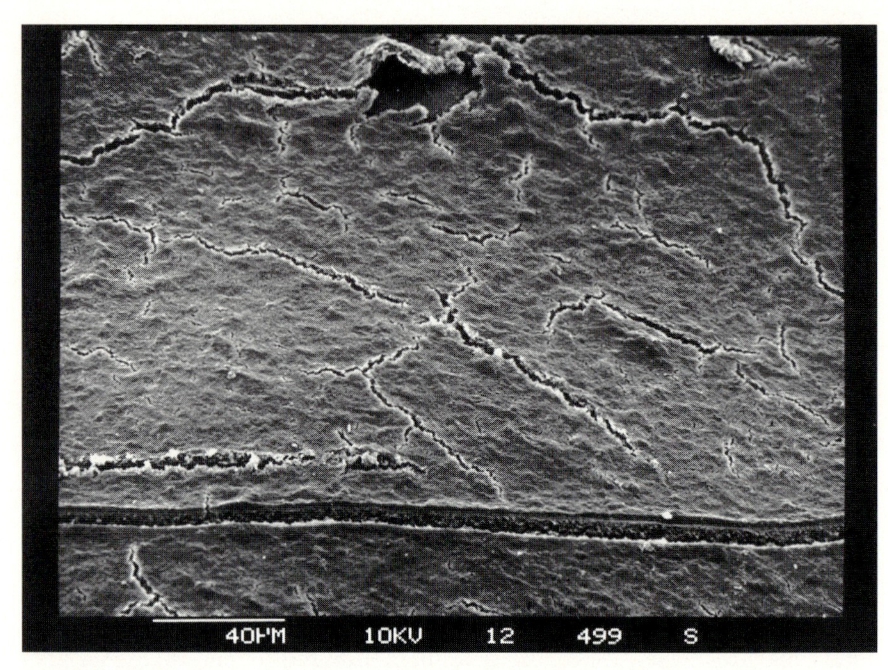

Abb. 3.1. Biofouling durch flächendeckenden Biofilm auf einer Polyamid-Membran, die zur Reinigung von aufbereitetem Oberflächenwasser eingesetzt wurde; Strich: 40 µm

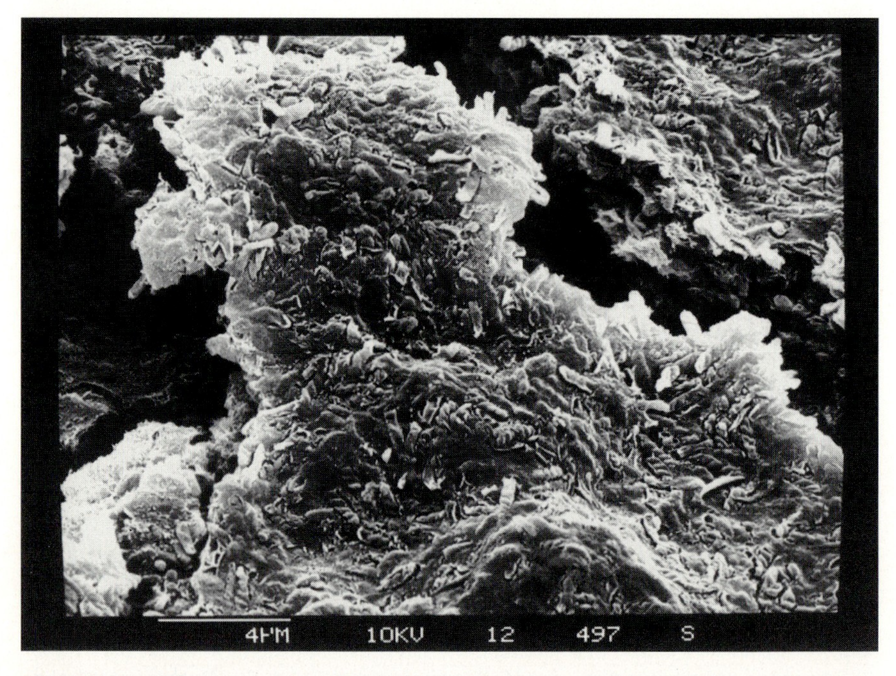

Abb. 3.2. Vergrößerung aus dem oberen Teil der Membran auf Abb. 3.1; Bakterien sind in der Biofilmmatrix eingebettet; Strich: 4 µm

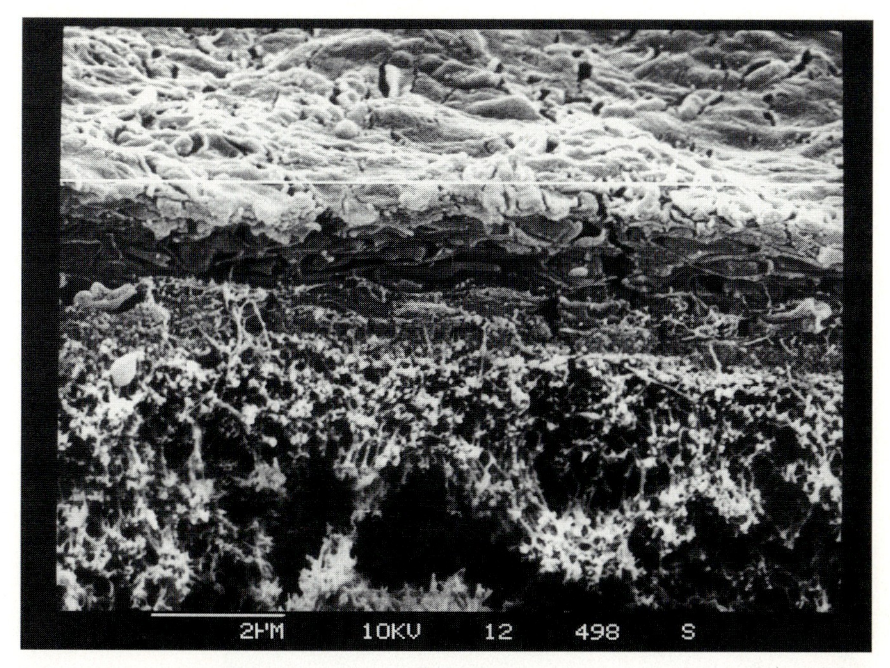

Abb. 3.3. Vergrößerung aus dem unteren Teil des Präparates von Abb. 3.1; weißer Strich obere Bildhälfte: Oberkante des Biofilms; Strich: 2 µm

heiten aufweisen können. Die Bilder 3.6 bis 3.8 zeigen einen Belag, der ebenfalls auf einer FT 30-Membran entstanden ist.

Hier ist eine mehr oder weniger ausgeprägte Einbettung der Mikroorganismen in eine Schleimmatrix zu erkennen; dabei ist allerdings zu bedenken, daß die EPS aufgrund ihrer starken Hydratisierung beim Präparationsprozeß für die Elektronenmikroskopie schrumpfen. Je nach ihrer chemischen Beschaffenheit, die von den Spezies bestimmt wird, welche sie hervorgebracht haben, schwankt der Wassergehalt der EPS.

Es drängt sich der Eindruck auf, daß der Biofilm in den Proben auf Abb. 3.7 und 3.8 nicht gerade einer starken Querströmung ausgesetzt gewesen sein kann. Das bedeutet, daß an diesen Stellen kein tangentialer Fluß geherrscht hat. Dadurch wurde Konzentrationspolarisation ausgelöst, die zur Verschlechterung der Trennleistung des Moduls geführt hat.

Abb. 3.9 zeigt die ehemalige Lage des Spacers (s. Abb. 2.2). Den dazugehörigen vom Biofilm überwachsenen Spacer zeigt Abb. 3.10. Der Spacer besteht aus einem 1–2 mm dicken Kunststoffnetz und hat die Aufgabe, den Abstand zwischen den Membranflächen zu halten, was ihm den Namen gibt (von engl. „space"). Auf Abb. 2.1 ist der Spacer als „speiseseitiges Trenngeflecht" eingezeichnet. Der Biofilm hat ihn eingebettet. Für die hydrodynamischen Verhältnisse im Wickelmodul ist diese Situation äußerst ungünstig, denn der Spacer hat auch noch eine wichtige hydrodynamische

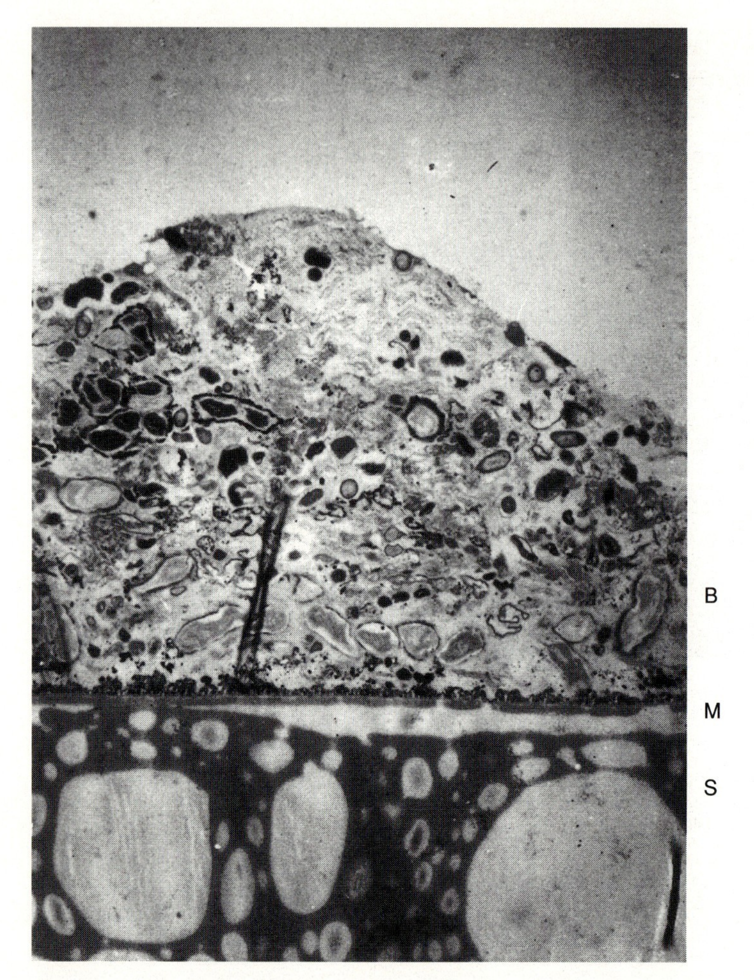

Abb. 3.4. Transmissionselektronenmikroskopischer Schnitt durch eine Membranprobe wie auf Abb. 3.1; B: Belag, M: Membran, S: Stützschicht (teilweise abgelöst); Vergr. ca. 5000fach

Funktion. Beim Filtrationsprozeß findet eine Aufkonzentrierung der abgetrennten Stoffe über der Membran statt, die sog. Konzentrationspolarisation. Da der aufzuwendende Druck u.a. vom Konzentrationsgefälle abhängt, nimmt der Energieverbrauch durch die Konzentrationspolarisation zu (s. Abschnitt 2.3).

Abbildung 3.11 zeigt eine der freien Stellen auf dem Spacer aus Abb. 3.10. Selbst hier ist eine mikrobielle Belegung erkennbar. In Abb. 3.12 ist ein Bereich des Spacers zu sehen, in dem mit dem bloßen Auge kein Biofouling wahrzunehmen ist.

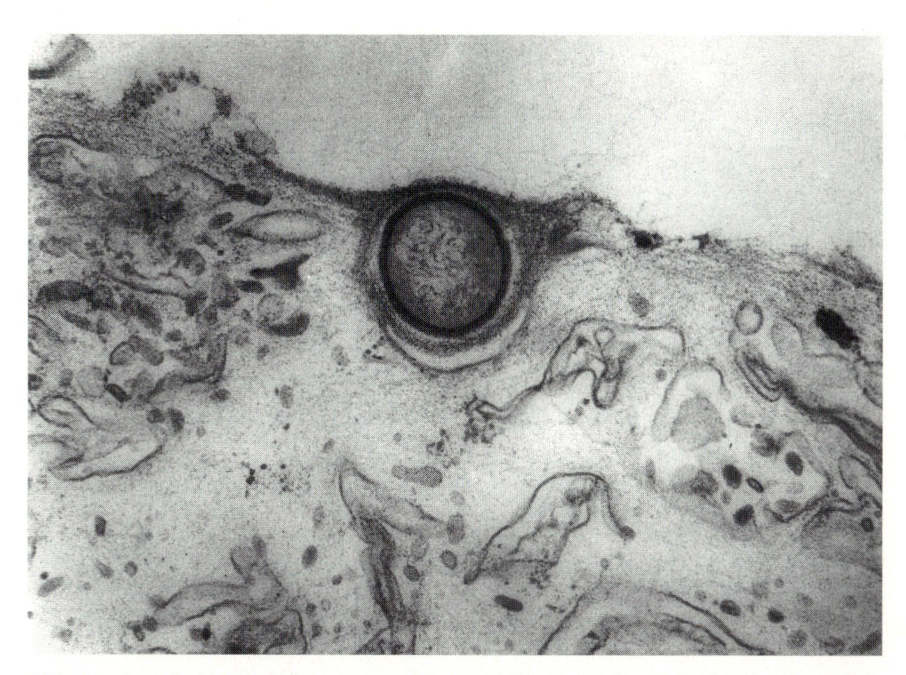

Abb. 3.5. Ausschnitt-Vergrößerung von Abb. 3.4; Einlagerung einer Mikrozyste in den Belag; Vergr. ca. 15000fach

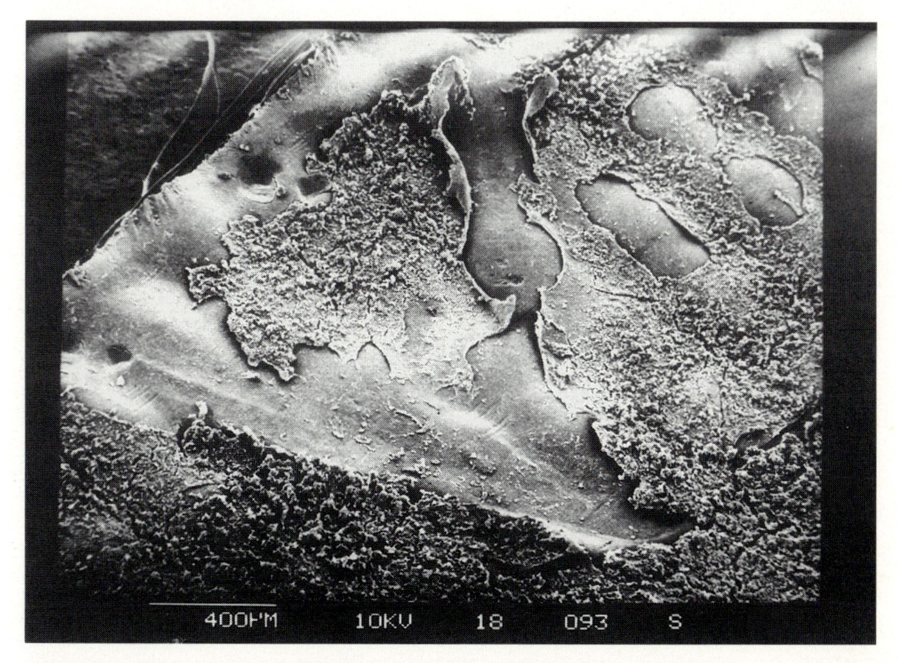

Abb. 3.6. Biofilm auf irreversibel verblockter Polyamidmembran (FT 30), aber anderes Rohwasser, daher auch andere Mikrobiozönose und anderer Biofilm; Strich: 400 µm

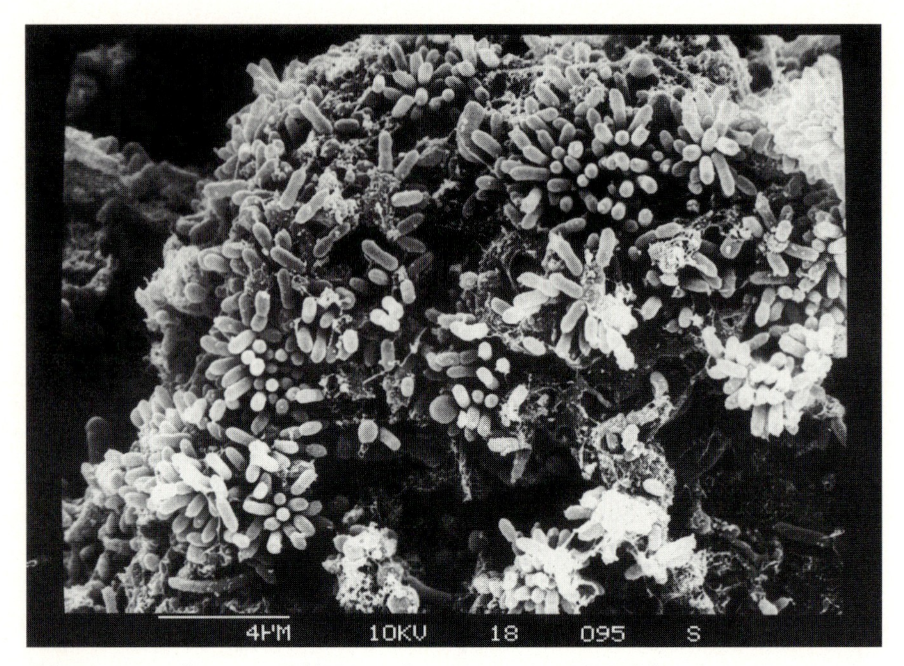

Abb. 3.7. Vergrößerung von Abb. 3.6, geringe Mengen an EPS; Strich: 4 µm

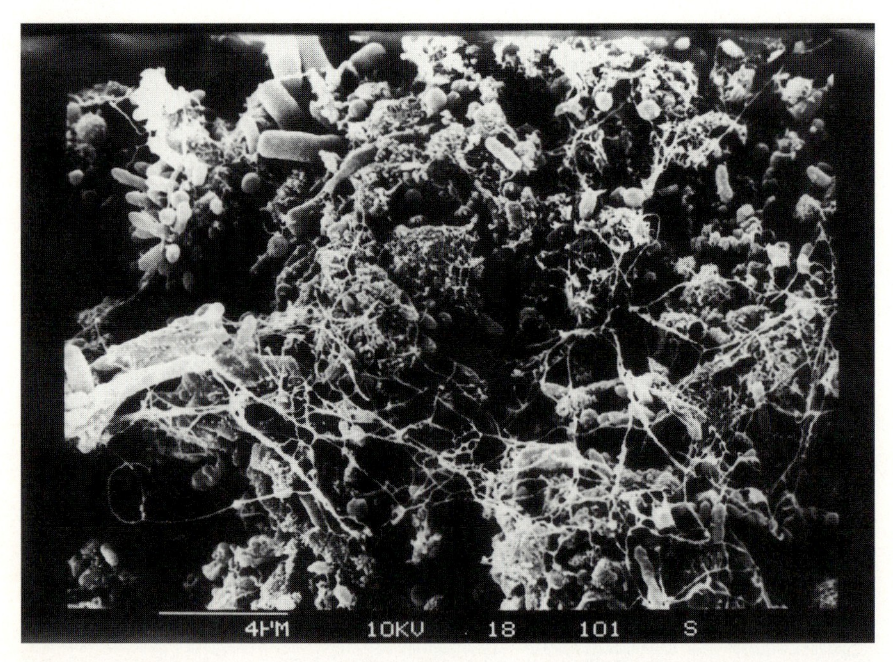

Abb. 3.8. Weiterer Ausschnitt von Abb. 3.6 mit relativ viel EPS (fibrilläre Strukturen); Strich: 4 µm

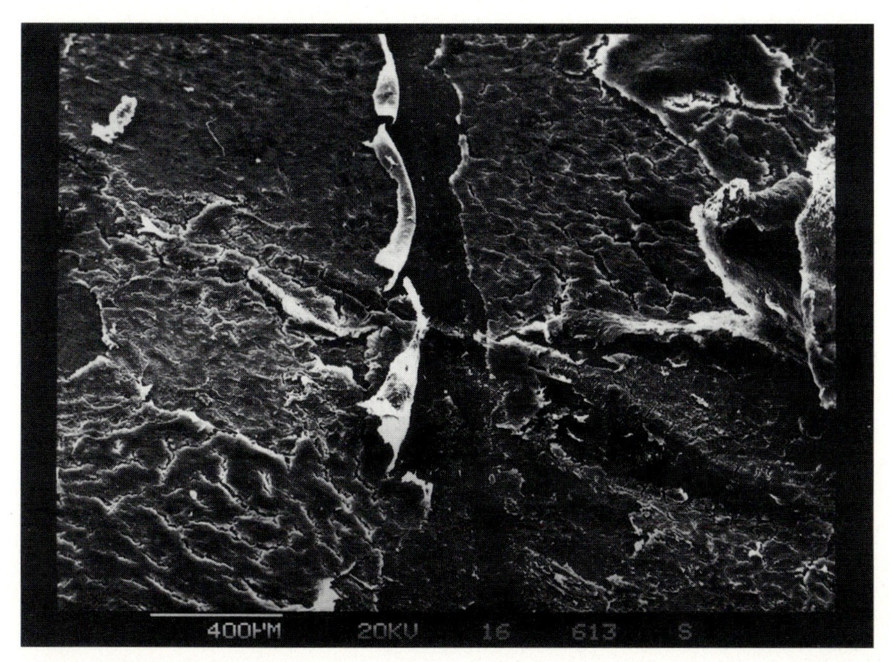

Abb. 3.9. Biofilm (auf Membran wie in Abb. 3.6), der den Spacer überwachsen hatte; Strich: 400 µm

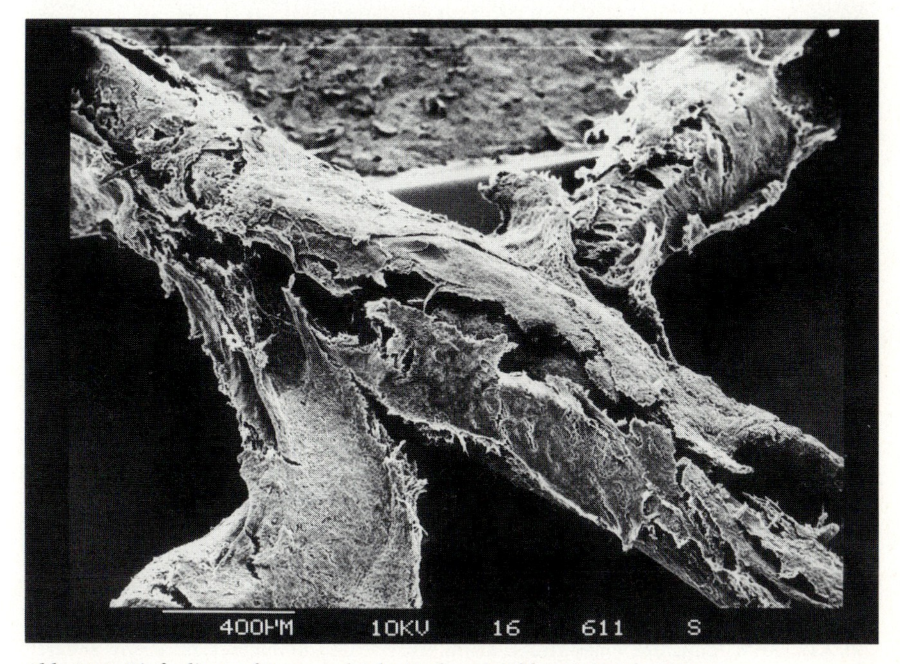

Abb. 3.10. Biofouling auf Spacer; gleiche Probe wie Abb. 3.9; Strich: 400 µm

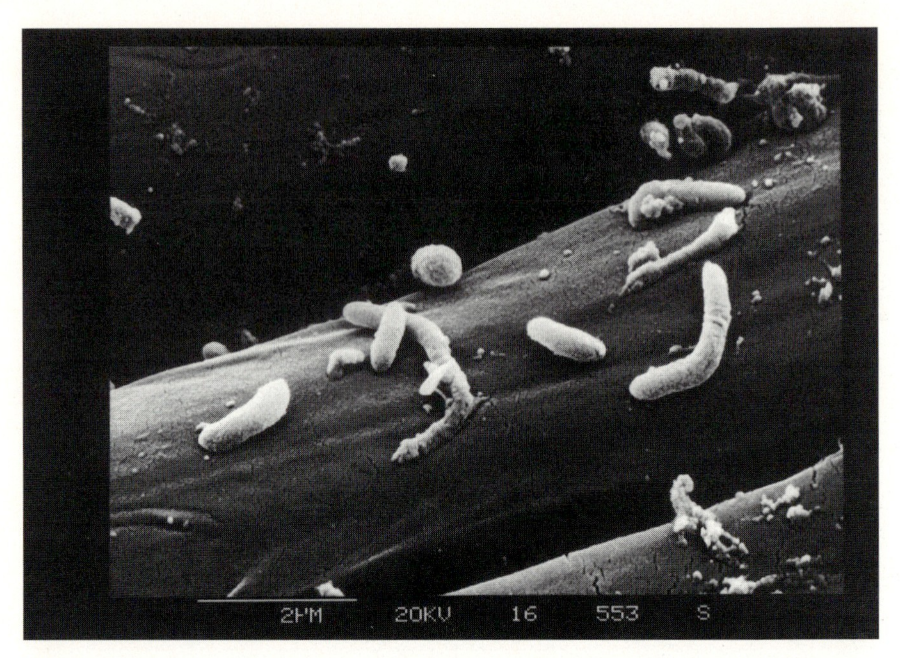

Abb. 3.11. Vergrößerung einer „freien" Stelle auf dem Spacer von Abb. 3.10; Strich: 2 µm

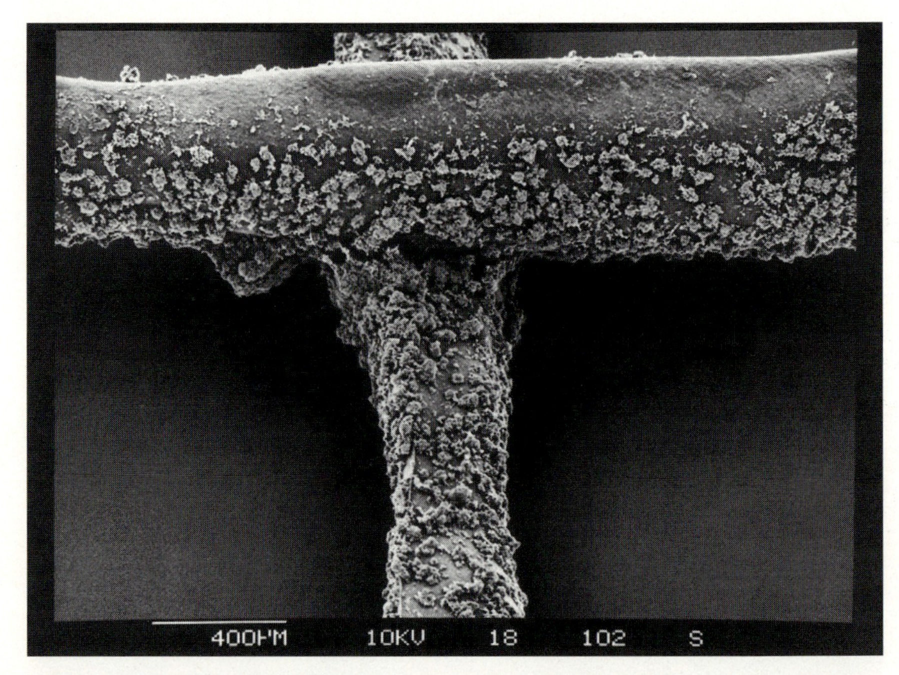

Abb. 3.12. REM-Aufnahme eines visuell kaum erkennbaren Bewuchses auf einem anderen Bereich des gleichen Spacers wie auf Abb. 3.10; Strich: 10 µm

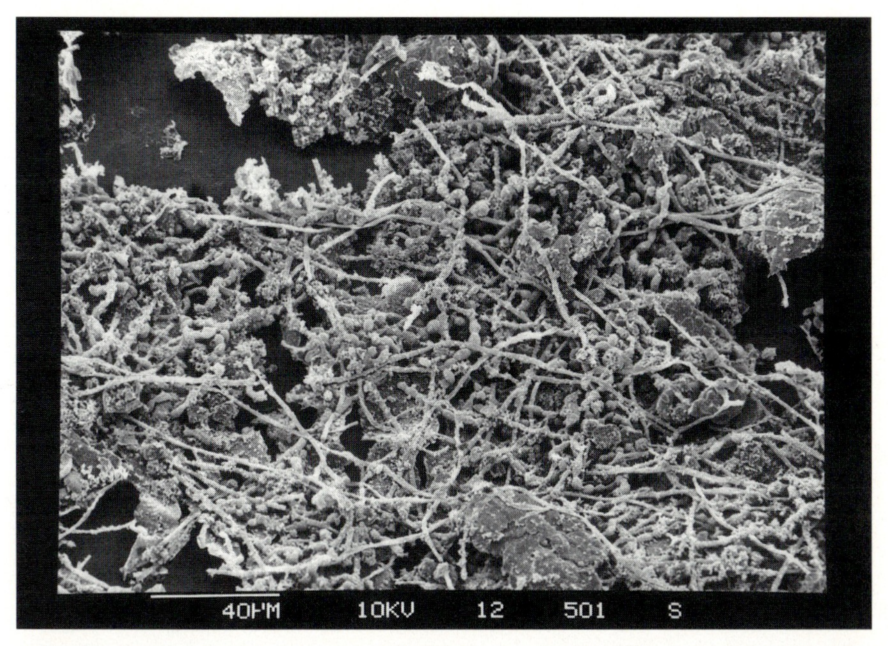

Abb. 3.13. Filamentöser Biofilm auf mikrobiell irreversibel verblockter Celluloseacetat-Membran; Strich: 40 µm

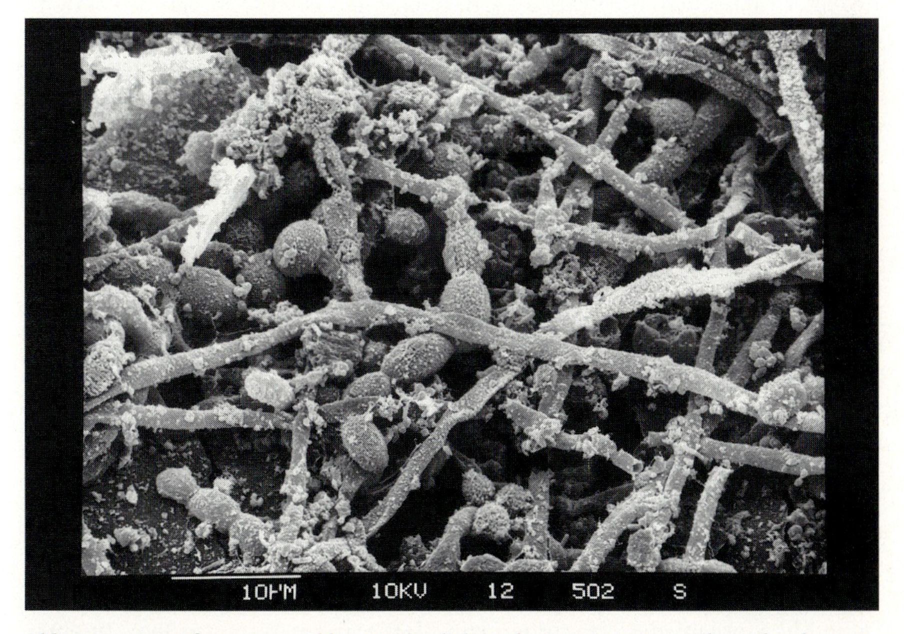

Abb. 3.14. Vergrößerung von Abb. 3.11; deutlich ist die Dominanz von Pilzen, daneben vereinzelte Bakterien erkennbar; Strich: 10 µm

3.2 Biofouling in einer Reinstwasser-Anlage

Eine Anlage aus der pharmazeutischen Industrie, die Stadtwasser in einem Hochreinigungsprozeß aufarbeitete, bekam ebenfalls Biofouling-Probleme. Verwendet wurden Spiralmodule mit Celluloseacetat-Membranen. Bei der Öffnung der Module war ein erdiger Geruch wahrzunehmen, und der Belag auf den Membranen war dunkel gefärbt. Es wurde nachgewiesen, daß es sich dabei um Pilze handelte. Dies zeigen die Abb. 3.13 und 3.14. Deutlich sind Hyphen und Sporen zu erkennen, während nur wenige Bakterien vorkommen [79]. Solche Biofilme sind aufgrund ihrer faserigen Struktur mechanisch besonders stabil und daher entsprechend schlecht zu entfernen. Einzelheiten über Biofouling in Reinstwasser-Anlagen sind in Kap. 4.6 dargelegt.

3.3 Exkurs: Biofouling und die Keime im Rein- und Trinkwasser

Eines der wesentlichen Probleme bei der Herstellung von Reinwasser ist die Kontamination des Produktes mit Mikroorganismen. Während gelöste organische und anorganische Stoffe und auch abiotische Partikel durch geeignete Vorbehandlungsschritte über Elimination aus der Wasserphase beherrscht werden können, sind Mikroorganismen Partikel, die sich vermehren können. Diese triviale Tatsache wird oft übersehen. Sie ist die Ursache dafür, daß der Durchbruch einzelner Zellen, deren Anzahl an sich noch tolerierbar wäre, zur „Infektion" des Systems führt. Bei der Herstellung von Mikroelektronik-Bauteilen kann es durch Mikroorganismen zu empfindlichen Qualitätseinbußen kommen.

Die Untersuchung einer Fertigungsanlage von Hewlett Packard in Kalifornien ergab eine direkte Korrelation zwischen dem Keimgehalt im hochreinen Wasser und Defekten an den Bauteilen [48]. Craven [44] schrieb Fehler bei Metallbeschichtungs-Prozessen der Anheftung von Bakterien zu. Eisenman und Ebel [59] beschreiben horizontale und vertikale Fehlstellen im Kristallgitter, die während des Photoresist-Prozesses entstanden und durch mikrobielle Kontamination hervorgerufen wurden. Leitfähigkeit an unerwünschten Stellen, Elektromigration und Korrosion in Oxidschichten wurde dabei ebenfalls beobachtet. Natrium- und Kalium-Ionen, die aus lysierten Bakterien oder aus bakteriellem Stoffwechsel stammen, können in die Oberfläche des Silicon-Wafers, d.h. in die Grundlage des Mikrochips, eindiffundieren und die Feldeffekte beeinflussen [266]. Kohlenstoffhaltige Partikel wie Bakterien können dotierend wirken und Leitfähigkeit verursachen [191]. Harned [108] wies mittels Rasterelektronenmikroskopie nach, daß die Ausfälle von Mikrochips in einer Fertigungsanlage von Motorola durch Mikroorganismen verursacht wurden. Stoecker und Pope [244] beschrieben Korrosionsvorgänge, die in einem DI-Hochtemperatur-Wassersystem durch Mikroorganismen induziert wurden. Diese Mikroorganismen stammten von Biofilmen im Wassersystem. In einer detaillierten Studie wiesen Patterson et al. [184] nach, daß in einem Reinstwas-

Tabelle 3.1. Kontaminations-Quellen für Wasseraufbereitungssysteme

- Rohwasser
- Luft
- Kontaminierte Chemikalien
- Kontaminierte Anlagenteile (Dichtungen, Filterkerzen, Rohrleitungen u. a.)
- Kontaminiertes Material (Ionenaustauscher, Aktivkohle u.a.)
- Lecks
- Personal
- Anlagendesign (Totzonen, lange u. verzweigte Leitungssysteme, Voratsbehälter)

Tabelle 3.2. Aus Reinstwasser isolierte Bakterienarten [162]

Achromobacter
Acinetobacter
Alcaligenes
Bacillus
Brevibacterium
Caulobacter
Flavobacterium
Micrococcus
Mycobacterium
Pseudomonas

sersystem (18 MOhm-Wasser) in einem Werk der IBM in Burlington, Vermont, alle wasserbenetzten Flächen mit einem Biofilm bedeckt waren. Das Rohrmaterial bestand aus PVDF (Polyvinylidendifluorid). Sie fanden, daß die Kontamination des Wassers durch den Biofilm verursacht wurde. Durch differenzierte Probenahme konnten sie zeigen, daß die volumenbezogenen Zellzahlen in Wandnähe signifikant höher lagen als im Flüssigkeitskern.

Die wichtigsten Quellen für den Eintrag von Keimen ins System sind in Tabelle 3.1 aufgelistet. All diese Quellen sind mit entsprechendem Aufwand möglicherweise bis zu über 99,9% kontrollierbar. Das bedeutet, daß ca. 0,01-0,1% der Keimbelastung nicht aufgefangen werden, in die Anlage gelangen und zur Infektion führen. Sogar in Reinstwasseranlagen wurden verschiedene Bakterienarten nachgewiesen (Tabelle 3.2).

Es gibt drei Möglichkeiten, wohin die Keime nach Eintritt in die Anlage gelangen können:

1. Ein gewisser Anteil landet z.B. im Konzentrat einer Umkehrosmose-Anlage oder in anderen Abwässern,
2. ein weiterer, geringer Teil bricht vermutlich direkt bis ins Produktwasser durch,
3. ein erheblicher Teil jedoch setzt sich an Oberflächen ab und bildet dort nachweislich Biofilme [162].

Es hat nicht an Versuchen gefehlt, das Eindringen von Keimen in eine Anlage, die steril betrieben werden soll, durch den Einsatz von „bakteriendichten Filtern" zu verhindern. Aber auch hier gibt es immer wieder „Durchbrüche". Eine Erklärung liefert Abb. 3.15. Es zeigt die transmissionselektronenmikroskopischen Aufnahme von *P. fluorescens*-Zellen im Zustand, wie sie direkt aus der Nährbouillon kommen sowie nach 1 und 2 Wochen vollständigen Nährstoffentzuges. Die Zellmorphologie ändert sich im Hungerzustand völlig [174]. Da Mikroorganismen im Hungerzustand „Ultramikrobakterien" mit einem Durchmesser von weniger als 0,2 µm bilden können [164], wurden Filter mit 0,2 µm Porendurchmesser von den Keimen überwunden und sie gelangten in das System [113]. Dies wurde auch in anderen Fällen beobachtet [7, 35, 161, 239]

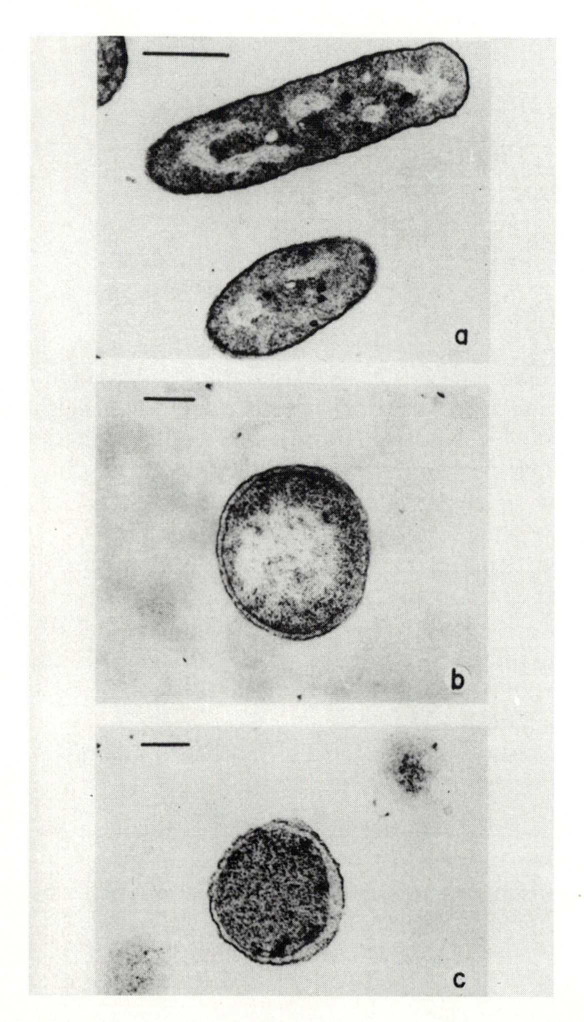

Abb. 3.15. TEM-Aufnahme: Zellen von *P. fluorescens* bei guter Nährstoffversorgung; **a** sowie nach 1 Woche; **b** bzw. 2 Wochen; **c** Nährstoffentzug (Aufnahme: G. G. Geesey)

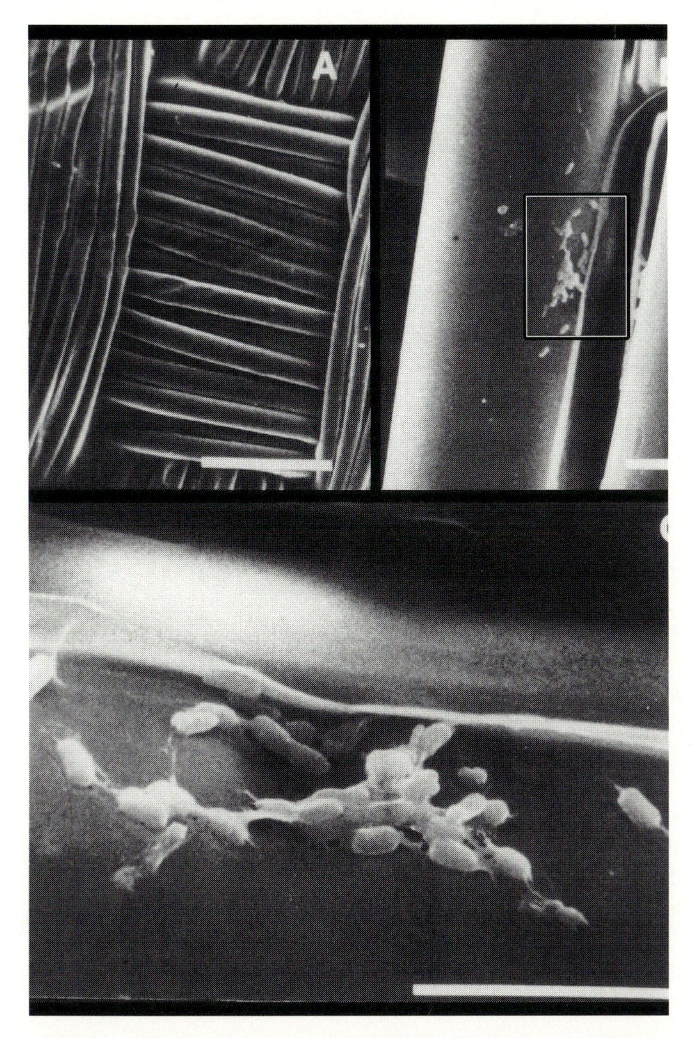

Abb. 3.16. Permeatseite einer irreversibel verblockten Umkehrosmosemembran. Theoretisch ist die Membran völlig undurchlässig für Mikroorganismen [209]

Umkehrosmose-Membranen sind theoretisch absolut undurchlässig für Viren und Bakterien, weil sie als Diffusionsmembranen keine Poren enthalten. Dennoch werden auch auf der Reinwasser-Seite solcher Membranen Mikroorganismen gefunden(Abb. 3.16). Sichtbar ist hier das Stützgewebe der Membran. Wie die Keime an diese Stellen gelangt sind, ist unklar. Verschiedene Möglichkeiten werden diskutiert: „Durchwachsen" kleinster Poren, wie dies von Wolf und Schoppmann [276] gezeigt wurde, aber auch „Zurückwachsen" von kontaminierten Stellen der Permeat-Ableitung, Penetration von Dichtungen etc. [209], ohne daß dies allerdings nachgewiesen werden konnte.

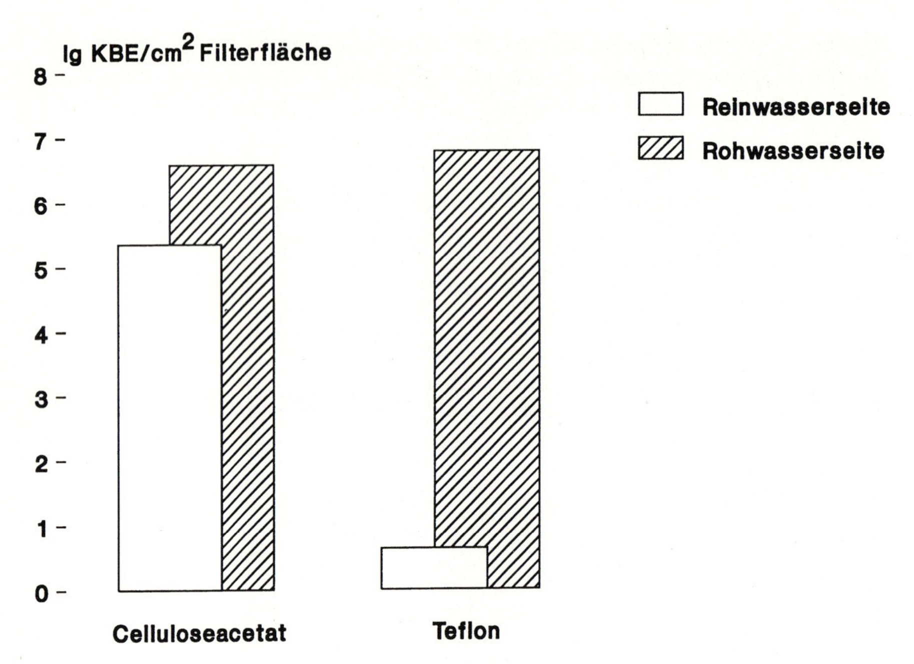

Abb. 3.17. Belegung der Roh- und Reinwasserseite von Sterilfiltern nach Belastung des Wassers mit Testkeimen [161]

Das Auftreten von Mikroorganismen im Permeat theoretisch absolut bakteriendichter Filter ist ein Phänomen, das auch von anderen Autoren beobachtet wurde [35]. Scheer [226] untersuchte die Belegung von Celluloseacetat- und Teflonmembranen auf der Rein- und Rohwasserseite nach Belastung mit 10^7 Zellen/ml (Abb. 3.17).

Wie der Besiedlungsgrad auf der Reinwasserseite erkennen läßt, zeigen die Teflonfilter hier eine erheblich bessere Rückhalterate als Celluluoseacetat-Filter.

3.3.1 Die Nährstoff-Frage

Die Wiederverwendung „gebrauchten" Wassers ist vom Standpunkt des sparsamen und verantwortungsvollen Umganges mit Wasser wünschenswert. Wasser-Recycling schafft allerdings mikrobiologische Probleme, weil sich im Laufe der Zyklen immer mehr Nährstoffe anreichern. Dies stellt z.B. die Papierindustrie, bei der besonders große Mengen an Nährstoffen ins Wasser geraten, vor ernste Probleme [37]. Ähnliche Schwierigkeiten bereitet auch der Gebrauch von „Grauwasser", d.h. von bereits genutztem und nur gering verschmutztem Wasser im Haushaltsbereich. Das Auftreten von hohen Keimdichten im Wasser ist hier nicht überraschend, aber noch weitgehend unbewältigt. Im industriellen Bereich werden dann in der Regel Biozide eingesetzt, was vom Standpunkt des Umweltschutzes aus keine wünschenswerte Reaktion sein kann. Außerdem ist die Wirkung der Biozide häufig zweifelhaft und wird normalerweise auch nicht hinreichend überwacht.

Wie bereits erwähnt, werden aber auch in extrem nährstoffarmen Wässern mikrobielles Wachstum und Biofilme gefunden [94, 133, 134]. In Tabelle 3.3 sind die wichtigsten Nährstoffquellen für Mikroorganismen in Reinwassersystemen aufgeführt [162].

Anspruchslose Arten unter den Wasserkeimen können sich noch bei einem Gehalt von 10 µg/l Glucose-Äquivalenten vermehren [164, 174]. Mikroorganismen können auch auf solchen Oberflächen Biofilme bilden, die keinerlei Nährstoffe abgeben. Gerade in oligotropher Umgebung gehört die Biofilm-Bildung zu den Überlebensstrategien [146], weil an Grenzflächen Nährstoffe akkumuliert werden und die Biofilme als Gelmatrix Nährstoffe aus dem fließenden Wasser anreichern können [88, 94].

Tabelle 3.3. Nährstoffquellen in Reinwassersystemen

Substrat	Quelle
Kohlenstoff	Bestandteile von Leitungs-, Dichtungs- und Behältermaterial Oberflächen-Beschichtungen Schmiermittel (Ventile, Gewinde etc.) Konditionierungschemikalien (mit Verunreinigungen) Staub aus der Luft[a] Mikrobielle Stoffwechselprodukte[b] Reaktionsprodukte von Desinfektionsmitteln Kontamination durch Betriebspersonal
Stickstoff	Rohwasser (z.B. Huminstoffe, Nitrat etc.) Staub aus der Luft[a] Stickstoff-Abdeckung, wenn N-Fixierer vorhanden sind oder wenn zu stark ozont und dabei Stickstoff chemisch oxidiert wird Mikrobielle Stoffwechselprodukte[b]
Phosphor, Schwefel	Rohwasser (Phosphat, Sulfat) Schwefelsäure oder Bisulfit aus Rohwasserkonditionierung (z.B. bei Umkehrosmose) Andere Konditionierungsmittel Staub aus der Luft[a] Mikrobielle Stoffwechselprodukte[b]
Spurenmetalle und Salze	Staub aus der Luft[a] herausgelöste Bestandteile von Werkstoffen Konditionierungschemikalien
Licht (Algenentwicklung)	Transparente Leitungen und Vorratsgefäße Schaugläser

[a] häufigste Ursache: Entgaser.
[b] häufigste Ursache: Überreste von Biomasse, die bei Reinigungsprozessen zurückgeblieben ist, sowie besonders algenbürtige Stoffe aus dem Rohwasser.

In dieser Situation leben besonders anspruchslose Keime als „Pioniere“ vom Nährstoffangebot der Wasserphase und akkumulieren auf diese Weise assimilierbare organische Verbindungen lokal in Form von Biomasse, oft nur als Mikrokolonien auf winzigen Flächen. Diese bilden ein Habitat für andere Mikroorganismen, z.B. für Heterotrophe, die sich eigentlich bei den herrschenden Nährstoffkonzentrationen nicht vermehren könnten. Sie sind dann in der Lage, als Destruenten dieser Primärflora im Biofilm zu leben. Dabei wird Sauerstoff verbraucht, so daß sich an der Basis anaerobe Zustände entwickeln und ein Habitat für Anaerobier geschaffen wird. An der Oberfläche des Biofilms können sich Einzeller ansiedeln, die dort „grasen“ und von den Biofilm-Bakterien leben [190]. So kann der Biofilm als mikrobielle Lebensform einer großen Vielfalt verschiedener Arten von Mikroorganismen eine „ökologische Nische“ bieten [41, 69].

3.3.2 Trinkwasser

Die hygienische und ästhetische Qualität von Trinkwasser während des Transportes im Rohrnetz stellt die Wasserversorgung immer wieder vor Probleme. Dabei kann es einerseits zum Auftreten pathogener Keime, andererseits auch zu einer Massenvermehrung von Mikroorganismen kommen. Solche Entwicklungen finden nicht nur im Wasserkörper, sondern auch auf den benetzten Oberflächen des Systems statt. Biofilme spielen dabei eine wesentliche Rolle als Kontaminationsquelle und als Ort des Bakterienwachstums [17, 257, 258].

3.3.2.1 Pathogene und potentiell pathogene Bakterien in Biofilmen

Biofilme können ein Habitat für potentiell pathogene Keime bieten. Beispielsweise sind Mycobakterien in der Medizin seit langem auch als „Trompeten-Bakterien“ bekannt, weil sie in den mikrobiellen Belägen der Mundstücke von Blasinstrumenten regelmäßig vorkommen, ebenso wie in Mundstücken von Telefonhörern [167].

Klebsiellen [234], Mycobakterien [233, 233a], Legionellen [45, 245, 295; Übersicht bei 129] und *E. coli* bzw. coliforme Keime [133, 134, 148, 179] wurden in Biofilmen von Trinkwasserverteilungssystemen nachgewiesen. Auch Sediment-Biofilme in Gewässern bilden geschützte Bereiche für pathogene Bakterien [143b]. Unter Umständen kann es auch zur Massenentwicklung von pathogenen Keimen in Biofilmen kommen.

Szewzyk und Manz [247] wiesen nach, daß pathogene Coliforme in Biofilmen überleben können, auch wenn sie keine C-Versorgung aus der Wasserphase haben. Sie stellten einen Biofilm aus einem Stamm her, der Toluol verwerten kann; dieses war die einzige C-Quelle in ihrem System. Nun wurde dieses System mit einem Konzentrationsstoß des pathogenen Stammes belastet und anschließend mit sterilem Wasser gespült. Der coliforme Stamm konnte Toluol nicht verwerten. Nach verschiedenen Zeiten wurden Biofilm- und Wasserproben entnommen. Es zeigte sich, daß der coliforme Stamm im Biofilm wachsen und offensichtlich Stoffwechselprodukte der vorhandenen Biofilm-Flora als Nährstoff nutzen konnte. Der Nachweis des pathogenen Stammes im Biofilm erfolgte durch Gensonden. Damit ist eindeutig gezeigt, daß der Biofilm ein Habitat auch für solche Keime darstellt, die sich unter den Bedingungen der Wasserphase eigentlich nicht vermehren könnten.

3.3.2.2 Viren

Über den Verbleib von Viren in Biofilmen ist bislang noch kaum etwas bekannt. Dies dürfte damit zusammenhängen, daß in dieser Richtung auch noch keine Untersuchungen gemacht wurden. Es ist anzunehmen, daß Viren in Biofilmen überleben können, ähnlich wie dies bei Bakteriophagen bereits beobachtet wurde. Lopez-Pila [142a] untersuchte die Verteilung von Viren zwischen Wasser- und Belebtschlamm-Phase in Abwasser. Er stellte fest, daß über 95% der Viren in den Belebtschlammflocken blieben. Dies weist deutlich darauf hin, daß Viren in Biofilmen Habitate finden können. Eigene Untersuchungen an Biofilmen auf Langsamsandfiltern eines Trinkwasserwerkes zeigten, daß Enteroviren in diesen eindeutig nachzuweisen waren, nicht aber im Wasser selbst [229b].

3.3.2.3 Massenvermehrung von nicht-pathogenen Keimen auf Oberflächen

Wasser, welches das Wasserwerk in hygienisch einwandfreiem Zustand verläßt, kann im Rohrnetz wieder aufkeimen. Hier ist oftmals nicht die Vermehrung der Keime in der Wasserphase, sondern der mikrobielle Aufwuchs im Verteilungssystem die wesentliche Quelle für die Mikroorganismen [258]. Biofilme geben sowohl kontinuierlich, durch „Erosion" des fließenden Mediums und Ablösung von Schwärmerzellen [246], als auch stoßweise, durch Abreißen von Belagsfetzen, Zellen an das fließende Wasser ab [50, 51, 211, 254, 257]. Dadurch wird das Wasser von Mikroorganismen aus dem Belag kontaminiert. Die Abgabe von Keimen an das Wasser erfolgt jedoch unregelmäßig, so daß die Zellzahlen im Wasser und im Biofilm nicht korrelieren. Die Wiederverkeimung des Wasserkörpers durch Biofilme kann – je nach Strömungsbedingungen – zu Werten von über 10^6 koloniebildende Einheiten (KBE)/ml führen [258].

Die Bakteriendichte im Biofilm kann im Bereich zwischen $10^7 - 10^{10}$ KBE/ml Biofilm-Masse schwanken [51, 79]. Zwischen dem Volumen des Belages und der Anzahl der darin enthaltenen lebende Keime existiert keine quantifizierbare Beziehung [51]. Olson [179] bezog die Zellzahl auf die Oberfläche und kam auf einer mit Zementmörtel ausgekleideten Leitung auf Werte bis zu 10^9 Zellen cm^{-2}. In Biofilmen wurde eine große Vielfalt von Spezies, einschließlich Sulfatreduzierer, Nitrifikanten, Denitrifikanten sowie verschiedenste heterotrophe Mikroorganismen nachgewiesen [168, 199, 200, 252]. Allen et al. [2a] fanden eine hohe Besiedlungsdichte vor allem in den korrosions- und sedimentationsbedingten Inkrustationen im Leitungssystem. Tuovinen et al.

[252] wiesen in den „Tuberkeln“, die durch Korrosion entstehen, $3 \cdot 10^8$ Zellen g^{-1} nach. Emde et al. [60] fanden in solchen Tuberkeln – die ihrerseits durch mikrobiell induzierte Korrosion entstanden waren – viele Arten, die dort eine „ökologische Nische“ gefunden hatten und dort auch in Anwesenheit von Chlor überlebten. Tabelle 3.4 zeigt, daß in den Tuberkeln praktisch alle Keime vorkamen, die durch die Chlorung in der Wasserphase unterdrückt wurden. Die Schutzwirkung dieser Tuberkel für die darin enthaltenen Bakerien wird dadurch demonstriert; hier überleben die Keime, welche die „Nachverkeimung“ verursachen.

Tabelle 3.4. Mikroflora in gechlortem und ungechlortem Wasser sowie in Korrosionsprodukten (nach Emde et al., [60])

Art	ungechlort. Wasser		gechlortes Wasser	Tuberkel
	August	März		
Bakterien				
Aeromonas sp.		+		
Bacillus	+	+	+	+
Chromobacterium. sp.				+
Citrobacter sp.	+	+		+
Clostridium sp.	+	+		+
Cytophagae sp.		+		
E. aerogenes	+	+		+
E. coli	+	+		+
Edwarsiella sp.	+	+		+
Flavobacterium sp.	+	+	+	
Gallionella sp.	+	+		+
Leptotrix sp.	+	+		+
Lysobacter sp.		+		
Klebsiella sp.	+	+		+
K. oxytoxa	+	+		+
K. pneumoniae	+	+		+
Pseudomonas sp.	+	+	+	+
P. aeruginosa	+	+		+
P. cepacia		+	+	+
P. fluorescens	+	+	+	+
Proteus sp.	+			+
Serratia sp.	+	+	+	+
Streptococcus sp.	+	+		+
Sphaerotilus sp.	+	+		+
Thiobac. thiopharus		+	+	+
Thiobac. thiooxidans	+	+	+	+
Pilze				
Acremonium sp.		+	+	
Aspergillus sp.	+	+	+	
Fusarium sp.	+			+
Mucor sp.			+	+
Penicillium sp.	+	+	+	+
Rhodotorula sp.	+		+	
Rhizopus sp.	+		+	+

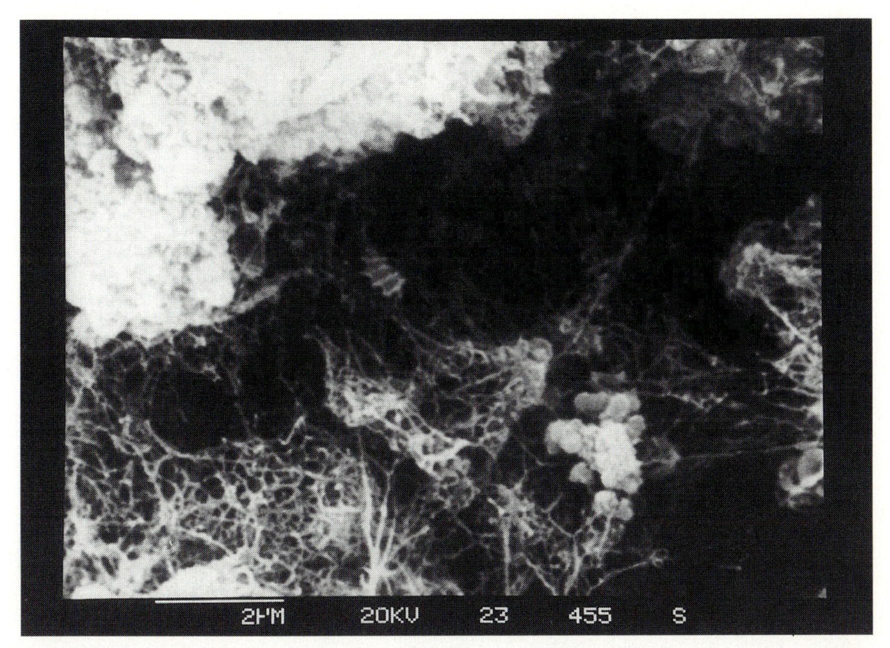

Abb. 3.18. Biofilm auf der Oberfläche eines verzinkten Trinkwasserleitungsrohres. Pfeil 1: *Seliberia*-Zelle, häufiger Wasserkeim. Pfeil 2: Kolonie von kurzen Stäbchenbakterien; Strich: 2 µm

Abb. 3.18 zeigt die innere Oberfläche einer solchen Tuberkel. Die Probe stammt aus einem Wasserleitungsrohr aus verzinktem Stahl, das ca. 10 Jahre lang mit Trinkwasser aus der Bodensee-Wasserversorgung in Gebrauch war. Der Biofilm besteht aus einer faserigen Struktur, die von den extrazellulären polymeren Substanzen (EPS) hervorgerufen wird.

Ähnliche Strukturen des Biofilms wurden bei der Besiedlung von Polyethylen und Stahl im Trinkwasserbereich beobachtet [104]. Abb. 3.19 zeigt *Seliberia*-Zellen auf der Oberfläche eines Biofilms auf einer irreversibel verblockten Umkehrosmose-Membran.

In Abb. 3.20 ist das typische Hydrolyseprodukt von *Gallionella*-Zellen in einem Biofilm auf einer irreversibel verblockten RO-Membran zu erkennen.

Im Trinkwasserbereich gilt die Ansicht, daß eine Massenvermehrung von Mikroorganismen nur dann auftritt, wenn das Aufwuchsmaterial Nährstoffe abgibt [231]. Auskleidungsmaterialien und Anstriche haben zur Entwicklung von Biofilmen und auf diese Weise zu erhöhten Koloniezahlen im Trinkwasser geführt [230–232]. Es gibt jedoch auch zahlreiche Untersuchungen, aus denen hervorgeht, daß bei geringen Nährstoffkonzentrationen und inerten Aufwuchsmaterialien erhöhte Koloniezahlen im Wasser gefunden werden können, die von Biofilmen verursacht wurden [z.B.: 50, 133, 168, 254, 258]. Bakteriensporen können sich ebenfalls an Oberflächen heften [269].

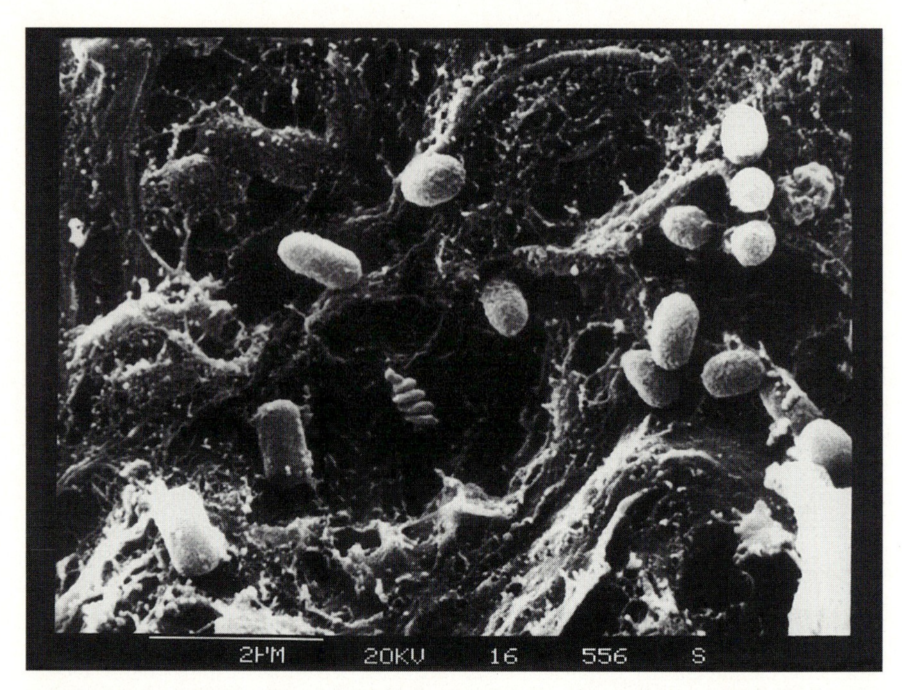

Abb. 3.19. Sekundäre Besiedlung der Oberfläche eines Biofilms auf einer RO-Membran; Pfeil: *Seliberia*-Zelle; Strich: 2 µm

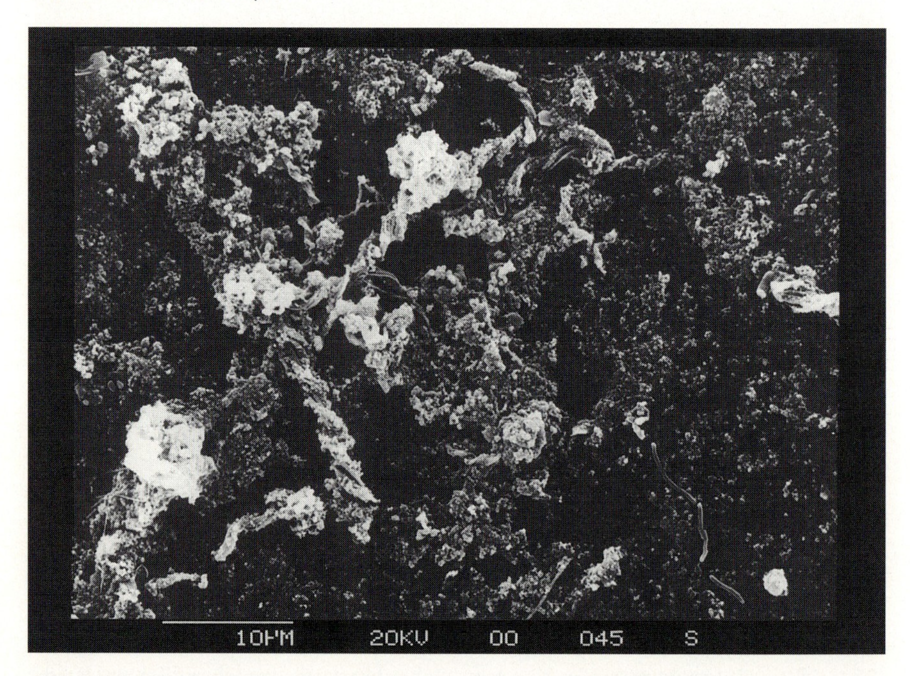

Abb. 3.20. Typische Gallionella-Hydrolyseprodukte auf einer mikrobiell verblockten RO-Membran; Strich: 10 µm

3.4 Biofouling bei Membranbehandlung von Sickerwasser

Die Behandlung von Sickerwasser gehört zu den neueren Anwendungen der Membrantechnologie. Solche Wässer sind normalerweise mit Salzen und z. T. auch mit hochmolekularen organischen Stoffen hoch belastet. Obwohl die leicht abbaubaren Stoffe auf der Deponie durch die Aktivität der Mikroorganismen bereits weitgehend entfernt werden, bleibt ein gewisser Anteil zurück, der zu Biofouling führen kann [224]. Im vorliegenden Fall handelt es sich um Sickerwasser aus einer Anlage, die im Jahr ca. 290000 m^3 aufbereiten muß.

Das Wasser hat einen hohen Gehalt an Salzen, vor allem an Ammonium. Der organische Gehalt ist von undefinierter Zusammensetzung. Das Wasser wird zunächst 10–15 Tage in belüfteten Stapelteichen gesammelt und dann direkt durch DT-Module (Rochem) filtriert. Das Permeat aus dieser Behandlung wird geteilt. Etwa die Hälfte wird destilliert. Das Konzentrat, etwa 10% des ursprünglichen Volumens, wird verworfen. Das Destillat wird benutzt, um die andere Hälfte des Permeates aus den DT-Modulen zu verdünnen.

Dieses Wasser hat einen pH-Wert von 5,9 und enthält beträchtliche Mengen an organischer Substanz. Die Zelldichte beträgt ca. 10^6 mg L^{-1}, gemessen mit der Epifluoreszenz-Mikroskopie, und liegt im Verhältnis zu anderen Wässern, die mit dieser Methode gemessen werden, allerdings relativ niedrig (s. Kap. 5.1). Die Bedingungen für mikrobielles Wachstum sind günstig, und Untersuchungen haben ergeben, daß keine keimhemmenden Stoffe im Wasser enthalten sind [224].

Das Gemisch aus Destillat und DT-Permeat wird anschließend mit Umkehrosmose behandelt. Es werden Spiralmodule mit Polyamidmembranen (FT 30) eingesetzt. Vor der Membranbehandlung wird das Wasser in Behältern gelagert; die Aufenthaltszeit beträgt dabei etwa 5 Stunden und die Temperatur liegt zwischen 25 und 30 °C. Die RO-Behandlung dient vor allem zur Verringerung des Ammonium-Gehaltes von 200 auf 20 mg L^{-1}.

Seit Anfang 1992 sind in den Spiralmodulen ernstliche Biofouling-Probleme aufgetreten. Die DT-Module zeigten ebenfalls Biofouling, waren aber leichter zu reinigen. Vor 1992 wurden keine Biofouling-Probleme beobachtet, obwohl die Membranen bereits seit Jahren in Betrieb sind. Was die Veränderung herbeigeführt hatte, ließ sich bislang noch nicht identifizieren.

Der Fall ist insofern außergewöhnlich, als die Biofilm-Entwicklung auf der Membran selbst relativ gering war (Abb. 3.21). Hingegen war auf dem Spacer extremes Biofouling erkennbar (Abb. 3.22).

Hier entwickelte sich praktisch die gesamte Biomasse auf dem Spacer und füllte die Zwischenräume aus. Was dies für die Funktionsfähigkeit des Spacers bedeutet, wurde bereits weiter vorne dargelegt. Abb. 3.23 zeigt die Oberfläche dieses Biofilms, Abb. 3.24 gibt einen Blick in die Tiefe frei. Dabei sind die zahlreichen Mikroorganismen zu erkennen, die vom Biofilm umschlossen werden. Die fädige Struktur ist sicher z. T. durch den Trocknungsprozeß als Artefakt entstanden; es ist aber bekannt, daß Biofilme auch fibrilläre Matrixsubstanzen enthalten [39].

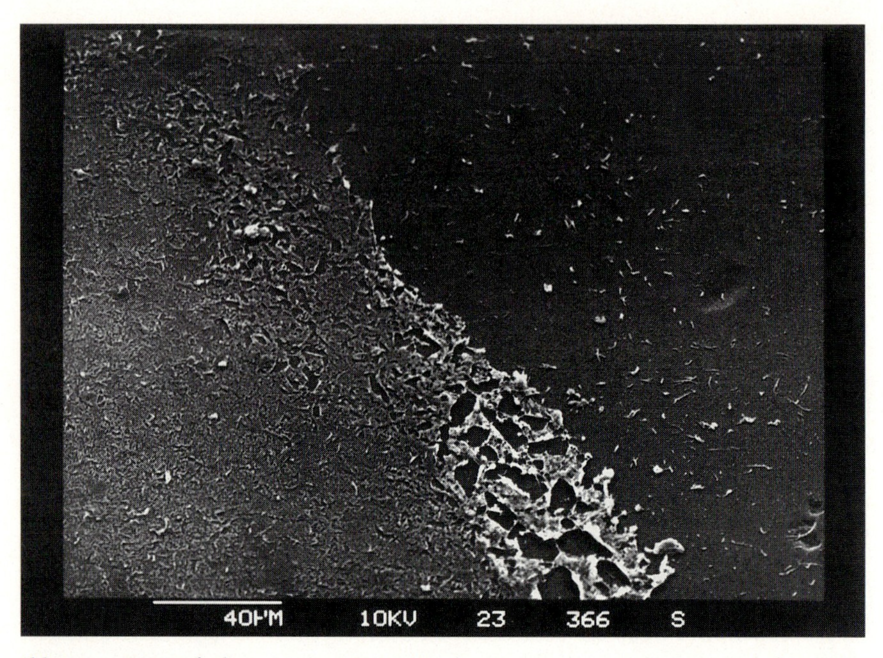

Abb. 3.21. SEM-Aufnahme einer FT 30-Membran aus einer Sickerwasser-Aufbereitung; Strich: 40 µm

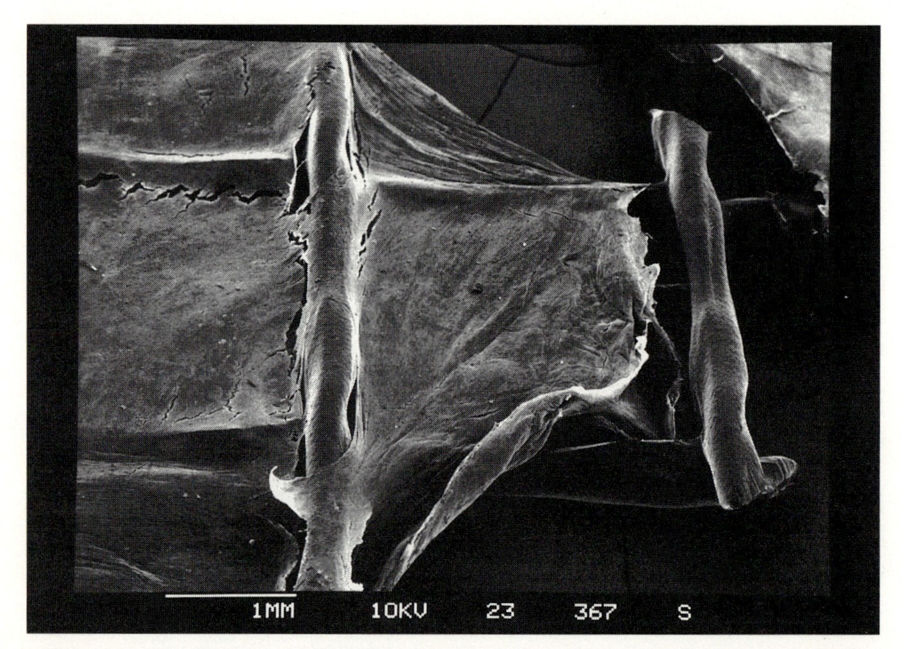

Abb. 3.22. SEM-Aufnahme des Biofilms im Spacer des gleichen Moduls, aus dem die Membran aus Abb. 3.21 stammt; Strich: 1 mm

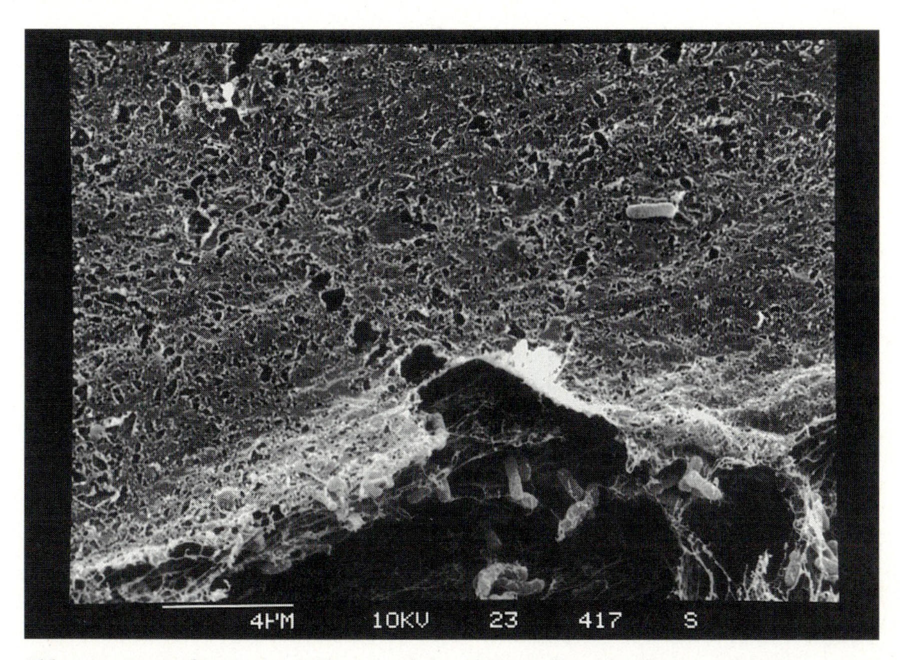

Abb. 3.23. Vergrößerung von Abb. 3.22; Blick auf die Biofilm-Oberfläche; Strich: 4 µm

Abb. 3.24. Blick ins Innere des Risses, der im Vordergrund des Biofilms in Abb. 3.22 zu erkennen ist; Strich: 4 µm

4 Die Entwicklung von Biofilmen auf Membranen

Wie bereits eingangs dargelegt, ist Biofouling ein Biofilm-Problem. Es läßt sich nur auf der Grundlage der Entwicklung von Biofilmen ausreichend verstehen, um gezielte und wirksame Gegenmaßnahmen ergreifen zu können. Biofilme sind heterogene Systeme. Drei physikalische Phasen sind an ihrer Entstehung beteiligt:

Das Medium (flüssige Phase); Variable: Temperatur, pH-Wert, gelöste organische und anorganische Stoffe, Oberflächenspannung, Viskosität, hydrodynamische Parameter (Scherströmungen, Druck).

Das Substratum (feste Phase, Aufwuchsfläche); Variable: chemische Zusammensetzung, Hydrophobizität, Oberflächenspannung, Oberflächenladung, Rauhigkeit, Porosität, Besiedelbarkeit, d.h. „biologische Affinität".

Die Mikroorganismen (zunächst partikulär dispergiert, dann Gelphase bildend); Variable: Spezies, Zellzahl, Ernährungszustand, Hydrophobizität, Oberflächenladung, extrazelluläre polymere Substanzen (EPS), Wachstumsphase.

Die einzelnen Faktoren beeinflussen sich gegenseitig. Dadurch entsteht ein komplexes Geflecht von Wechselwirkungen, das kaum einen einheitlich gültigen Adhäsionsmechanismus für alle Mikroorganismen an allen Oberflächen erwarten läßt. Zudem ist auch bekannt, daß ein und derselbe Organismus für hydrophile und hydrophobe Oberflächen verschiedene Mechanismen benutzen kann [185]. Dennoch lassen sich in der Entwicklung eines Biofilms in vielen Fällen generell drei verschiedene Stadien erkennen, die in einer sigmoiden Kurve dargestellt werden können (s. Abb. 1.1). Die Einzelschritte sind in Abb. 4.1 skizziert.

Wichtige Faktoren in der Entwicklung von Biofilmen sind:

1. die Induktionszeit – sie bestimmt, wann das logarithmische Biofilm-Wachstum beginnt,
2. die Wachstumsrate – von ihr hängt ab, wie schnell das Plateau erreicht wird, und
3. das Ausmaß des Wachstums – dies reguliert die Biofilm-Dicke, die ihrerseits viele Biofilm-Eigenschaften grundlegend beeinflußt.

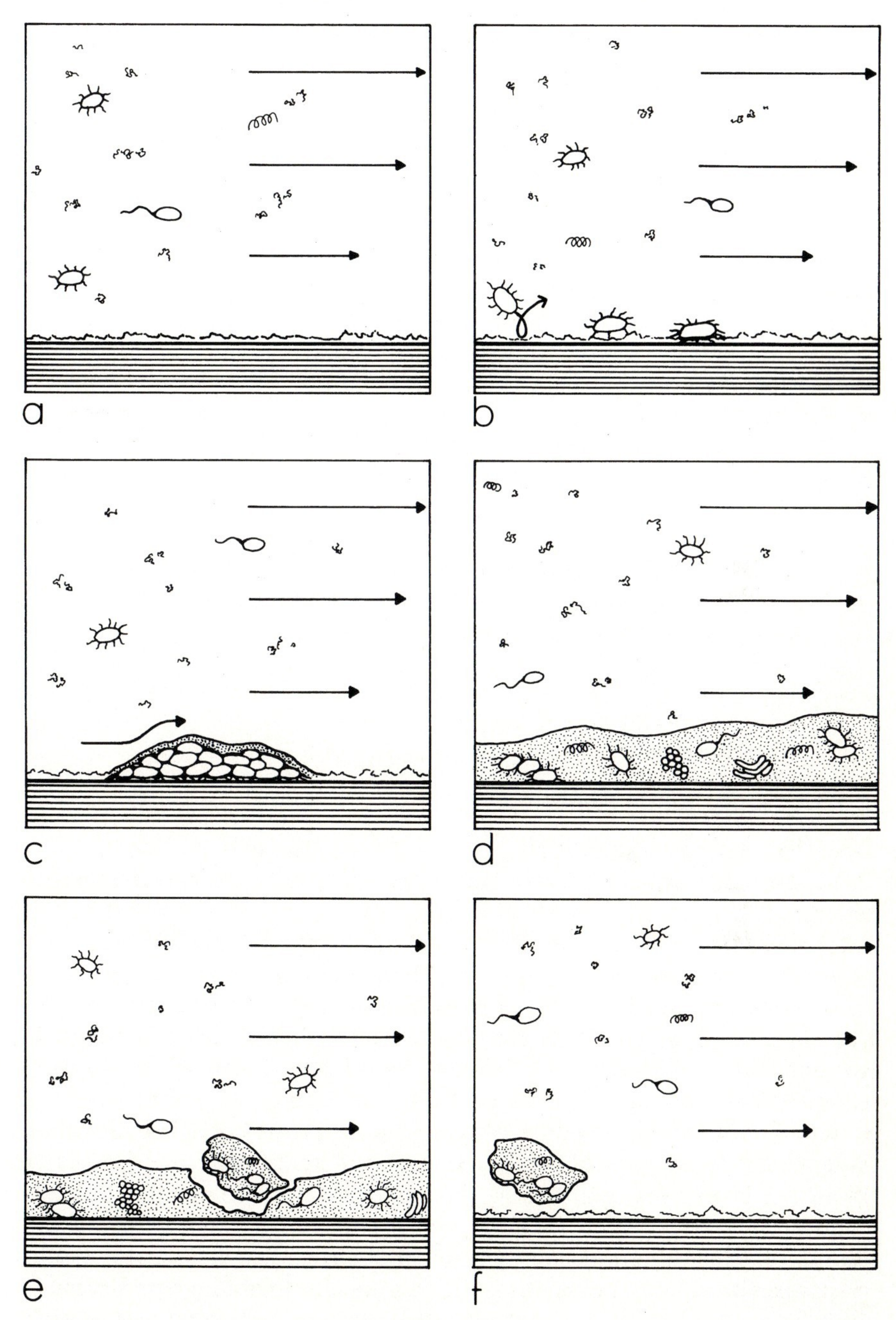

Abb. 4.1. Entwicklung und Ausbreitung eines Biofilms in einem Wassersystem. **a** Conditioning film, **b** reversible und irreversible Adhäsion, **c** Mikrokolonien, **d** reifer Biofilm, **e** Ablösung einzelner Bestandteile, **f** weitere Ausbreitung [70]

4.1 Induktionsphase

Die Induktionsphase kennzeichnet die Primäradhäsion. Makromoleküle und Mikroorganismen lagern sich an die Oberfläche an. In technischen Systemen ist dies in der Regel der Zeitraum, in dem die Anwesenheit eines Biofilmes sich noch nicht so stark auswirkt, daß ein Effekt auf Betriebsparameter wie z.B. den Reibungswiderstand oder den Wärmeübergang erkennbar ist. Mit direkten Methoden, z.B. durch Mikroskopie, läßt sich jedoch bereits eine mikrobielle Belegung der Oberfläche nachweisen.

Die Länge der Induktionsphase kann stark schwanken. In Systemen mit hohen Konzentrationen an Nährstoffen und Mikroorganismen liegt sie im Bereich von Stunden bis Tagen; in stark oligotrophen Systemen im Bereich von Wochen bis Monaten.

Die Induktionsphase kann für die Wassertechnologie große Bedeutung haben. Bei Reaktorsystemen kennzeichnet sie die Einarbeitungszeit, die möglichst kurz sein soll. Bei Systemen, die vor Biofilmen geschützt werden sollen, sind möglichst lange Induktionszeiten interessant. Nach Reinigungsprozessen kennzeichnet die Induktionsphase den Zeitraum, bis die nächste Reinigung notwendig wird, d.h. bis das Biofilm-Wachstum unerwünschte Ausmaße erreicht. Daher ist es wichtig, genau zu wissen, was in der Induktionsphase geschieht und welche Faktoren sie kontrollieren.

4.1.1 „Conditioning film"

Wenn Oberflächen von Wasser benetzt werden, dann geschieht innerhalb weniger Sekunden eine irreversible Adsorption von Makromolekülen, auch wenn diese nur in Spuren im Wasser vorhanden sind. Sie bilden einen sog. „Conditioning film" von wenigen nm Dicke. Hauptsächlich handelt es sich um Polysaccharide, Lipopolysaccharide, Huminstoffe und Proteine [126, 142], aber auch um lipophile Stoffe aus der obersten Wasserschicht, die beim Eintauchen mit der Oberfläche in Kontakt kommen. Sie können die kritische Oberflächenspannung herabsetzen [12b] und zu einer leicht negativen Gesamtladung führen [38]. Ihre Wirkung auf die Primäradhäsion von Mikroorganismen kann sowohl fördernd als auch hemmend sein [170, 193]. Zweifellos ist es der Conditioning film, auf den die ankommenden Mikroorganismen als erstes stoßen, wenn sie eine Oberfläche besiedeln. Seine Rolle für die mikrobielle Anheftung ist – trotz seiner offensichtlichen Bedeutung – aber noch verhältnismäßig unklar. Er ist jedenfalls keine unabdingbare Voraussetzung für eine mikrobielle Anheftung; diese kommt auch ohne nachweisbare Spuren eines Conditioning film vor [57]. Die Adsorption von Makromolekülen ist ein Prozeß, der schneller verläuft als die Adsorption von Mikroorganismen, so daß in den meisten Fällen bereits ein Conditioning film vorliegt, bevor die Zellen die Oberfläche erreichen.

Schneider et al. [229] aus der Arbeitsgruppe von K. Marshall in Sydney zeigten, daß gezielt erzeugte Conditioning films die Anheftung sowohl begünstigen als auch erschweren können. Die Auswirkung des Conditioning film auf die Primäradhäsion hängt von der Natur der adsorbierten Makromoleküle, vom Ernährungszustand der Mikroorganismen und vom Aufwuchsmaterial ab. In Abb. 4.2 ist dies dargestellt.

Als Testorganismus wurde ein besonders hydrophober mariner *Vibrio*, Stamm SW 8, verwendet, der unter C-limitierten Bedingungen gezüchtet worden war. Die Abkürzung „SW" symbolisiert jedoch nicht etwa „sea water" als Herkunft des Stammes, sondern „surf wax". Er wurde von einem Wellenreitbrett isoliert, und zwar von der Wachschicht, die aufgetragen wird, um dem Surfer einen besseren Halt auf dem Brett zu geben (T. Neu, pers. Mitt.). Als Aufwuchsmaterialien im weiteren Versuch dienten Edelstahl (ST), Germanium (GE), Polypropylen (PP) und Plexiglas (PX). Konditioniert wurde mit Material aus dem Wasser an zwei Meeresbuchten (M 1: Coogee Beach, M 2: Balmoral Beach bei Sydney), aus Süßwasser (FR 1 und FR 2), mit Rinderserumalbumin (BSA), Myoglobin (MY) und mit Huminstoffen (HU). Anschließend wurde ermittelt, wie viele Zellen pro cm^2 nach 4 Stunden Kontaktzeit auf dem jeweiligen Material zu finden waren.

Bei der Referenz, die keinen speziellen Conditioning film trug, ergibt sich ein Adhäsionsmuster, das Germanium als bestbesiedelbares Material erkennen läßt. Dieses Muster ändert sich mit verschiedenen Conditioning

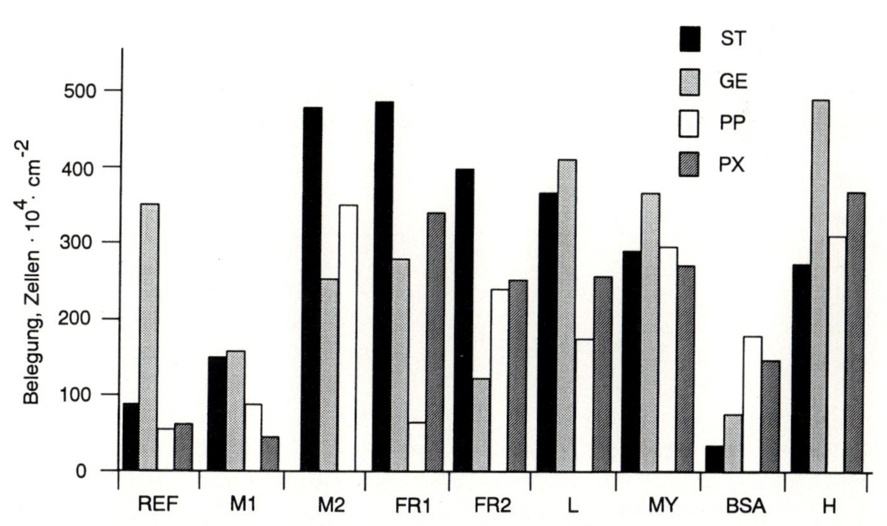

Abb. 4.2. Auswirkung verschiedener Conditioning films auf die Primäradhäsion von *Vibrio SW 8* an Edelstahl (ST), Germanium (GE), Polypropylen (PP) und Plexiglas (PX) ohne Conditioning film (REF), und mit Conditioning films aus Meerwasser (M 1 und M 2), Süßwasser (FR 1 und FR 2) sowie Lactoglobulin (L), Myoglobin (MY), Rinderserumalbumin (BSA) und Huminstoffen (H), ([229])

films drastisch; besonders interessant erscheint, daß die Besiedelbarkeit von Edelstahl mit Material aus Oberflächenwässern stark ansteigt (M 1, M 2, FR 1, FR 2).

4.1.2 Primäradhäsion

Innerhalb der ersten Stunde des Kontaktes zwischen Bakterien-Suspension und Oberfläche findet eine rapide Oberflächenbelegung [77, 78, 209] statt. Sie ist stark abhängig von der Zellzahl im Medium. Ihr zeitlicher Verlauf entspricht der Vergrößerung in Abb. 1.1.

Der Transport aus dem Medium an Oberflächen geschieht auf verschiedene Weise. In durchströmten Systemen ist der hauptsächliche Transportmechanismus Konvektion durch Turbulenz. Auf diese Weise gelangen die Mikroorganismen bis zur laminaren Grenzschicht, die sich in durchflossenen Systemen über festen Oberflächen in Wandnähe ausbildet (s. Abb. 4.3; [29]). Bei starker tangentialer Strömung nimmt die Strömungsgeschwindigkeit innerhalb der laminaren Grenzschicht auch bis auf 0 ab. In technischen Systemen übersteigt ihre Dicke (10–100 μm) immer die von Bakterien (0,2–2 μm).

Diese Grenzschicht können Bakterien mit der Kraft von Flagellen überwinden; ein Beispiel dafür ist *Pseudomonas*. Nichtbewegliche Arten, wie z.B. *Acinetobacter*, gelangen durch Diffusion, Brownsche Molekularbewegung oder elektrostatische Anziehung durch die Grenzschicht. Die Schwerkraft ist nur in statischen Systemen ein Transportfaktor [144], der zur Biofilm-Bildung beiträgt, und dann auch nur, wenn sich Aggregate bilden, deren spezifisches Gewicht größer ist als das der Wasserphase.

Bis heute ist unklar, wie Mikroorganismen wahrnehmen, daß sie in Kontakt mit einer Oberfläche stehen [29, 90, 192]. Fletcher [88] nimmt an, daß die Zelle als plastischer Körper durch die Wirkung der Adhäsions-

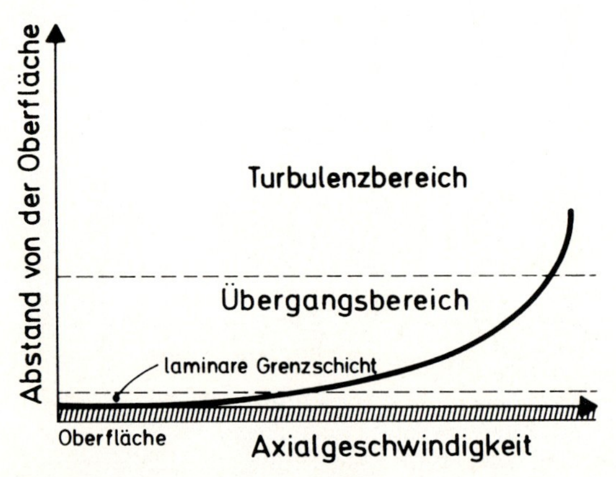

Abb. 4.3. Schematische Darstellung der hydrodynamischen Verhältnisse in Wandnähe in einem turbulenten System [29]

kräfte deformiert wird. Da die Membranen elektrische Ladungen tragen, wirkt die Zelle in sich als Kondensator. Wenn ihre Geometrie verändert wird, ändert sich auch die Kapazität des Kondensators und damit das Membranpotential, wodurch membrangebundene Prozesse, wie beispielsweise Substrattransport und Energiegewinnung, in Gang gebracht werden können.

ZoBell entwickelte bereits 1943 [282]die Vorstellung, daß der Mechanismus der Primäradhäsion in zwei Schritten verläuft: Zunächst geschieht eine reversible Anheftung. Marshall et al. [147] konnten dies experimentell nachweisen. Im Stadium der reversiblen Adhäsion zeigen die Mikroorganismen noch eine gewisse Brownsche Molekularbewegung und sind durch leichte Scherkräfte, z.B. durch fließendes Wasser, und auch durch 0,5%ige NaCl-Lösung [154] von der Oberfläche zu entfernen. Die reversible Adhäsion wird auch als Strategie der Bakterien betrachtet, oberflächengebundene Nährstoffe „abzuweiden" [29, 192]. Dabei bewegen sich die Zellen über die beschichtete Oberfläche und lösen sich gelegentlich auch wieder aktiv von ihr ab.

Die Abb. 4.4 und 4.5 zeigen Aufnahmen eines primären Biofilms von *Pseudomonas diminuta* auf einer Polyethersulfon-Filtermembran. Damit beginnt das Biofouling auf solchen Membranen.

Die reversible Anheftung geht nach einer gewissen Aufenthaltszeit an der Oberfläche entweder in eine irreversible Anheftung über oder die Zellen

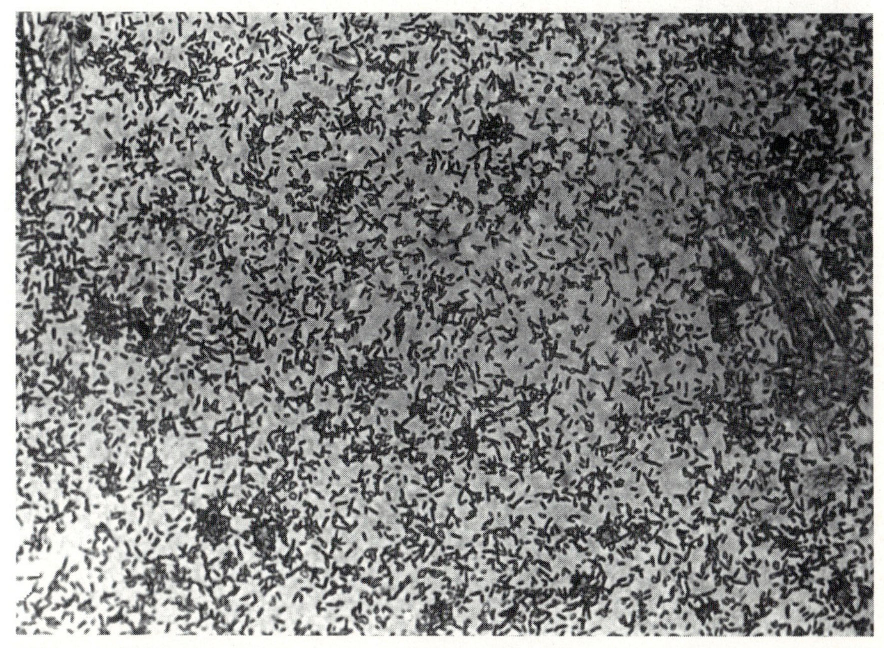

Abb. 4.4. Bakterien, haftend auf einer Polyethersulfonmembran; Zelldichte ca. $5 \cdot 10^7$ cm^{-2}; Vergrößerung 1000fach

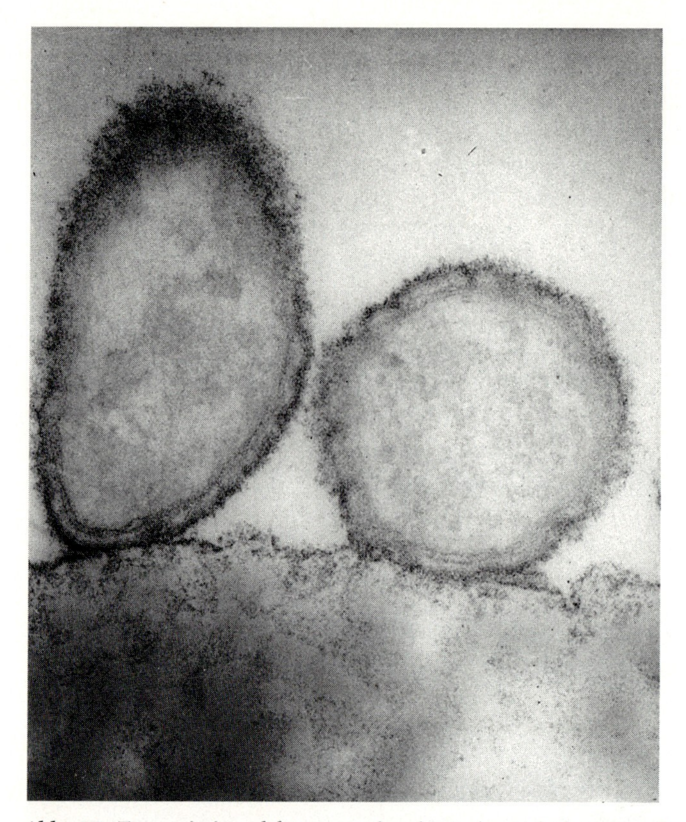

Abb. 4.5. Transmissionselektronenmikroskopische Aufnahme von *P. diminuta* wie in Abb. 4.4. Die runden Formen entsprechen den Querschnitten liegender Zellen; Vergrößerung 10000fach. Die kräuselige Struktur an der Zell-Außenseite stammt von den EPS

lösen sich wieder ab. Im ersten Fall haften die Zellen fest auf der Oberfläche, bilden extrazelluläre polymere Substanzen (EPS) und beginnen zu wachsen [146]. Das bedeutet allerdings nicht, daß sie sich dann nicht mehr ablösen können; ein aktives Verlassen der Oberfläche nach Aufbrauchen des dort verfügbaren Substrates wurde nachgewiesen [192].

Die irreversible Adhäsion von Mikroorganismen an Oberflächen kann dann durch verschiedene schwache Wechselwirkungen verursacht werden. Dabei kommen in unbelebten Systemen hauptsächlich folgende Kräfte in Frage:

- hydrophobe Wechselwirkungen,
- elektrostatische Wechselwirkungen,
- Wasserstoffbrückenbindungen [261].

Meist wirken diese Kräfte zusammen. Am Beispiel der Anheftung von *P. diminuta* an Polyethersulfon-Oberflächen wurde dies im einzelnen untersucht [223].

4.1.2.1 Hydrophobe Wechselwirkungen

Die Hydrophobizität der Mikroorganismen wie auch der Aufwuchsfläche wird von mehreren Autoren als maßgeblich für das Adhäsionspotential angesehen [z.B. 243, 255]; dabei wurde beobachtet, daß hydrophobe Oberflächen tendenziell leichter besiedelt werden. Hierfür wird die Ausbildung hydrophober Wechselwirkungen [55] verantwortlich gemacht. Hydrophobe Oberflächen in der Natur, wie z.B. die von Blättern, werden gut mikrobiell bewachsen. Von den so entstehenden Biofilmen ausgehend, werden die Blätter dann biologisch abgebaut. Allerdings gibt es auch viele hydrophile Oberflächen, und diese werden ebenfalls besiedelt. Aus der Hydrophobizität alleine läßt sich daher kein Rückschluß auf die Besiedelbarkeit einer Oberfläche ziehen. Allerdings unterscheidet sich die Mikro-Biozönose auf einer hydrophoben Oberfläche von jener auf einer hydrophilen.

Für die Wechselwirkungen an Grenzflächen spielen die hydrophoben Bereiche eine wichtige Rolle. Die molekulare Basis solcher Bereiche sind unpolare Strukturelemente von Molekülen, z.B. aliphatische Ketten und aromatische Ringe. Das bekannteste Phänomen, welches auf hydrophoben Wechselwirkungen beruht, ist die „Zusammenlagerung“ von Paraffinketten in wäßrigen Systemen [55]. Dies wird als „hydrophober Effekt“ bezeichnet und beruht nach Tanford [247a] auf den starken Anziehungskräften zwischen den Wassermolekülen und dem Verdrängen der Paraffinketten aus der gesamten Wasserstruktur. Nach van Oss [261] sind die wesentlichen Kräfte dabei die Lifshitz-van-der-Waals-Kräfte. Sie werden ab einer Distanz von >15 nm wirksam; bei einem Abstand von 8–10 nm sind sie 10–100fach stärker als reine van-der-Waals-Kräfte [245]. Ähnliche Beobachtungen wie bei Paraffinmolekülen machten Rosenberg und Kjelleberg [214] bei suspendierten Bakterien, welche sich an Tropfen von Kohlenwasserstoffen zusammenlagerten. Die hydrophoben Bereiche der Zelloberfläche traten in Wechselwirkung mit den unpolaren Kohlenwasserstoffmolekülen. An der Zelloberfläche von Bakterien können solche Komponenten in Fimbrien, Pili sowie in Proteinen und Lipiden der EPS vorkommen. Zellen, an deren Oberfläche diese Bereiche dominieren, reagieren in Hydrophobizitätstests adhäsiv und sind zur Ausbildung entsprechender Wechselwirkungen befähigt. Hydrophobe Wechselwirkungen sind charakterisiert durch ihre unspezifischen, flexiblen Bindungen, wobei der flexible Charakter in biologischen Systemen zwischen Makromolekülen von beonderer Bedeutung ist. Dadurch bleiben z.B. bei Deformationen durch Konformationsänderung solche Bindungen bestehen [118]; dies könnte als „elastische Klebeverbindung“ bezeichnet werden.

Schaule, Flemming und Poralla [223] versuchten, mit Hilfe von oberflächenaktiven Substanzen die Rolle der hydrophoben Wechselwirkungen zu ermitteln. Als amphiphile Substanzen vermindern diese die Ausbildung hydrophober Interaktionen. Sie lagern sich nämlich mit ihrem unpolaren Teil an hydrophobe Flächen an. Diese können sich dann nicht mehr berühren, da sie eine hydrophile Schicht, die mit dem Wasser in starker Wechselwirkung steht, tragen. Eine Verringerung der Adhäsionsrate durch oberflächenaktive Substanzen wird als Störung der hydrophoben Wechselwirkungen und damit als Hinweis darauf interpretiert, daß es sich um solche handelt. Allerdings können Tenside aufgrund ihrer Molekülgröße auch als rein sterische Barriere wirken [15].

Der Einfluß der untersuchten Substanzen auf die Adhäsion wurde sowohl in Gegenwart dieser Stoffe als auch bei Oberflächen, welche mit diesen Substanzen „imprägniert" worden waren, geprüft. Es handelte sich dabei um nichtionische Tenside. In Tabelle 4.1 sind die Ergebnisse zusammengestellt.

Alle eingesetzten oberflächenaktiven Substanzen wirkten auf die Adhäsion hemmend. Daß dieser Effekt bei den „imprägnierten", d.h. mit dem Wirkstoff vorinkubierten, Oberflächen geringer war, dürfte auf die Ablösung der Stoffe von der Oberfläche zurückzuführen sein. Besonders drastisch wirkt sich die Anwesenheit von Natriumdodecylsulfat (SDS) auf die Adhäsion aus.

Die Wirkung ist erwartungsgemäß konzentrationsabhängig, wobei ab einer Konzentration von 0,02 mM eine vollständige Hemmung eintritt (Abb. 4.6; [222]).

Die Hydrophobizität wird als entscheidender Parameter für die Adhäsivität von Mikroorganismen herangezogen [z.B. 243, 256]. Wenn diese Annahme stimmt, dann müßten sich hydrophobe Mikroorganismen an hydrophobe Oberflächen besonders leicht anlagern. Um dies zu überprüfen, wurde aus dem Wildstamm von *P. diminuta* eine Mutante isoliert, die in beiden Hydrophobizitätstests besonders niedrige Werte ergab. Im Vergleich dazu wurde auch ein besonders hydrophober, aus Blättern isolierter *Rhodococcus*-Stamm untersucht [171]. Die verschiedenen Stämme wurden im Adhäsionstest mit einer Polyethersulfonmembran auf ihre Besiedlungsgeschwindigkeit hin untersucht (Abb. 4.7).

Tabelle 4.1. Einfluß oberflächenaktiver Substanzen auf die Belegung einer Polyethersulfon-Membran durch *P. diminuta* [222]

Substanz	% Bewuchs im Vergleich zur Kontrolle	
	In Gegenwart (0,2 %) des Inhibitors	„Imprägnierung"
Kontrolle	100	100
Brij 35 Polyoxyethylenether	2	12
Tween 20 Polyethoxysorbitanlaurat	0,5	4,5
Pluronic 64 Polypropylenglycolethoxylat	0,4	0,3
Triton X 100 Alkylphenolpolyethylenglycolether	0,5	–
Teric PE Serie Polypropylenglycolethoxylat	16	75

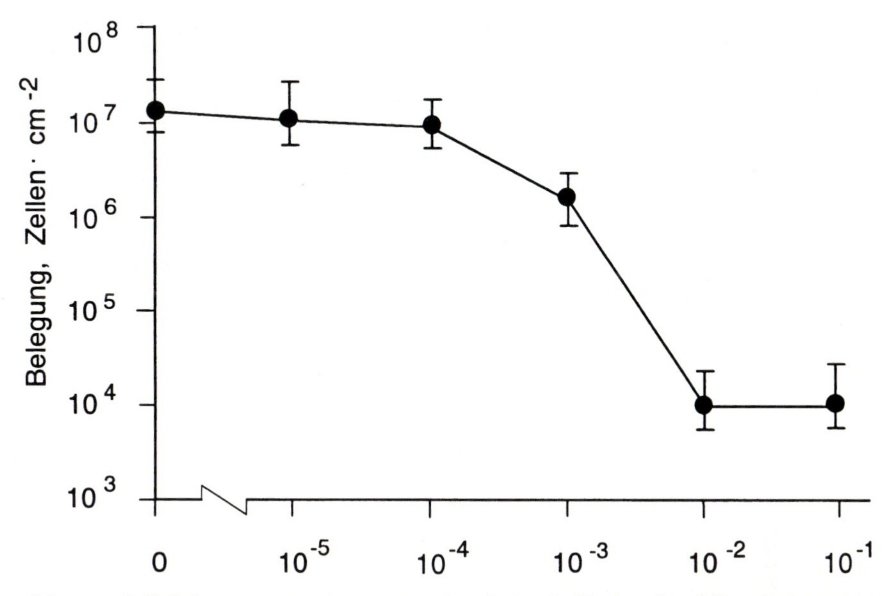

Abb. 4.6. Einfluß der Konzentration von Natriumdodecylsulfat (SDS) auf die Belegung einer Polyethersulfonmembran durch *P. diminuta*

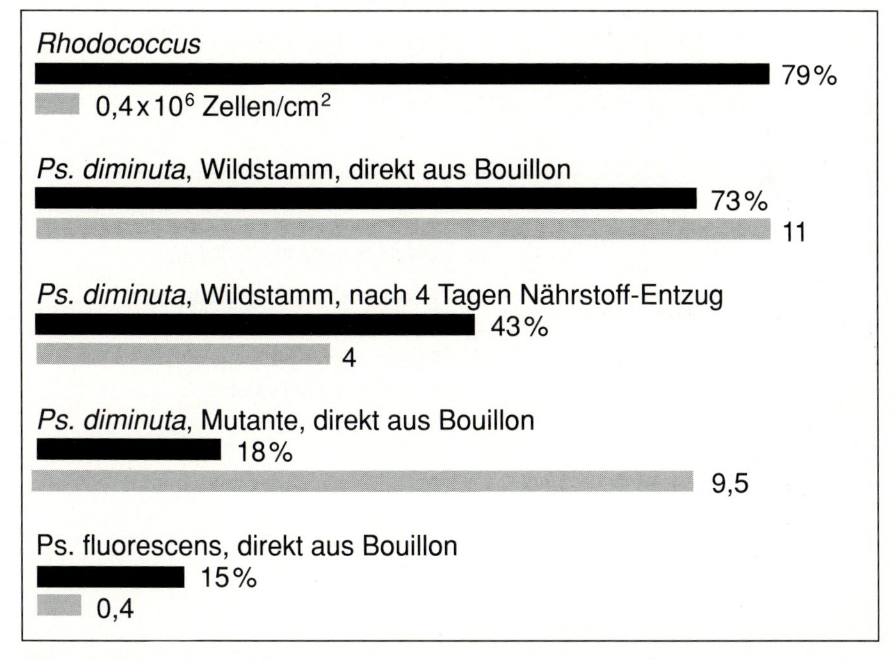

Abb. 4.7. Unterschiedliche Hydrophobizität der Mikroorganismen und Besiedlung einer hydrophoben Polyethersulfon-Membran; ■: Hydrophobizität; ▒: $n \cdot 10^6$ Zellen $\cdot cm^{-2}$

Die Hydrophobizität von Mikroorganismen läßt sich bestimmen, indem in einem Gemisch aus Hexadecan und Wasser der Anteil einer Zellsuspension bestimmt wird, der in die Hexadecanphase übergeht bzw. im Wasser verbleibt [214a]. Ein anderes Verfahren zur Bestimmung der Hydrophobizität beruht auf Affinitätschromatographie. Dabei wird eine Trennsäule mit Octylsepharose benutzt. Hydrophobe Zellen bleiben hängen, und das Verhältnis der Zellzahlen im Wasser und auf der Säule wird als prozentualer Wert der Hydrophobizität ausgedrückt [166]. Diese Methode führt zu ähnlichen Werten wie das Hexadecan/Wasser-Verfahren.

Mit steigender Hydrophobizität der Mikroorganismen nimmt die Adhäsivität an die hydrophobe Oberfläche der Polyethersulfonmembran nicht zu. Dieses Ergebnis zeigt, daß keinerlei Korrelation zwischen der mikrobiellen Hydrophobizität und dem Adhäsionsverhalten zu erkennen ist. Daher kann die Hydrophobizität nicht als Maß für das „Adhäsionspotential" herangezogen werden, wie z. B. von Stenström [243] vorgeschlagen wurde. Es heißt aber nicht, daß die hydrophoben Wechselwirkungen im Einzelfall nicht doch eine wichtige Rolle im Adhäsionsgeschehen spielen können.

Einfluß der Temperatur

Hydrophobe Wechselwirkungen sind theoretisch stark temperaturabhängig [57]. Als dominierende Kraft im Adhäsionssystem *P. diminuta* auf Polyethersulfonmembranen müßte eine deutliche Temperaturabhängigkeit zu beobachten sein. Im Hinblick darauf wurden im Bereich zwischen 4 und 30 °C Adhäsionsversuche durchgeführt. Das Ergebnis ist in Abb. 4.8 dargestellt ([80] ergänzt).

Die Daten belegen weiter, daß hydrophobe Wechselwirkungen zwar eine gewisse Rolle für die Adhäsion im System von *P. diminuta* und Polyethersul-

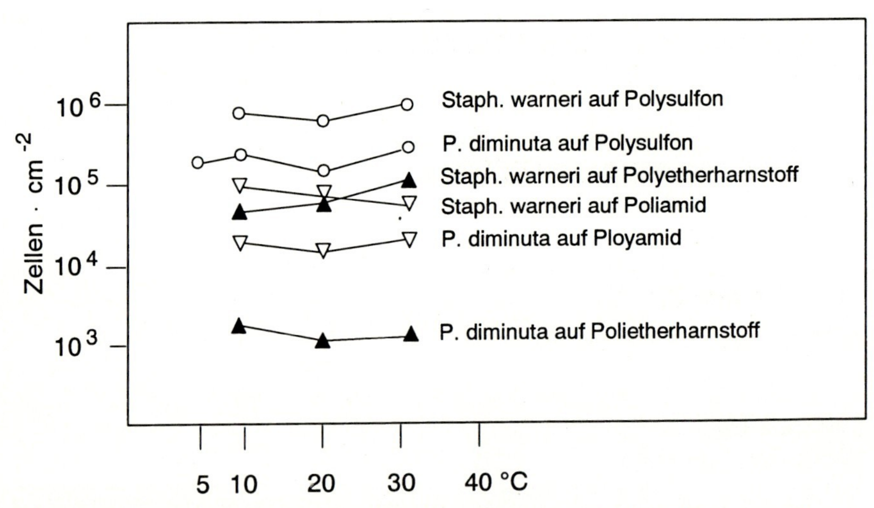

Abb. 4.8. Primärbesiedlung von Polysulfon-Filtermembranen durch *P. diminuta* im Temperaturbereich zwischen 4 und 30 °C; Anzahl der Zellen/cm^2 nach 4 h Kontaktzeit

fonmembranen spielen, aber nicht die allein dominierende Kraft sein können.

Einfluß des Aufwuchsmaterials

Die Selektion der Mikroorganismen-Arten, die eine Oberfläche besiedeln, geschieht wesentlich durch das Aufwuchsmaterial. Die Organismen stammen zwar aus der Wasserphase, aber die Zusammensetzung der Biofilm-Population unterscheidet sich im allgemeinen von der Wasser-Biozönose [42]. Außerdem ist die „Besiedelbarkeit" von Materialoberflächen verschieden: Die Materialien können eine unterschiedliche biologische Affinität aufweisen [78]. Wenn verschiedene Materialien mit der gleichen Mikrobiozönose in Kontakt kommen, dann werden sie verschieden stark besiedelt, und die Artenverteilung im Biofilm wird unterschiedlich sein [145]. Außerdem kann die Festigkeit der Anhaftung differieren. Die Frage ist natürlich, auf welche Mechanismen diese Unterschiede zurückzuführen sind und wie sie möglicherweise beeinflußt werden können.

In Abb. 4.9 ist die unterschiedliche Besiedlungsgeschwindigkeit von drei Filtrations-Membranmaterialien im Vergleich zu Glas dargestellt [222].

Dabei wird eine signifikant höhere Besiedlung der Membranmaterialien deutlich. Unter diesen war die Kolonisierung von Polyetherharnstoff in allen Versuchen in den ersten Stunden langsamer als jene der anderen Aufwuchsflächen. Dies deckt sich mit Beobachtungen aus der Praxis, nach denen Polyetherharnstoffmembranen bei der Entsalzung von Meerwasser signifikant weniger Biofouling aufwiesen als andere [137].

Um die Oberflächen zu charakterisieren, wurde ihre Benetzbarkeit mit Wasser herangezogen; als Maß dafür gilt der Kontaktwinkel Θ. Im Extremfall gibt es die beiden Möglichkeiten a) der vollständigen Benetzung und b) der Nicht-Benetzbarkeit eines Festkörpers. Bei der vollständigen Benetzung ergibt sich ein Kontaktwinkel von $\Theta = 0°$, diese Oberflächen sind stark hydrophil. Bei Nicht-Benetzung ist der Kontaktwinkel $\Theta = 180°$, solche Oberflächen sind stark hydrophob, und der Wassertropfen perlt ab. Diese Extreme werden in der Praxis bei der Benetzung mit Wasser nicht erreicht, da im Kontakt mit Luft sofort lipophile, gasförmige Stoffe an der Oberfläche adsorbiert werden. Dies führt bei hydrophilen Oberflächen zu einer Erhöhung des Kontaktwinkels. Die Messung des Winkels an der Tangente wird in der Praxis an einem vorrückenden und einem sich zurückziehenden Tropfen gemessen. Damit werden Heterogenitäten erfaßt. Eine gebräuchliche Einteilung der Oberflächen bezüglich ihres Kontaktwinkels unterscheidet hydrophobe Oberflächen mit Vorrückwinkeln $< 70°$ und hydrophile Oberflächen mit einem Vorrückwinkel $< 40°$ [90]. Die Methode erlaubt einen Vergleich verschiedener Materialien; entsprechende Werte für die in Abb. 4.9 angeführten Aufwuchsflächen sind in Tabelle 4.2 zusammengestellt [222]. Die Materialien wurden unter gleichen Bedingungen gemessen, um den Einfluß unterschiedlicher Conditioning films zu vermeiden.

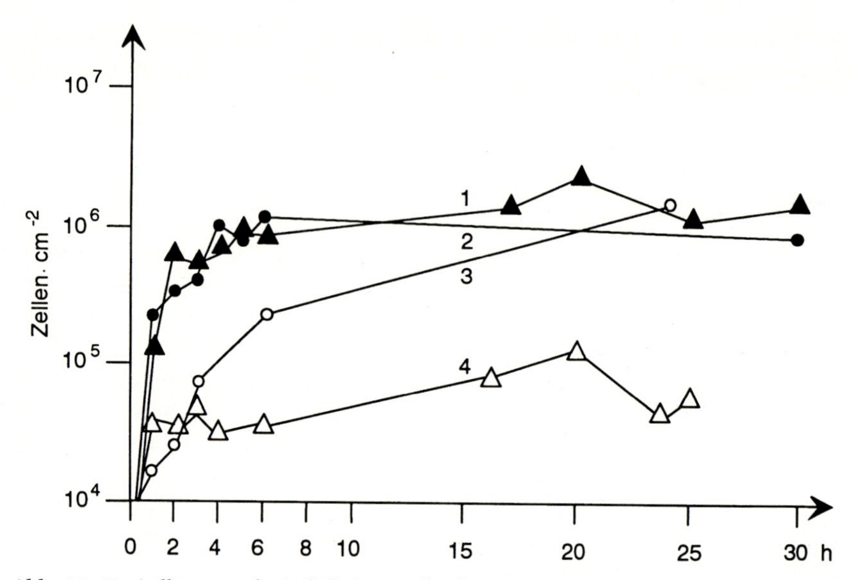

Abb. 4.9. Besiedlungsgeschwindigkeit verschiedener Membranmaterialien im Vergleich zu Glas durch eine Mischkultur, die von einer irreversibel mikrobiell verblockten Umkehrosmose-Membran isoliert wurde. **1** Polyethersulfon; **2** Polyamid; **3** Polyetherharnstoff; **4** Glas

Tabelle 4.2. Kontaktwinkel von Wasser auf den Aufwuchsflächen aus Abb. 4.9 [222]

Aufwuchsmaterial	Vorrückwinkel in °	Rückzugswinkel in °
Glas	ca. 20	nicht meßbar
Polyetherharnstoff	64±2,4	ca. 10
Polyethersulfon	73±1,6	26±5
Polyamid (G 50)	75±1,0	25±5

Bei der Bekämpfung von Biofouling auf Membranen wäre es kurzsichtig, sich ausschließlich auf die Membranmaterialien zu konzentrieren. So wirken beispielsweise Biofilme auf anderen Oberflächen des Systems auch als Keimquelle und beeinflussen den Gesamtprozeß ebenfalls. Interessant ist daher auch ein Vergleich der biologischen Affinität, d.h. der Besiedelbarkeit, von Trinkwasser-relevanten Materialien. In einer Studie wurde die Besiedlung von Polyethylen, Edelstahl (V4A), Kupfer und Plexiglas durch Mikroorganismen aus Trinkwasser untersucht [225]. Dabei wurden jeweils die Gesamtzellzahl und die Anzahl atmungsaktiver Keime ermittelt. Die Bestimmung der Gesamtzellzahl erfolgte mikroskopisch nach Anfärbung mit Acridinorange [14]. Die Atmungsaktivität wurde über die mikrobielle Reduktion eines Tetrazoliumsalzes [5, 242] mikroskopisch detektierbar gemacht. Bei diesem Verfahren wird eine Substanz zugegeben, die in der Bakterienzelle als Elektronenakzeptor wirkt und deren reduzierte Form ein Farbstoff ist. Dieser Farbstoff entsteht nur, wenn die Zelle atmungsaktiv ist. Im vorliegenden Fall wurde jedoch anstelle von Triphenyltetrazolium-Salz [36] oder Iodonitrotetrazolium-Formazan (INT, [16]), die zu relativ schlecht erkennbaren Reaktionsprodukten führen, das 5-Cyano-2,3-ditolyltetrazoliumchlorid (CTC, [212]) eingesetzt. CTC ist in seiner oxidierten Form farblos und fluoresziert nicht. Es wird jedoch leicht durch die Elektronentransport-Aktivität lebender Zellen in das unlösliche, fluoreszierende CTC-Formazan überführt, das intrazellulär akkumuliert wird. Die Verbindung fluoresziert hell rot (E_{max}=602 nm). Sie ist unter dem Mikroskop erheblich leichter sichtbar als reduziertes INT und vor allem auch auf optisch undurchlässigen Oberflächen anwendbar [225]. Abb. 4.10 zeigt die Ergebnisse. Die hohe Zelldichte bereits im primären Biofilm wird hier deutlich. Darüber hinaus fällt auf, daß das Verhältnis der atmungsaktiven Zellen zur Gesamtzahl der Zellen in der Wasserphase tendenziell kleiner ist als im Biofilm. Ähnliche Beobachtungen machten auch Amman et al. [6]. Vermutlich werden die Zellen im angehefteten Zustand physiologisch aktiver. Zu beachten ist hierbei, daß es sich nicht um eine Reinkultur handelt, sondern um die Mischpopulation des Leitungswassers.

Die Daten lassen vermuten, daß unter natürlichen Bedingungen bei planktonischen Mikroorganismen mit einer niedrigeren Stoffwechseltätigkeit als bei Biofilm-Zellen zu rechnen ist. Das Verfahren wird derzeit von Wasserlabors in Routinebestimmungen eingeführt; es erlaubt die Bestimmung der Atmungsaktivität von Biofilmen, was bisher nur mittels Autoradiographie möglich war [155].

Abbildung 4.10 zeigt auch eine tendenzielle Bevorzugung von Polyethylen und Kupfer. Die starke Besiedlung von Kupfer ist bemerkenswert; an-

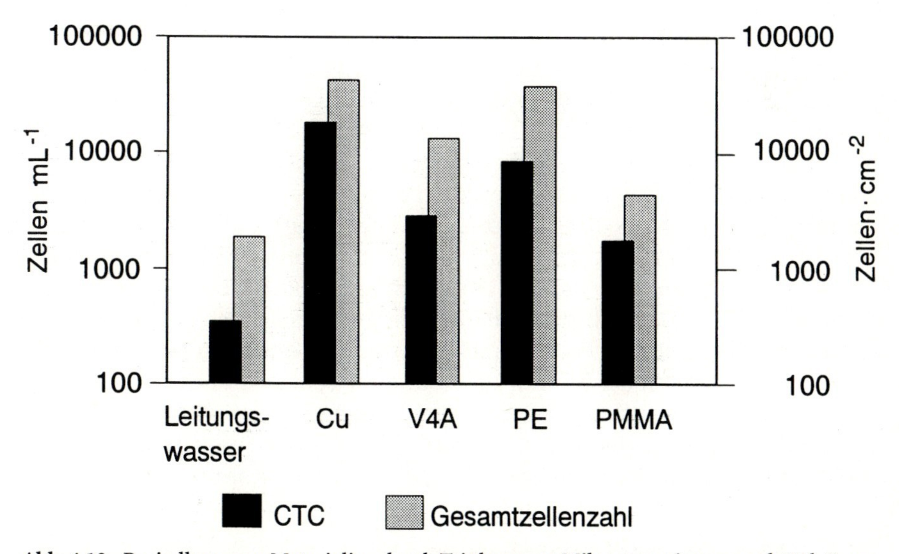

Abb. 4.10. Besiedlung von Materialien durch Trinkwasser-Mikroorganismen nach 24 h Expositionszeit. ■ Zelldichte atmungsaktiver Mikroorganismen; ▒ flächenbezogene Gesamtzellzahl; PX: Plexiglas, V4A: Edelstahl, Cu: Kupfer, PE: Polyethylen. Im Vergleich: Gesamtzellzahl und Anzahl atmungsaktiver Zellen in der Wasserphase [225]

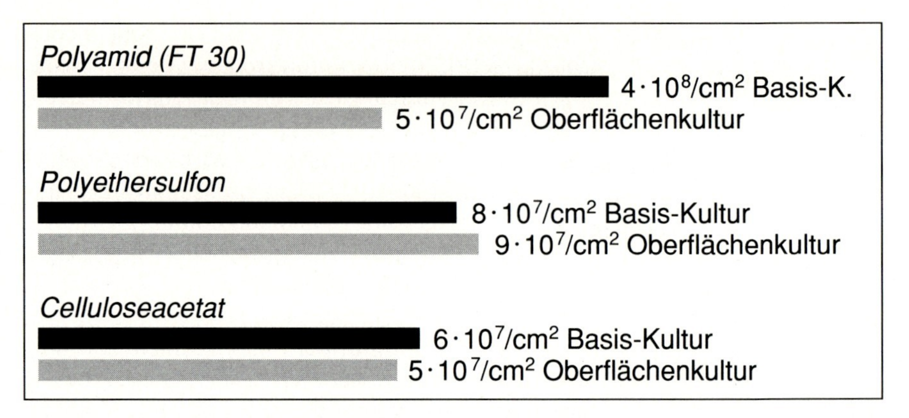

Abb. 4.11. Besiedlung verschiedener Membranmaterialien durch Mischkulturen von der Oberfläche ▒ und der Basis ■ eines Biofilms, der auf einer Polyamidmembran entstanden war. Signifikante Präferenz der Kultur von der Biofilm-Basis für das ursprüngliche Membranmaterial [75]

dere Autoren (z.B. [62]) fanden eine relativ geringe biologische Affinität dieses Materials. Auffällig ist, daß der Anteil atmungsaktiver Zellen auf Kupfer höher ist als auf Polyethylen, obwohl Kupfer als „bakterientoxisch" gilt. Natürlich wurde gesichert, daß das Kupfer nicht von einer Schutzschicht seitens der Herstellung des Werkstücks überzogen war.

Die relativ geringe Kolonisierung von Plexiglas war ebenfalls überraschend, weil sie der Annahme widerspricht, daß Kunststoffe im allgemeinen leichter besiedelt werden als Metalle. Vermutlich ist das Besiedlungsmuster verschiedener Aufwuchsmaterialien stark vom Conditioning film beeinflußt, wie bereits in Abb. 4.2 dargestellt. Weitere Untersuchungen sind im Gange.

Die Selektionswirkung des Aufwuchsmaterials auf einzelne Mitglieder der Mikroflora der Umgebung konnte anhand von Präferenzen der Population des Biofilms auf einer irreversibel mikrobiell verblockten Umkehrosmose-Membran aus Polyamid gezeigt werden. Dazu wurde Material von der Oberfläche und von der Basis dieses Biofilms getrennt isoliert und in Kultur gezüchtet. Diese Kulturen wurden mit frischem Membranmaterial inkubiert (Abb. 4.11). Es zeigte sich, daß die Polyamidmembran durch Kulturen von der Basis des Biofilms deutlich schneller besiedelt wurden als durch Kulturen von der Oberfläche. Bei der Polyethersulfonmembran fehlte ein solcher Unterschied. Die Kultur von der Biofilm-Basis stammte von einer Polyamidmembran und „erkannte" diese offensichtlich wieder. Plausibel ist, daß dies bei der Kultur von der Oberfläche des Biofilms nicht der Fall war – diese Population ist von der Membranoberfläche durch die Dicke des ganzen Biofilms abgetrennt.

4.1.2.2 Elektrostatische Wechselwirkungen

Membranoberflächen und Mikroorganismen tragen elektrische Ladungen. Es ist daher naheliegend, daß im Anheftungsprozeß elektrostatische Wechselwirkungen eine Rolle spielen könnten. Die Oberfläche mikrobieller Zellen enthält geladene Bereiche, lokalisiert in den funktionellen Gruppen der EPS. Dabei handelt es sich hauptsächlich um Carboxyl-, Amino- und Phosphatgruppen; gelegentlich treten auch Sulfid- und Sulfatgruppen auf. Sie führen im allgemeinen zu einer negativen Gesamtladung der Zelle [256]; in dieser Hinsicht sind sie anderen kolloidalen Teilchen im Wasser sehr verwandt, so daß sie gelegentlich auch als „lebende Kolloide" betrachtet werden [147]. Die Oberfläche von Partikeln mit funktionellen Gruppen werden mit einer Schicht fest gebundener Gegenionen belegt, die als „Stern-Schicht" bezeichnet wird. Darüber befindet sich eine diffuse Schicht, in der die Gegenionen beweglich sind (Abb. 4.12). Eine Änderung des elektrokinetischen Potentials dieser Schicht, des sog. Zeta-Potentials, kann durch die Elektrolytkonzentration sowie durch die Wertigkeit der Elektrolytionen im Wasser erreicht werden. Bei mehrwertigen Gegenionen ist eine Umladung der Stern-Schicht möglich.

Wenn die Zelle als geladenes Kolloidteilchen angesehen wird, dann gilt: Bei Annäherung einer Zelle an eine Oberfläche ist die Stärke und Art der elektrostatischen Wechselwirkung von der Ladung der Zelle und des Substrates abhängig. Sie muß dann durch Veränderung des Elektrolyten – etwa durch pH oder Ionenstärke – beeinflußbar sein. Nach der DLVO-Theorie, die für das Verhalten von Kolloiden in wäßrigen Lösungen entwickelt wurde [261a], ist die Adhäsion im wesentlichen durch das Zusammenspiel von weitreichenden, abstoßenden, elektrostatischen Kräften und den anziehenden London-van-der-Waalsschen Kräfte zu beschreiben. In stark vereinfachter Form läßt sich dies in folgender Gleichung ausdrücken:

$$G_i = G_A + G_E$$

Hierbei ist G_i die Interaktionsenergie, G_E die elektrostatische Abstoßung zwischen einem Partikel und einer gleichnamig geladenen Oberfläche und G_A die Anziehung aufgrund der London-van-der-Waalsschen Wechselwirkungen. Diese Verhältnisse sind in Abb. 4.13 skizziert [216, 217]. Bei niedriger Ionenstärke ist die Energiebarriere, die bei der Annäherung eines Partikels an die Oberfläche überwunden werden muß, hoch (Abb. 4.13 a); unter diesen Bedingungen wird das Partikel von der Oberfläche abgestoßen. Bei hoher Elektrolytkonzentration entfällt die Energiebarriere, weil das Zetapotential des Teilchens durch Elektrokonstriktion stark verringert wird. Die resultierende Interaktionsenergie wirkt sich in einer Anziehung des Teilchens aus (Abbildung 4.13 b). Bei einer mittleren Ionenstärke ist die Energiebarriere noch vorhanden, aber kleiner. Zusätzlich existiert ein Sekundärminimum im Abstand von 5–10 nm von der Aufwuchsfläche. Dort wird das Teilchen zeitweilig eingefangen. Dieses Zwischenminimum wurde als theoretische Deutung verwendet, um zu erklären, welche physiko-chemischen Grundlagen der reversiblen Adhäsion zugrundeliegen [146, 147]. Während der reversiblen Adhäsion können EPS zwischen Zelle und Oberfläche eine Brücke erzeugen; der Vorgang wird „polymer bridging" genannt [255]. In das DLVO-Modell gehen die Radien der Partikel ein: Bei sinkendem Radius nimmt die ab-

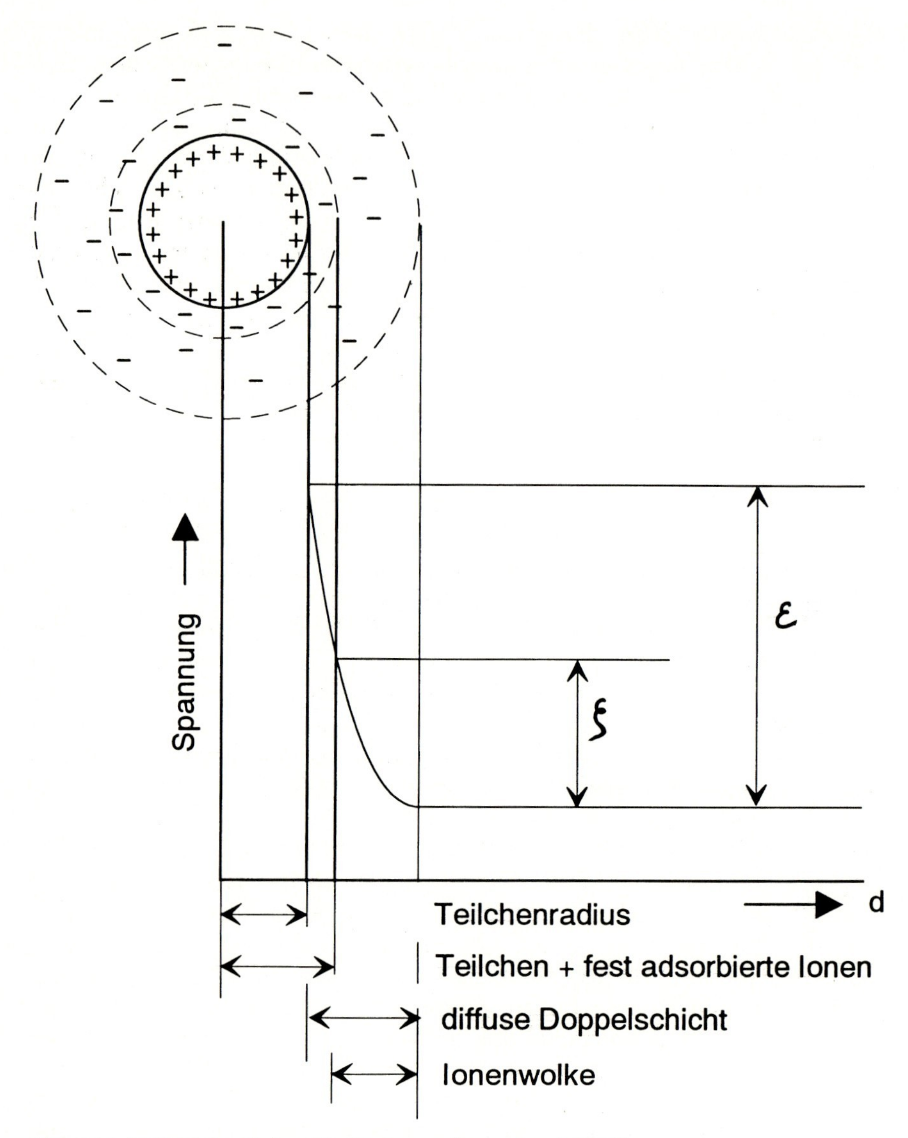

Abb. 4.12. Kolloid-Partikel und Ladungsverteilung; (nach [262])

stoßende Energie ab. Mikroorganismen können daher den effektiven Radius verringern, indem sie z.B. Fimbrien für die Annäherung an die Oberfläche benutzen, die das Abstoßungsmaximum leicht überwinden können und in das primäre Anziehungsmaximum reichen [222].

Wenn elektrostatische Wechselwirkungen für die Primäradhäsion die dominanten Kräfte sind, dann müßten pH-Wert und Ionenstärke die Adhäsionsgeschwindigkeit deutlich beeinflussen.

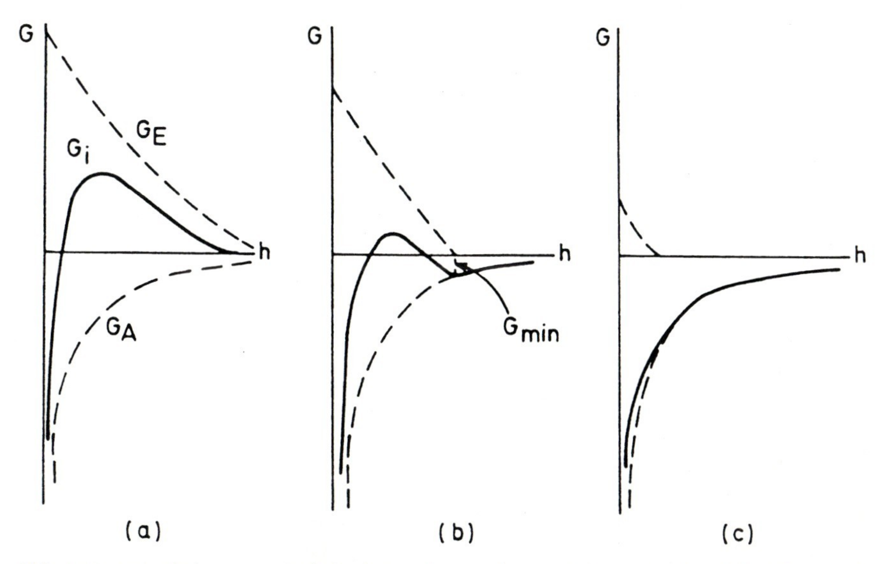

Abb. 4.13. Interaktionsenergie (G_i) als Resultierende aus elektrostatischer Abstoßung (G_E) und London-van-der-Waalsscher Wechselwirkung (G_A) bei Annäherung eines Kolloid-Partikels an eine gleichnamig geladene Oberfläche. Elektrolytkonzentration: **a** niedrig, **b** mittel, **c** hoch (nach [216])

Einfluß des pH-Wertes

Im Modellsystem der Adhäsion von *P. diminuta* an eine Polyethersulfon-Membran wurde die Anheftung bei verschiedenen pH-Werten bestimmt. Zusätzlich wurde das Zeta-Potential der Membranen ermittelt. Das Ergebnis ist in Abb. 4.14 dargestellt [222].

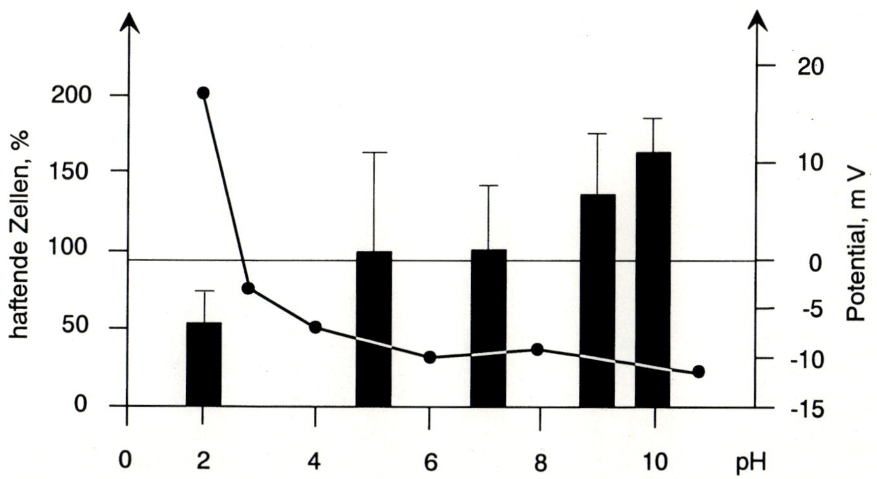

Abb. 4.14. Einfluß des pH-Wertes auf die Belegung einer Polyethersulfon-Membran durch *P. diminuta* (■) und auf das Zeta-Potential (●—●) dieser Membran [222]

Die Belegung ändert sich über einen pH-Bereich zwischen 2 und 10 nur um den Faktor 2, während das Zeta-Potential das Vorzeichen wechselt. Ein signifikanter Einfluß des pH-Wertes ist in diesem Adhäsionssystem nicht zu erkennen. Damit liegen deutlich andere Verhältnisse vor, als sie in einigen Studien zur Adhäsion mariner Mikroorganismen gefunden wurden [z.B. 147, 216, 217].

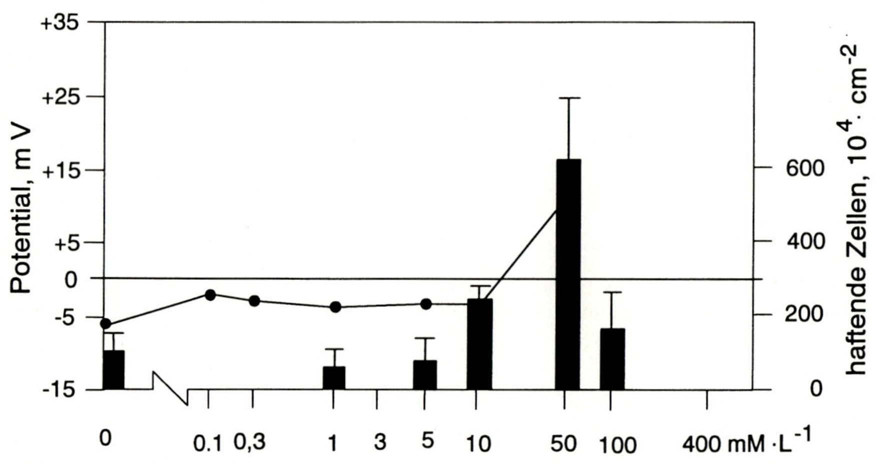

Abb. 4.15. Einfluß der Konzentration von NaCl auf die Belegung einer Polyethersulfon-Membran durch *P. diminuta* (■) und deren Zeta-Potential (●—●)[222]

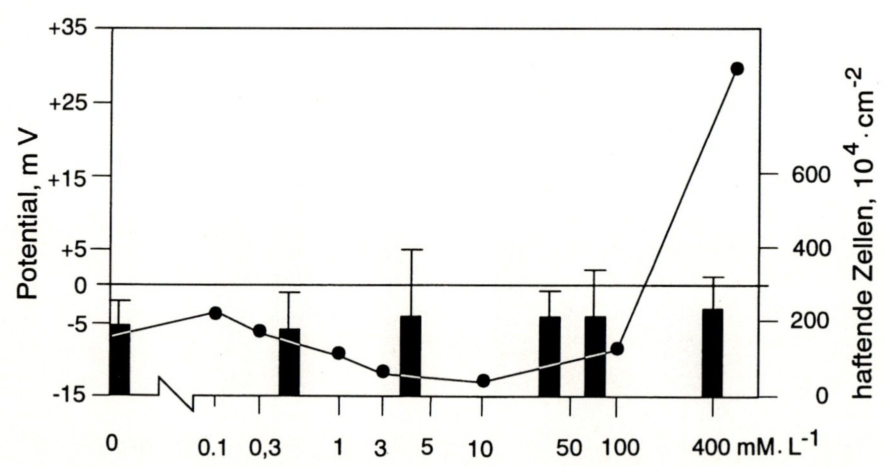

Abb. 4.16. Einfluß der Konzentration an $LaCl_3$ auf die Belegung einer Polyethersulfon-Membran durch *P. diminuta* (■) und deren Zeta-Potential (●—●)[222]

Einfluß der Ionenstärke

Die diffuse Doppelschicht wird stark von der Ionenstärke im Medium beeinflußt. Mit zunehmender Ionenstärke nimmt die Dicke der diffusen Doppelschicht ab. Nach der DLVO-Theorie kann sich eine Zelle einer Aufwuchsfläche dadurch stärker annähern, so daß die anziehenden van-der-Waals-Kräfte wirksam werden und zu einer Adhäsion führen [216, 217, 218] und kurzreichende Wechselwirkungen wie z.B. Wasserstoffbrückenbindungen ausgebildet werden können. Im Adhäsionssystem von *P. diminuta* und Polyethersulfonmembranen wurde der Einfluß einwertiger (Abb. 4.15) und dreiwertiger Ionen (Abb. 4.16) untersucht.

Diese Daten lassen den Schluß zu, daß im untersuchten System die Rolle der elektrostatischen Wechselwirkungen für die Primäradhäsion gering ist.

4.1.2.3 Wasserstoffbrückenbindungen

Wasserstoffbrücken gehören zu den wichtigsten kurzreichenden zwischenmolekularen Bindungen in biologischen Systemen. Moleküle mit hohem Wasserstoffbrückenpotential sind Proteine. Einige Aminosäuren können aber sowohl als Wasserstoff-Donatoren als auch Wasserstoff-Akzeptoren fungieren.

Einen Hinweis auf die Rolle der Wasserstoffbrückenbindungen gibt die Auswirkung des Zusatzes sog. „chaotroper" Substanzen zum Adhäsionsansatz. Chaotrope Substanzen sind stark wasserbindend, verändern Hydrathüllen und führen zu einer Blockierung der zwischenmolekularen Wasserstoffbrücken. Dadurch können sie eine Veränderung der Quartär- und teilweise der Tertiärstruktur von Proteinen bewirken. Ihr Effekt beruht darauf, daß sie Strukturen zerstören, die auf der Bildung von Wasserstoffbrücken beruhen. Als chaotrope Agentien wurden Harnstoff, Tetramethylharnstoff, Guanidinhydrochlorid und Natriumrhodanid in unterschiedlichen Konzentrationen eingesetzt.

Tabelle 4.3 faßt die Wirkung dieser Stoffe auf die Besiedlung einer Polyethersulfonmembran durch *P. diminuta* zusammen. Den stärksten Einfluß auf die Adhäsion übt Tetramethylharnstoff bereits in einer Konzentration von 10 mM aus. Dieses Molekül kann – im Vergleich zu den anderen Substanzen – nur als Wasserstoffakzeptor wirken. Das bedeutet, daß die bindungsvermittelnden Oberflächenbestandteile der Zelle, d.h. die EPS, die Wassserstoff-Donatoren in der Wasserstoffbrückenbindung sind und die starke Wirkung von Tetramethylharnstoff eventuell auf eine Dominanz von H-Donatorstellen in den EPS, vermutlich vorwiegend in den OH-Gruppen der Polysaccharide, zurückgeht [223].

Die Ergebnisse zeigen, daß die Primäradhäsion von *P. diminuta* an Polyethersulfon-Membranen möglicherweise auf einem kooperativen Effekt zwischen hydrophoben (d.h. van-der-Waalsschen) Wechselwirkungen und Wasserstoffbrückenbindungen beruht. Demgegenüber erscheint der Einfluß der elektrostatischen Wechselwirkungen untergeordnet.

Tabelle 4.3. Einfluß chaotroper Substanzen auf die Belegung einer Polyethersulfon-Membran durch *P. diminuta* [222]

Agens	Konzentration	% Belegung
Wasser (Kontrolle)	–	100%
Harnstoff	3 M	96%
	6 M	52%
Tetramethylharnstoff	1 mM	100%
	10 mM	9%
Guanidiniumhydrochlorid	3 M	97%
	6 M	55%
Natriumrhodanid	3 M	10%
	6 M	7%

4.1.2.4 Rolle der extrazellulären polymeren Substanzen (EPS)

Die Rolle der Schleimsubstanzen, der „extrazellulären polymeren Substanzen" (EPS), für die Primäradhäsion ist noch nicht vollständig geklärt. Sicher ist, daß die Zelle über sie in ersten Kontakt mit einer Oberfläche kommt. Neu und Marshall [170] gelang es, Material der „EPS-footprints" visuell darzustellen, die nach Ablösung primär angehafteter Mikroorganismen auf einer Oberfläche zurückbleiben und die Anheftung vermittelten. Filamentöse EPS (Glycocalyx), Schleimkapseln, Fimbrien, Flagellen und Pili kommen in Frage, um die Adhäsion zu bewerkstelligen; über „polymer bridging" [255] können elektrostatische Abstoßungskräfte zwischen den Oberflächen von Mikroorganismus und Substratum überwunden werden. Bei der Anheftung von Mikroorganismen an lebende Zellen spielen proteinische Adhäsine als spezifische Reaktionspartner eine entscheidende Rolle [119]. Der „Klebstoff", der die Mikroorganismen an solche Oberflächen anheftet, ist noch nicht exakt identifiziert [170].

Fletcher [95] untersuchte die Bildung von EPS als Reaktion auf die Adhäsion. Diese „aktive Adhäsion" wird in vielen Systemen beobachtet [89], und einige Arten können sich nur in lebendem Zustand an Oberflächen heften [145]. Auch „passive Adhäsion", d.h. die Anheftung inaktiver Mikroorganismen, wird beobachtet. Abb. 4.17 zeigt den Verlauf der Anheftung von lebenden und abgetöteten Zellen von *P. diminuta* an eine Umkehrosmosemembran [178]. Bei diesem Stamm müssen bereits in Suspension vorhandene Zellwandbestandteile die Haftung vermitteln, so daß auch im abgetöteten Zustand eine Adhäsion stattfindet; ein solches Verhalten ist auch von zahnbesiedelnden Streptokokken bekannt [172]. In aquatischen Systemen muß also sowohl mit der Anheftung lebender als auch – z.B. durch Desinfektionsmaßnahmen – abgetöteter Mikroorganismen gerechnet werden.

Das Ausmaß der „passiven Adhäsion" [91], wie sie in Abb. 4.17 erkennbar ist, hängt wesentlich davon ab, wie die Mikroorganismen abgetötet wurden. In Tabelle 4.4 ist der Einfluß des Inaktivierungsverfahrens auf die Be-

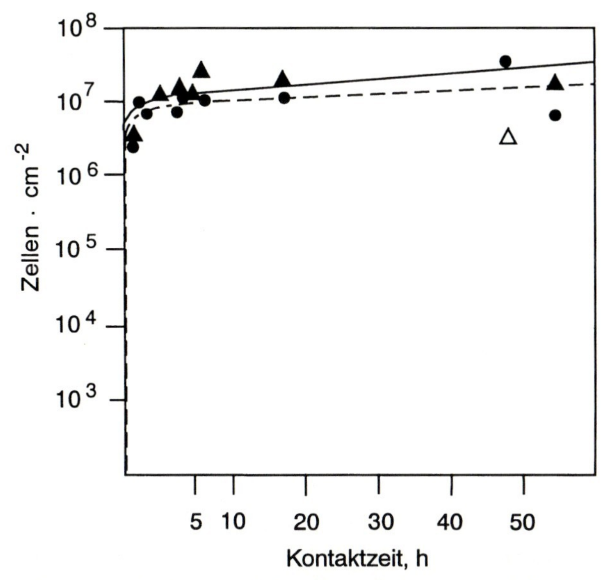

Abb. 4.17. Anheftung von lebenden und abgetöteten Zellen von *P. diminuta* an eine Umkehrosmosemembran aus Polyethersulfon; ●: lebende Zellen, ▲: abgetötete Zellen; Kontaktzeit in Stunden [77]

legung einer Polyethersulfonmembran zusammengestellt [223]. Als Interpretation dieser Ergebnisse liegt nahe, daß die EPS durch Erhitzen und UV-Bestrahlung möglicherweise stärker denaturiert werden als durch Behandlung mit den chemischen Wirkstoffen. Demnach wäre die Struktur der EPS entscheidend für ihre Wirkung auf die mikrobielle Adhäsion.

Abbildung 4.17 zeigt auch, wie rasch die Primäradhäsion verläuft. Nach etwa 4 Stunden Kontaktzeit ist ein primäres Plateau erreicht, das sich auch nach mehreren Tagen Kontaktzeit zwischen Bakteriensuspension und Membranmaterial nicht verändert.

Ein weiteres Beispiel für die Rolle der EPS bietet die gegenseitige Beeinflussung von Mikroorganismen bei der Primärbesiedlung von Umkehrosmosemembranen (Abb. 4.18; [75]). *P. diminuta*, ein gramnegatives Stäbchen, und *Staph. warneri*, ein grampositiver Kokkus, wurden als Stämme aus der Leitungswasser-Flora isoliert, die sich besonders schnell an Umkehrosmosemembranen heften [77, 78].

Wenn *Staph. warneri* im Adhäsionsexperiment als Primärbesiedler mit der Aufwuchs-Oberfläche in Kontakt gebracht wurde, dann wurde die Sekundärbesiedlung durch *P. diminuta* signifikant gehemmt. Im umgekehrten Fall gab es keine Beeinflussung. Auch wenn die beiden Stämme sich gemeinsam anheften konnten, war kein gegenseitiger Effekt erkennbar. Es stellte sich die Frage, ob die EPS für dieses Verhalten verantwortlich sind. In einem weiteren Experiment wurden nun die EPS

Tabelle 4.4. Einfluß des Inaktivierungsverfahrens auf die Besiedlung einer Polyethersulfon-Membran durch Zellen von *P. diminuta* [222]

Inaktivierungsagens	haftende Zellen (% der Kontrolle)
Kontrolle	100
Peressigsäure	94
Natriumazid	84
Gentamycin	83
Chloramphenicol	86
UV-Bestrahlung	35
Erhitzung (80 °C, 2 h)	14

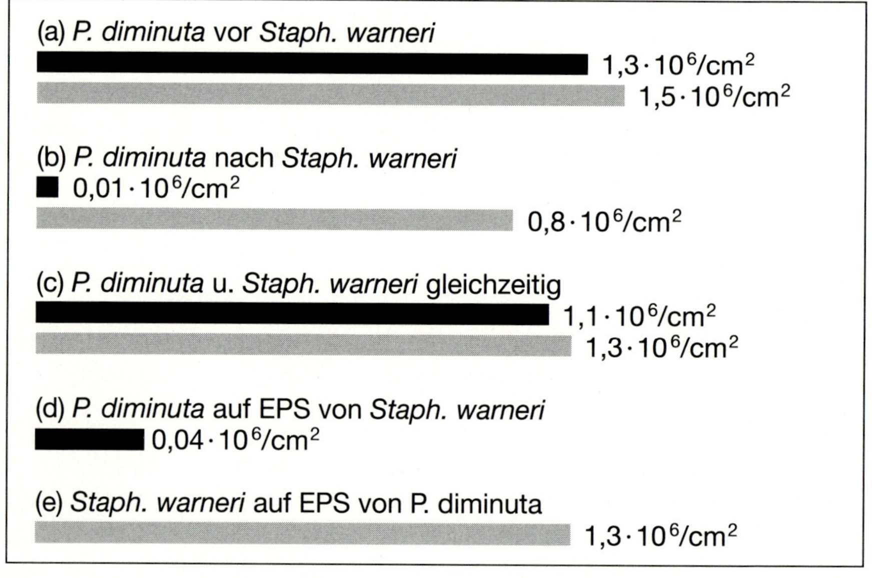

Abb. 4.18. Besiedlung einer Polysulfonmembran bei sequenzieller Inkubation: [75]; ■: *P. diminuta;* ■: *Staph. warneri*

dieser Stämme isoliert. Für den Adhäsionsversuch wurden die Aufwuchs-Flächen mit Lösungen der EPS inkubiert und anschließend mit Zellen des jeweils anderen Stammes in Kontakt gebracht. Es zeigte sich, daß auch die auf der Oberfläche adsorbierte Menge an EPS von *Staph. warneri* ausreichte, um die Anheftung von *P. diminuta* signifikant zu hemmen.

Möglicherweise stellt diese gegenseitige Beeinflussung einen Hinweis auf die ökologischen Zusammenhänge der Entwicklung einer komplexen und nicht rein zufällig zusammengesetzten sessilen Mikroflora dar.

Einfluß des Ernährungszustandes der Mikroorganismen

Der Ernährungszustand der Mikroorganismen wirkt sich auf die Anheftungsgeschwindigkeit aus. Marshall [146] nimmt an, daß erhöhte Adhäsivität eine Antwort der Mikroorganismen auf Nährstoffmangel ist. Dies kann aber nicht generell bestätigt werden. Abb. 4.19 zeigt die Anzahl anhaftender Zellen von *P. fluorescens* an verschiedenen Membranmaterialien nach 4 Stunden Kontaktzeit. In diesem Fall heften sich Nährstoff-limitierte Zellen signifikant schneller an die Oberflächen als solche, die aus der Nährbouillon geerntet, gewaschen und dann unmittelbar mit den Membranmaterialien inkubiert

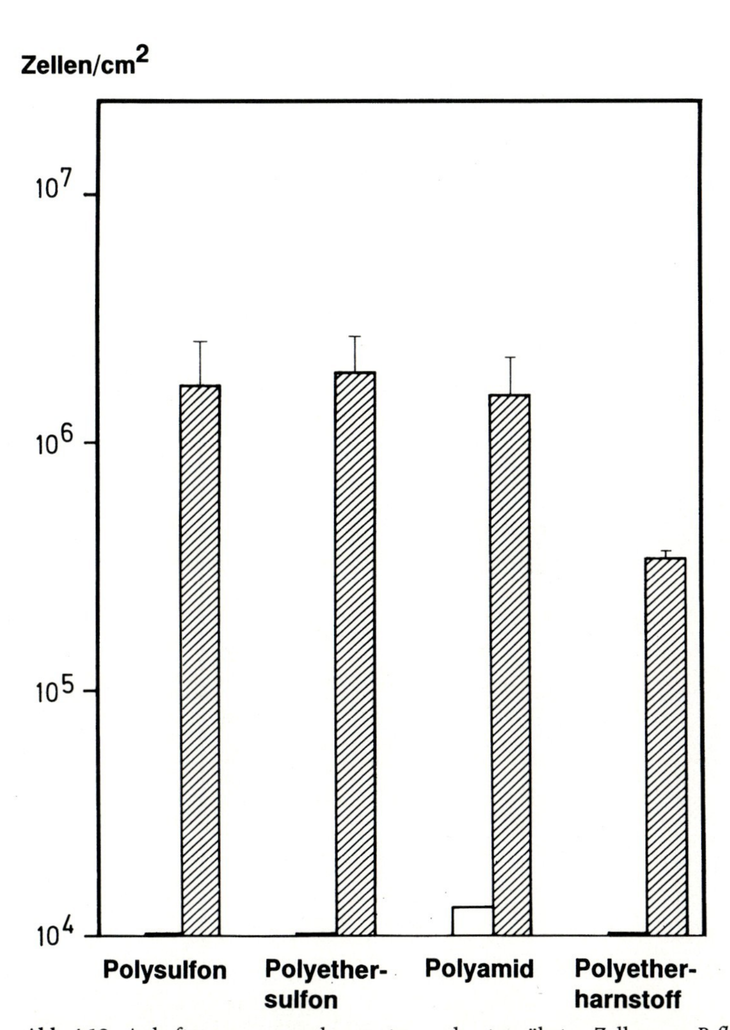

Abb. 4.19. Anheftung von ausgehungerten und gutgenährten Zellen von *P. fluorescens* an verschiedene Membranmaterialien. Schraffierte Balken: Nährstoff-Limitierung, offene Balken: ohne Nährstoff-Limitierung [78]

wurden. Bei *P. diminuta* (Abb. 4.20) jedoch zeigen gerade die Nährstoff-limitierten Zellen eine signifikant niedrigere Anheftungsrate [78].

Deutlich wird auch eine signifikant geringere Besiedlung von Polyetherharnstoff, d.h. eine geringere „biologische Affinität" dieses Materials.

Der Einfluß des Ernährungszustandes ist demnach von Stamm zu Stamm verschieden, aber signifikant. Er wirkt sich nicht nur auf die Besiedlungsgeschwindigkeit aus, sondern auch auf die Art der Besiedlung. Während „wohlgenährte" Zellen gleichmäßig über die Aufwuchsfläche verteilt sind (Abbildung 4.21 a), fällt bei ausgehungerten Zellen ein inselförmiges Wachstum auf (Abb. 4.21 b), bei dem nach verlängerter Inkubationszeit eher eine mehr-

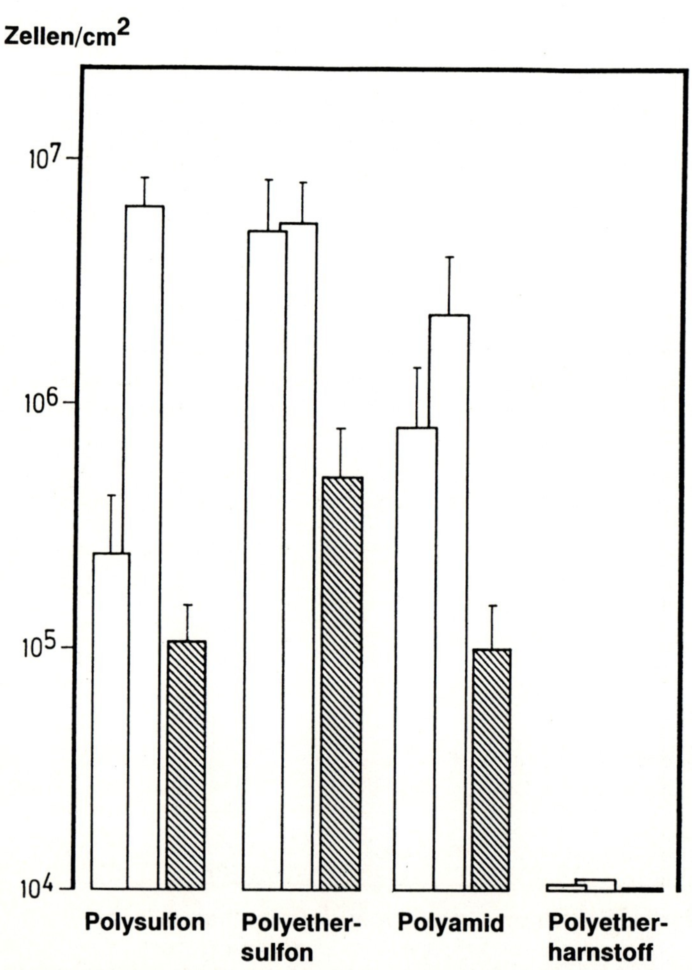

Abb. 4.20. Anheftung von ausgehungerten und gutgenährten Zellen von *P. diminuta* an verschiedene Membranmaterialien [78]; Schraffierte Balken: Nährstoff-Limitierung, offene Balken: ohne Nährstoff-Limitierung; erster Balken: 1 h Kontaktzeit; 2. Balken: 4 h Kontaktzeit

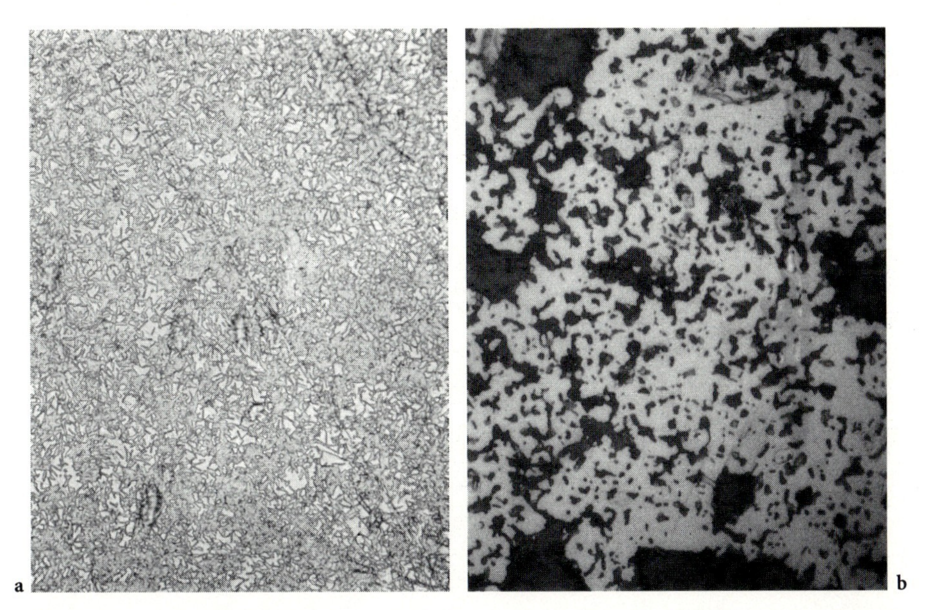

Abb. 4.21. **a** Besiedlungsmuster von *P. diminuta*, direkt aus Nährbouillon geerntet, und **b** *P. diminuta* im Hungerzustand

lagige Besiedlung der Insel als eine Kolonisierung der freien Stellen zwischen den Inseln stattfindet. Eine Erklärung wäre, daß die Zellen unterschiedliche EPS produzieren, je nachdem, in welchem Ernährungszustand sie sich befinden und daß diese Unterschiede sich in der gegenseitigen Beeinflussung der Zellen bei der Primäradhäsion auswirken.

Prinzipiell gibt es wie in Abb. 4.18 gezeigt wurde EPS, welche die Anlagerung von weiteren Zellen inhibieren. In Modellen zur Partikeladhäsion wird ses Phänomen „negative Kooperativität" genannt [1]. Zur weiteren Aufklärung wären jedoch eingehendere biochemisch-mikrobiologische Arbeiten notwendig.

4.1.2.5 Einfluß der Zellkonzentration im Wasser

Die Anheftung von Zellen an einer Oberfläche ist zunächst transportlimitiert. Je höher die Zellzahl in der Wasserphase ist, desto höher ist die Wahrscheinlichkeit, daß einige von ihnen auf die Oberfläche treffen. Darauf beruhen auch alle Ansätze, Biofouling durch Desinfektion (d.h. Entfernung der Zellen aus dem Rohwasser) zu bekämpfen. Ridgway [203–208] fand allerdings bei der Besiedlung von Celluloseacetatmembranen durch Mycobakterien, daß ab einer gewissen „Sättigungsgrenze", die bei einer Bedeckung von weniger als 10% der verfügbaren Oberfläche lag, keine weitere Besiedlung stattfand. Dies war auch dann der Fall, wenn die Zellzahl im Wasser stark erhöht und die Kontaktzeit verlängert wurde. Der Autor schloß daraus, daß die Zahl von „Adhäsionsstellen" auf der Membran begrenzt sei: Wenn alle Plätze besetzt sind, gibt es keine weitere Adhäsion mehr. Überlegungen zur molekularen Grundlage für einen

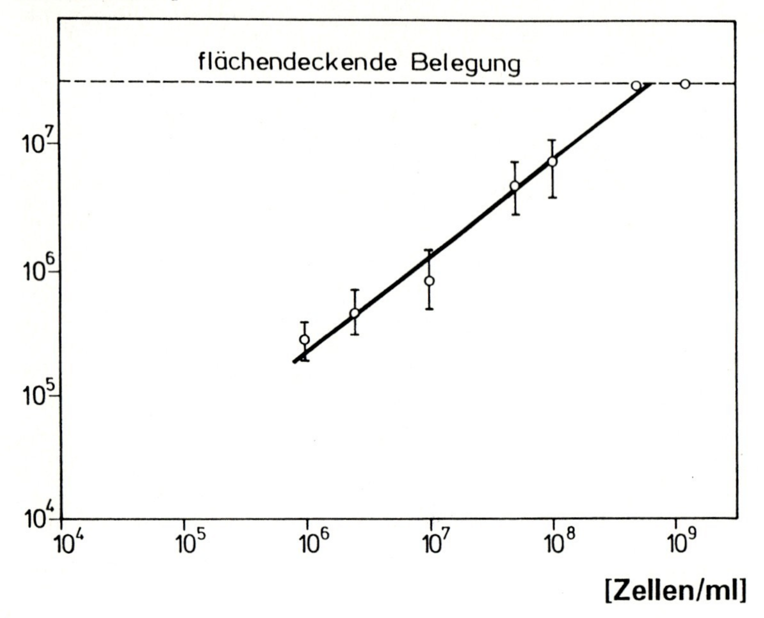

Abb. 4.22. Korrelation zwischen Zellzahl in der Wasserphase und Besiedlung der Oberfläche nach 4 h Kontaktzeit [78]

solchen Mechanismus wurden allerdings nicht geliefert. Ihm müßten Inhomogenitäten auf der Oberfläche in der Dimension von Mikrometern zugrundeliegen. Dafür gibt es bislang keine Hinweise.

Bei der Anheftung von *P. diminuta* an Polyethersulfon-Membranen konnten keine entsprechenden Beobachtungen gemacht werden. Mit steigender Konzentration der Zellen in der Wasserphase nahm auch die Belegung der Oberfläche zu (Abb. 4.22; [78]).

Der Koeffizient der Anpassung an eine lineare Funktion betrug dabei 0,994. Die Beziehung gilt allerdings nur für die Anheftung, nicht für die Ablösung. Das bedeutet, daß aus der Zellzahl im Wasser nicht auf die Besiedlung der Oberfläche rückgeschlossen werden kann.

Das Problem der Quantifizierung der Primäradhäsion

Ein generell anwendbares quantitatives Modell der Primäradhäsion gibt es bislang noch nicht [166]; es müßte die Kombination der physikochemischen und bakteriell-physiologischen Vorgänge, die sich dabei ergeben, zusammenfassen. Es ist zu erwarten, daß in den Mischpopulationen technischer und natürlicher Wässer immer einige Arten vorkommen, die sich über kurz oder lang auf der jeweiligen Oberfläche ansiedeln können.

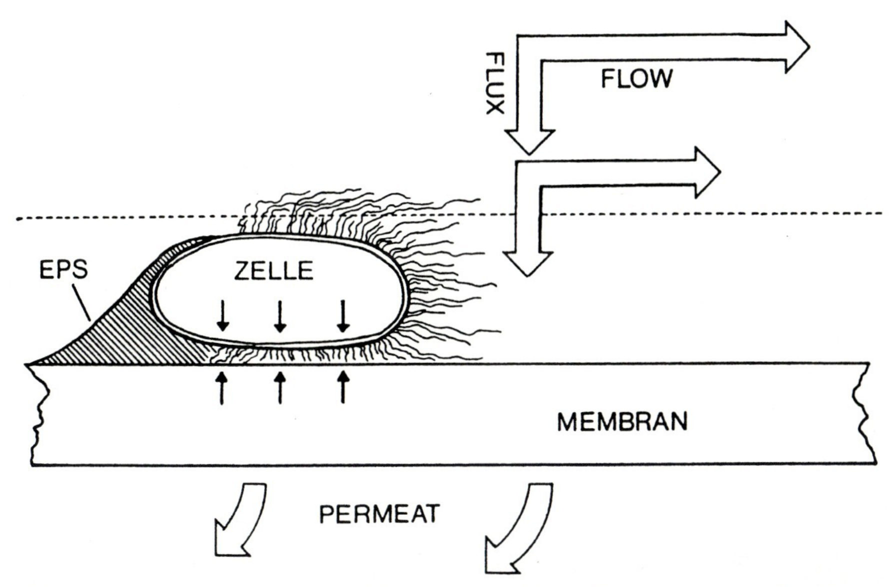

Abb. 4.23. Schematische Darstellung der Anlagerung einer Zelle an die Membranoberfläche. EPS extrazelluläre polymere Substanzen; ——— laminare Grenzschicht über der Membran

4.2 Primärer Biofilm auf Membranen in dynamischen Systemen

Die bis hierher dargelegten Untersuchungen wurden in statischen Systemen durchgeführt und erlaubten, die Bedeutung der verschiedenen Wechselwirkungen abzuschätzen, die zur Anheftung von Mikroorganismen führen. In Membransystemen herrschen jedoch dynamische Verhältnisse. Das heißt, daß der Transport von Mikroorganismen an die Oberfläche begünstigt wird. Die folgende Darstellung (Abb. 4.23) soll die Verhältnisse anschaulich machen, unter denen die Primäranhaftung stattfindet [77].

4.2.1 Einfluß der Scherkräfte

Die Anheftung der Zellen an Oberflächen wird im allgemeinen in dynamischen Systemen, also unter Einwirkung von Scherkräften, erfolgen. Die Scherkraft hat daher einen Einfluß auf die Besiedlung. Sly et al. [241] fanden, daß die Biofilm-Bildung in einem Trinkwassersystem bei höheren Fließgeschwindigkeiten signifikant höher wurde. Rutter und Leach [217] zeigten, daß die Anlagerung von *Streptococcus sanguis* an die inneren Oberflächen von Glaskapillaren hauptsächlich von der Nährstoffkonzentration und der Fließgeschwindigkeit abhing. Bei der Untersuchung des Biofouling in Wärmetauschern fand Characklis [30], daß starke Scherkräfte

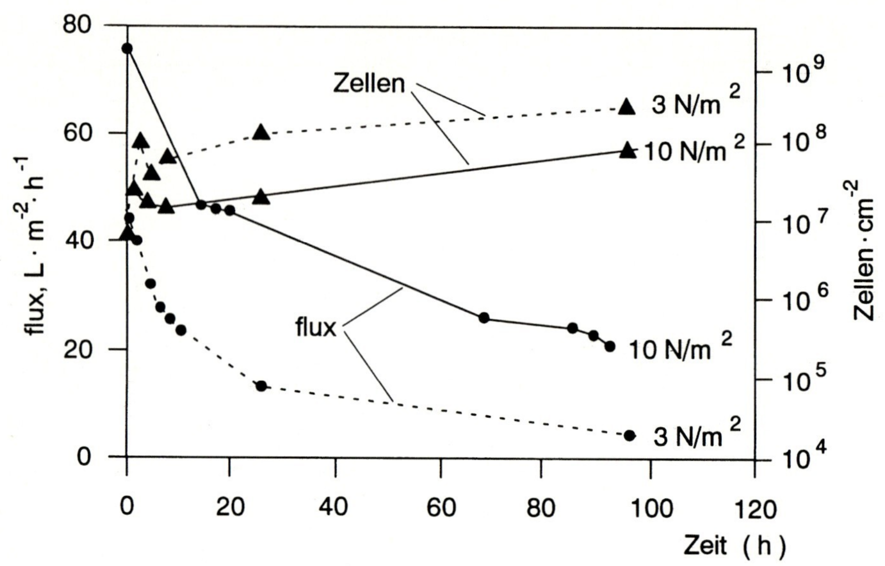

Abb. 4.24. Besiedlung einer Umkehrosmosemembran aus Polyamid unter Einwirkung verschiedener Scherkräfte

die Bildung von Biofilmen nicht verhindern können. Auch in Rohrleitungen mit hohen Fließgeschwindigkeiten wurden Biofilme gefunden, die relativ dünn waren (unter 20 μm Dicke), sich aber durch besondere mechanische Festigkeit auszeichneten. Duddridge et al. [54] zeigten bei *P. fluorescens*, daß im Bereich zwischen 30 und 130 dyn cm^{-2} mit zunehmender Scherkraft die Anzahl der haftenden Zellen abnahm. Flemming et al. [83] fanden im Einklang mit diesen Ergebnissen, daß bei der Besiedlung von Umkehrosmose-Membranen in einer Flachkanal-Versuchszelle unter Einwirkung höherer Scherkraft eine geringere Besiedlung der Oberfläche stattfand (Abb. 4.24).

Eine mögliche Erklärung ist diese: Die Adhäsion der Zellen an die Oberfläche geschieht mittels schwacher Wechselwirkungen. Deren Festigkeit hängt wesentlich vom Abstand der Zelle zur Oberfläche ab. Wenn das Wasser fließt, bringt es zwar einerseits die Zellen eher in Kontakt mit der Oberfläche. Andererseits spült es die Zellen fort, die als die Kraft der Wandschubspannung der flüssigen Phase schwächer gebunden sind. Die Rolle der laminaren Grenzschicht ist dabei zu berücksichtigen.

4.2.2 Einfluß des Spacers bei der Membranbehandlung von Trinkwasser

Bei gewickelten RO-Modulen werden die Membranschichten durch einen Spacer voneinander getrennt. Zusätzlich wirkt der Spacer hydrodynamisch als Verwirbler und verringert die Konzentrationspolarisation direkt über der Membran-

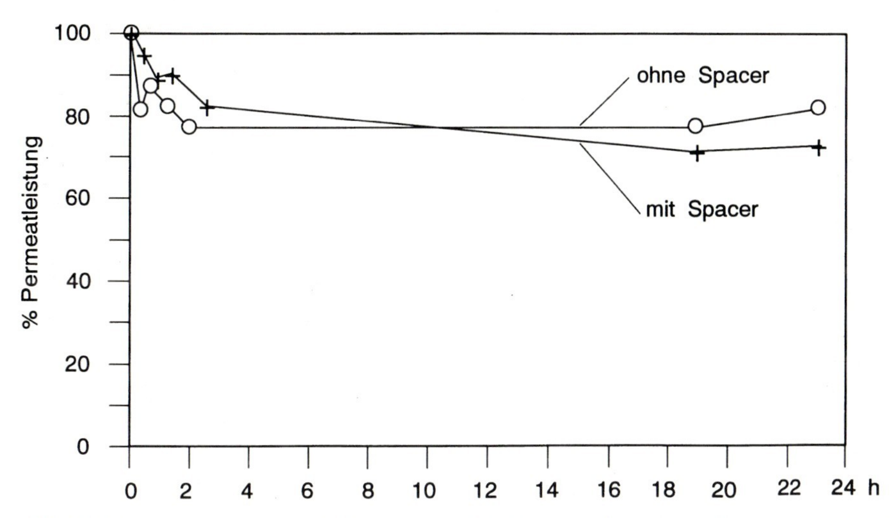

Abb. 4.25. Permeatleistung nach 4 d Betrieb mit Trinkwasser (Bodensee-Wasserversorgung) mit (+) und ohne (○) Spacer

oberfläche. Das bedeutet, daß die Scherkräfte in diesem Bereich erhöht werden. Deshalb wurden Versuche durchgeführt, die Auswirkung des Spacers auf die Permeatleistung einerseits und auf die mikrobielle Besiedlung andererseits zu bestimmen. Abb. 4.25 zeigt die Permeatleistung mit und ohne Spacer.

Deutlich wird dabei, daß während der Versuchszeit weder hinsichtlich der Permeatleistung noch der Besiedlungsdichte ein signifikanter Unterschied in der Permeatleistung zwischen dem System mit und ohne Spacer auftritt. Bei der Behandlung von Sickerwasser herrschen völlig andere Verhältnisse (s. Abb. 4.39 und 4.40).

4.2.3 Berechnung der Dicke des primären Biofilms

Praktisch kann die Dicke des primären Biofilms mit den zur Verfügung stehenden Mitteln kaum gemessen werden. Bei Kenntnis der Porosität der Fouling-Schicht läßt sich deren Dicke jedoch aus Permeationsdaten berechnen. Die folgenden Berechnungen basieren auf Daten aus einer Umkehrosmose-Versuchsanlage, deren Kernstück eine Flachmembranzelle darstellt [83, 152].

Die Schubspannung an der Grenzfläche ist durch folgende Beziehung gegeben:

$$\tau = \frac{\lambda}{8} \cdot \rho \cdot w2 \tag{4.1}$$

Dabei ist w die Fließgeschwindigkeit in der Mitte des Kanals und entspricht $3/2 \cdot Q/A_{Ch}$, d.h. die durchschnittliche Fließgeschwindigkeit, die sich aus der Durchflußrate $Q \cdot p$ ergibt, ρ ist die Dichte der Flüssigkeit. λ ist der Reibungsfaktor (bei laminarer Strömung = $64/Re$, bei turbulenter Strömung = $0{,}3164 \cdot Re^{-0{,}25}$).

Wenn sich auf der Membran eine Schicht bildet, nimmt die lichte Weite des Durchflußkanals um die Dicke dieser Schicht ab, d.h. $h_{\text{aktuell}} = h_o - h_{\text{Biofilm}}$.

Unter der Annahme, daß die Dicke der Schicht durch die Scherkraft begrenzt wird, nimmt die Dicke nicht mehr weiter zu, wenn die interne Stabilität des Biofilms Y überschritten wird. Für rechteckige Kanäle ist dieses Prinzip klar; es trifft auch für Kanäle zu, die Turbulenzerzeuger enthalten, weil hier ebenfalls die Scherkräfte im mikroskopischen Maßstab wirken. Wenn man die Durchflußbedingungen und die Festigkeit der sich bildenden Fouling-Schicht kennt, kann Gl. (4.1) umgestellt und die Höhe der Schicht abgeschätzt werden:

$$h_{\text{Biofilm}} = h_o \cdot \sqrt{9\,\eta \frac{Q}{W_{ch} \cdot Y}} \tag{4.2}$$

wobei η die Viskosität des Fluids ist und Q der Querschnitt des Kanals.

In all diesen Berechnungen wurde eine Grenz-Scherkraft von $13\,\text{Nm}^{-2}$ zugrundegelegt (s. Abb. 4.27).

4.2.4 Rolle der Permeabilität des Biofilms

Vom hydrodynamischen Standpunkt aus besteht ein Biofilm im wesentlichen aus zwei Komponenten: solchen, die permeabel sind und solchen, die es nicht sind. Zellen, mineralische Niederschläge und Debris verschiedenster Art sind nicht permeabel. Die extrazellulären polymeren Substanzen (EPS), die von den Zellen gebildet werden, bilden ein Hydrogel. Eine solche Schicht kann als permeabel betrachtet werden. Der Biofilm kann unterschiedliche Permeabilität aufweisen, je nach den relativen Anteilen der verschiedenen Komponenten. Außerdem kann die Dichte der EPS selbst verschieden sein. Man weiß, daß um Mikrokonsortien herum eine höhere EPS-Dichte auftritt, während zwischen den Konsortien nahezu EPS-freie Kanäle vorkommen [131]. Das bedeutet, daß der Biofilm eine zusätzliche Heterogenität der Trenn-Oberfläche bewirkt. Dies kann u.U. dazu führen, daß „Channeling" auftritt, d.h., daß bestimmte Bereiche der Membran überproportional belastet werden, während andere, abgedeckte Bereiche nur noch wenig am Trennprozeß beteiligt sind. Unterschiedliche Widerstände beim Durchfluß einer Schicht können mit einem Umweg-Faktor charakterisiert werden. Im folgenden wird der Begriff „Flow-Porosität" anstelle der Permeabilität der Membran benutzt, weil die Permeabilität der Matrix als Ganzes betrachtet wird und nicht nur der Fluß durch die Kanäle. „Flow-Porosität" umfaßt daher die Fläche, die dem Fluß zur Verfügung steht und hängt damit vom prozentualen Anteil der EPS ab. Die Permeabilität Lp einer Filtrationsschicht ist gegeben durch:

$$Lp = \frac{1}{\eta \cdot (R_{\text{Mem}} + R_{\text{Bio}})} \tag{4.3}$$

η ist die Viskosität des Fluids und R_{Mem} der hydraulische Widerstand gegen den Fluß der Membran, R_{Bio} ist der hydraulische Widerstand des Biofilms. Um eine Filterschicht zu charakterisieren, reichen einfache Filtrationsexperimente. Jeder Filterkuchen bzw. jede Filterschicht hat einen charakteristischen Widerstand, der durch den spezifischen Widerstand α beim Druck P gegeben ist:

$$\alpha = \alpha_0 \cdot \left(1 + \frac{P}{P_0}\right)^n \tag{4.4}$$

wobei α_0 der spezifische Widerstand bei einem Referenzdruck P_0 ist; n ist die Kompressibilität der Schicht und zeigt, wie α durch den Druck beeinflußt wird. Der tatsächliche Widerstand der gesamten Schicht gegen den Fluß ist damit:

$$R = m \cdot \frac{1}{A} \cdot \alpha = m \cdot \frac{h}{V} \cdot \alpha \tag{4.5}$$

m ist dabei die Masse der Schicht, die eine Fläche A bedeckt. Dies kann auch als Schichtdicke ausgedrückt werden. V ist das Volumen der Schicht; experimentell sind Dichte und Masse der Schicht meist zu ermitteln, so daß das Volumen leicht daraus zu berechnen ist. Um erste Anhaltspunkte zu bekommen, wurde ein künstliches Hydrogel als Modell für einen Biofilm eingesetzt, das leichter zu handhaben war, nämlich Agar. Dies ist ein stark hydratisiertes algenbürtiges Polysaccharid. Mit einem organischen Anteil von 1,5 bis 2% verfestigt es Wasser und ähnelt damit einem Biofilm, der ebenfalls als Hydrogel mit ähnlich hohem Wassergehalt angesehen werden kann [32]. In weiteren Experimenten wurden Belebtschlamm und Bakteriensuspensionen als Filterkuchen verwendet. Die Werte für den spezifischen hydraulischen Widerstand sind in Tabelle 4.6 angegeben.

Die Kompressibilität liegt bei etwa 1,5, was sehr gut zu Daten aus der Literatur paßt [63]. Für einen Biofilm, der aus porösen EPS und nicht-porösen Zellen besteht, ist der spezifische Widerstand eine Funktion der Zusammensetzung des Films und des spezifischen Widerstands der Einzelkomponenten.

Wenn man verschiedene Porositäten zugrundelegt und den spezifischen Widerstand der Komponenten kennt, läßt sich die Dicke der Filterschicht abschätzen:

$$h = R \cdot V \cdot \frac{1}{m} \cdot \frac{1}{\alpha} \tag{4.6}$$

Tabelle 4.6. Spezifischer hydraulischer Widerstand verschiedener Modell-Biofilme

Modell-Biofilm	Spezifischer hydraulischer Widerstand
Agar	$(1{,}3 \pm 0{,}4) \cdot 10^{13}$ m kg^{-1}
Filterkuchen aus Belebtschlamm	$(12 \pm 2) \cdot 10^{13}$ m kg^{-1}
Filterkuchen aus Bakterien	$(42 \pm 5) \cdot 10^{13}$ m kg^{-1}

Der Effekt einer unterschiedlichen Flow-Porosität wird durch den Term p_f gekennzeichnet, wobei die Schichtdicke angenommen wird. Für jede gemessene Permeabilität ist der Widerstand der Schicht eine Funktion der Flow-Porosität:

$$R_{Bio} = \frac{P_f}{\eta \cdot L_p} - R_{Mem} \quad (4.7)$$

Die beiden Abschätzungen für die Dicke sind in Abb. 4.26 dargestellt. Die Kurven beziehen sich auf verschiedene Stabilitäten der Matrix, basierend auf Gl. (4.2). Wie zu erwarten, nimmt bei steigendem volumetrischen Querstrom die Schichtdicke ab. Bei zunehmender Matrix-Stabilität nimmt die Schichtdicke zu, weil der Belag dann eine stärkere Scherkraft aushält.

Die Balken repräsentieren Abschätzungen der Schichtdicke mittels Gl. (4.6) aus experimentellen Permeabilitätswerten bei zwei verschiedenen Durchflußwerten. Der Permeatfluß ist aus diesen Experimenten bekannt, aber der effektive Durchfluß muß abgeschätzt werden. Wenn bei einem Querstrom von 150 l/h die Schicht zu 100% durchflossen werden kann, dann läge die Schichtdicke bei 150 μm. Wenn nur 1% durchflossen werden kann, bräuchte die Schicht nur 15 μm dick sein, damit der beobachtete Durchfluß auftritt. Wenn die Unterschiede der Schichtdicke scherkraftabhängig sind, dann würden sie durch den Unterschied der Scherkraft (10 bzw. 15 Nm^{-2}) hervorgerufen werden. Diese Betrachtung illustriert die Bedeutung von weiteren Untersuchungen, die sich der Permeabilität von Biofilmen widmen.

Abbildungen 4.27 und 4.28 zeigen, wie die Flow-Porosität die Ausbeute beeinflußt. Wenn als Toleranzschwelle der Rückgang des produzierten Permeats auf 70% des Wertes mit reinem Wasser angenommen wird, zeigt Abb. 4.29, welcher Schichtdicke dieser Ausbeute entspricht. Wenn die Schicht vollständig permeabel ist, dann toleriert das System einen wesentlich dickeren Biofilm, bis die Toleranzschwelle erreicht ist, als wenn nur 50 oder 25% des Belages permeabel sind. Der spezifische Widerstand des Gels bei 10^5 Pa ist $1{,}3 \cdot 10^{13}$ m kg^{-1}, die vom Biofilm tolerierte Schubspannung ist 13 Nm^{-2}. Bei Agar sind 100% Porosität gegeben.

Abbildung 4.28 zeigt, wie wirksam eine zunehmende Querstrom-Geschwindigkeit für die Aufrechterhaltung der Permeatleistung ist. Mit zunehmendem Querstrom nimmt der Permeatfluß ebenfalls zu. Bei höheren Durchflußraten ist nämlich ein geringerer Querschnitt des Kanals erforderlich. Wenn die Toleranzschwelle bei 70% liegt, dann ist bei einer Flow-Permeabilität von 100% ein Querstrom von 180 l/h notwendig, um über dieser Toleranzschwelle zu bleiben. Wenn der Biofilm nur zu 25% durchlässig ist, dann braucht man einen Querstrom von mehr als 200 l/h. Die Schicht ist weniger permeabel, deshalb muß sie bei gleichbleibender Permeatleistung dünner sein.

Je nach Permeabilität des Biofilms kann also eine Dicke zwischen 10 und 50 μm toleriert werden, bis sich die Permeabilitätsverringerung als Biofouling bemerkbar macht. Die Permeabilität von Biofilmen kann allerdings durch geeignete Substanzen erhöht werden. Dies wird in Kapitel 5.3.2 vorgeschlagen und auf der Basis experimenteller Ergebnisse näher diskutiert.

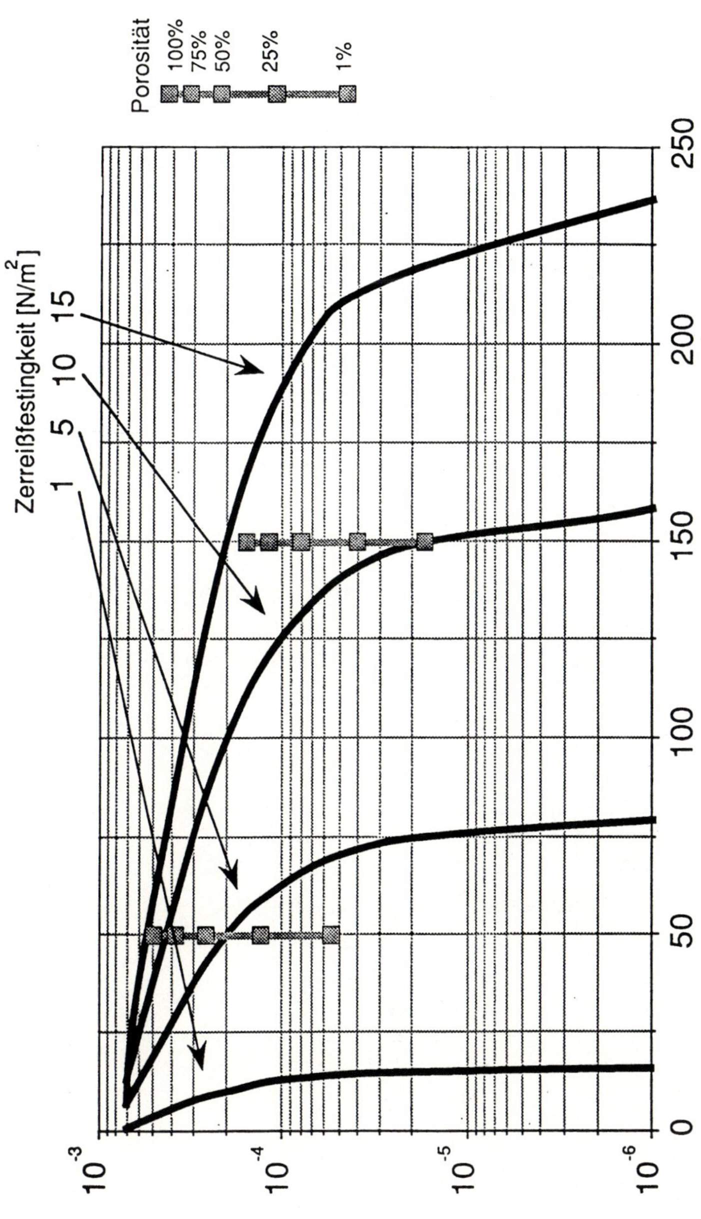

Abb. 4.26. Biofilm-Dicke als Funktion des volumetrischen Querstroms. Annahme: der effektive Modulquerschnitt ist h_o – Biofilm-Dicke. Die Dickenabschätzungen aus Matrix-Stabilität (Kurven) und Permeabilität (Balken) können verglichen werden [152]

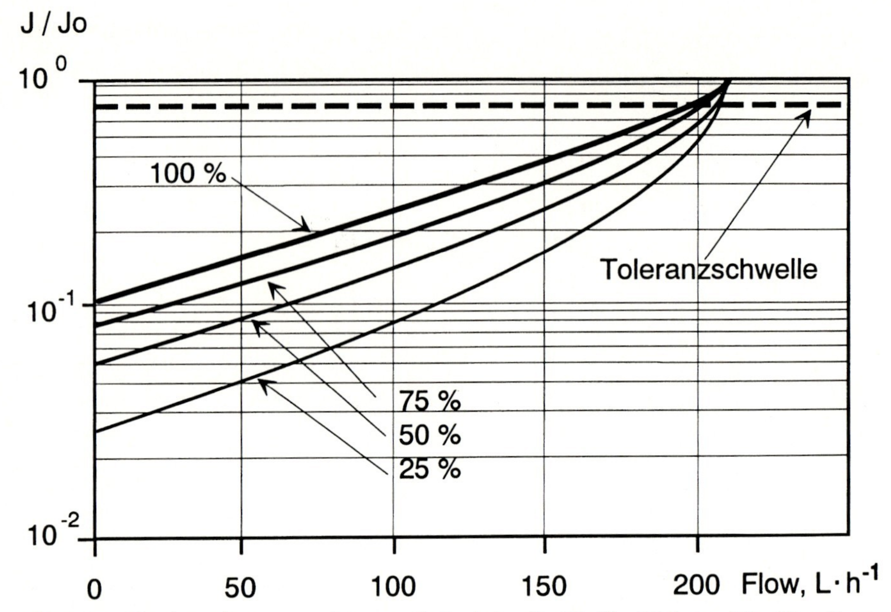

Abb. 4.27. Abnahme der Permeatleistung als Funktion der Biofilm-Dicke und der Flow-Porosität. Als unterschiedliche Flow-Porositäten wurden 25, 50 und 75% angenommen [152]

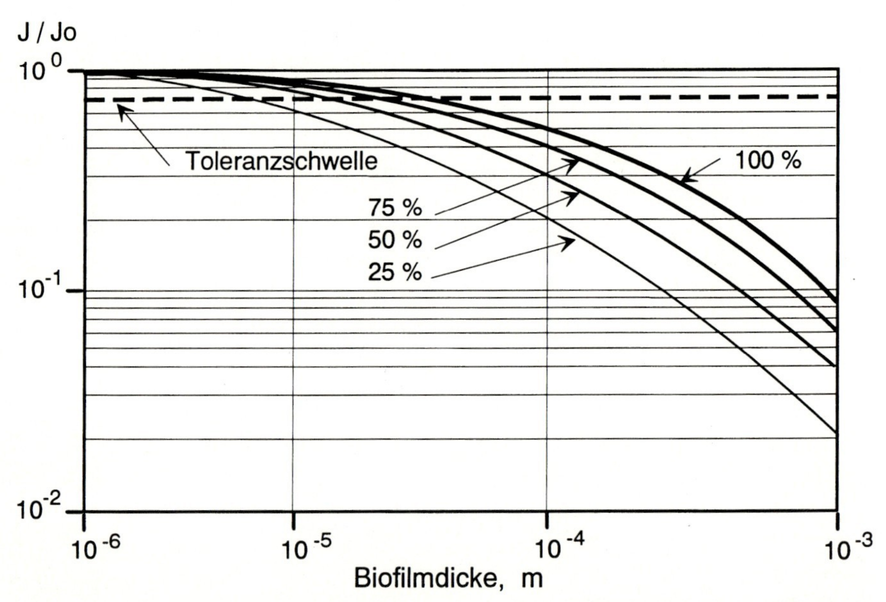

Abb. 4.28. Aus den Daten für die Biofilm-Dicke von Abb. 4.27 und den relativen Flüssen aus Abbildung 4.28 kann der relative Flux als Funktion des Querstroms abgeschätzt werden [152]

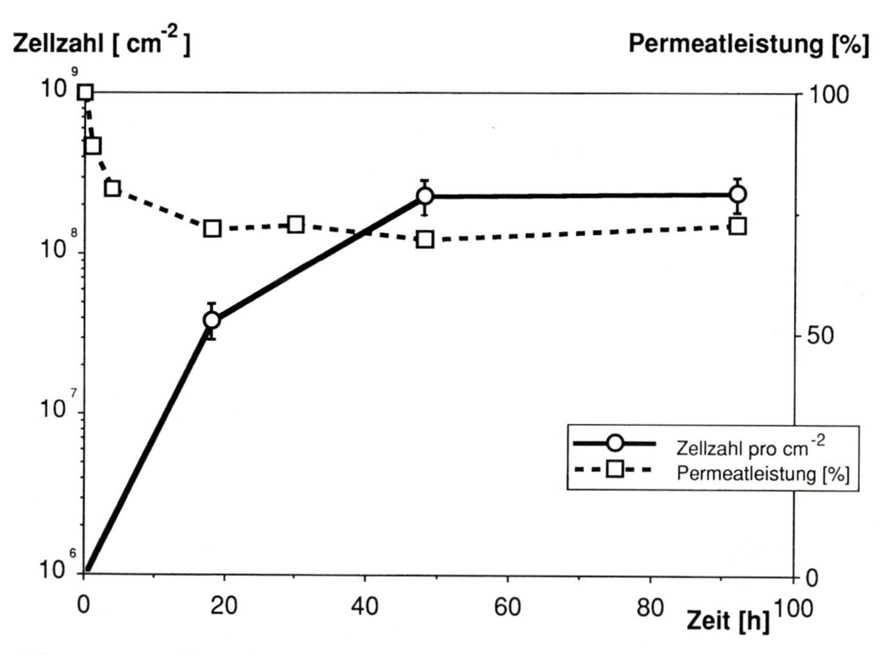

Abb. 4.29. Entwicklung des mikrobiellen Belages auf einer RO-Membran (Polyamid, FT 30) beim Betrieb mit Leitungswasser. Druck: $4 \cdot 10^6$ Pa; tangentialer Fluß über der Membran: 140 l h^{-1}; Wandschubspannung: 10 Nm^{-2} [86]

4.3 Biofilm-Bildung in einer RO-Testzelle

Wie bereits dargelegt, beginnt die Entwicklung von Biofilmen, lange bevor sie sich als Biofouling bemerkbar macht. Der Biofilm nimmt am Trennprozeß teil, denn jedes Wassermolekül, das auf der Permeatseite herauskommt, muß sowohl den Biofilm als auch die Membran passieren (s. Abb. 3.4). Insofern kann der Biofilm als Sekundärmembran betrachtet werden. Aufgrund seiner Struktur als Gel liegt es nahe, daß seine Permeationseigenschaften den Trennprozeß mit beeinflussen. Es ist nun interessant zu untersuchen, wann sich die Bildung von Biofilmen auf den Membranprozess auswirkt.

Abbildung 1.1 zeigt die generelle Entwicklung von Biofilmen. Sie beginnt mit der Anheftung von Mikroorganismen an eine Oberfläche (Primär-Biofilm). Nach einiger Zeit beginnen diese Zellen zu wachsen, wobei die Biofilm-Dicke zunimmt, bis sie durch äußere Einflüsse (Scherkräfte, Nährstoffmangel) begrenzt wird. Im vorliegenden Abschnitt geht es um den Beginn der Biofilm-Bildung in einer Umkehrosmose-Anlage [83]; dabei können viele Parameter, die auf molekularer Ebene die Anheftung beeinflussen, nicht gesondert erfaßt werden.

Testzelle

Die Arbeiten wurden in einer Testanlage durchgeführt, deren Kernstück eine Flachmembranzelle ist. Es handelte sich um eine kommerziell erhältliche Anlage mit der Bezeichung Mem-Cell, deren Konzeption auf eine Konstruktion von Prof. Rautenbach, TH Aachen, zurückgeht. Wichtige technische Daten der Anlage sind:

Maximaler Volumenstrom (Pumpenleistung)	3 L/min
Maximaler Betriebsdruck	$6 \cdot 10^6$ Pa
Maximale Temperatur	60 °C
Effektive Membranfläche	80 cm^2
Breite der Membran	40 mm
Länge der Membran	200 mm

Ein Permeatfluß von 0,1 Lh^{-1} entspricht 12,5 L $(m^2h)^{-1}$

Überströmgeschwindigkeit

40 L/h = $11{,}1 \cdot 10^{-6}$ m^3 s^{-1} [Wandschubspannung 2,99 Nm^{-2}]
150 L/h = $38{,}9 \cdot 10^{-6}$ m^3 s^{-1} [Wandschubspannung 10,48 Nm^{-2}]

Salzrückhaltung

Für die Versuche wurde deionisiertes Wasser verwendet, dem Natriumhydroxyethylendiphosphonat (HEDP) als Korrosionsinhibitor und zugleich als Indikator für die Salzrückhaltung zugesetzt wurde. Gemessen wurde die Leitfähigkeit des Permeats, welche die in Gl. (4.8) angegebene Abhängigkeit vom Salzgehalt zeigt.

$$c_f = 0{,}01 + 0{,}004\ LF_f \qquad (4.8)$$

wobei gilt:
c_f = Salzgehalt in mg/L
LF_f= Leitfähigkeit des Permeates in µS/cm

Die Rückhaltung R wird definiert als jener Anteil der gelösten Stoffe, die *nicht* die Membran passieren, im Verhältnis zu ihrer Konzentration im Rohwasser. Dies ist in der folgenden Beziehung wiedergegeben [195]:

$$R = \frac{c_f - c_p}{c_f} = 1 - \frac{c_p}{c_f} \qquad (4.9)$$

R = Rückhaltung
c_p = Konzentration der gelösten Substanzen im Permeat
c_f = Konzentration der gelösten Substanzen im Rohwasser

Eingesetzte Membranen

Um eine größtmögliche Nähe zu Praxisanlagen zu erreichen, wurde eine häufig eingesetzte RO-Membran, FT 30 BW (brackish water) verwendet. Ihre aktive Membranschicht besteht aus Polyamid.

Mikroorganismen

Eine Mischkultur war von einer irreversibel verblockten Membran gewonnen worden. Sie wurde in R2A-Medium [196] angezüchtet und wurde als Modell für eine Mikroorganismengemeinschaft, die sich an Membranen anheftet, eingesetzt.

Die Bestimmung der Zellzahl auf der Membranoberfläche und die Präparation für das Rasterelektronenmikroskop erfolgten wie bereits beschrieben [78].

Ultradünnschnitt-Technik zur Bestimmung der Biofilm-Schichtdicke

Die Dicke von Biofilmen auf Membranen kann mit der Kryoschnitt-Technik ermittelt werden. Es handelt sich um eine Methode der Histologie, die für die Herstellung und Betrachtung von vertikalen Dünnschnitten durch Membran und Biofilm benutzt wird. Die Dünnschnitte haben eine Dicke von 2–5 μm.

Die Membranprobe wird mit Glutaraldehyd (2,5%) fixiert und mitsamt dem aufliegenden Biofilm während des Einbettvorgangs schockgefroren. Das bei Raumtemperatur flüssige Einbettungsmedium (Fa.Jung, Katalog-Nr. 0201 08926) wurde zusammen mit der Membran auf Trockeneis gebracht. Bevor die Aushärtung vollständig erfolgt, wird durch kontinuierliche Zugabe des Einbettmediums ein Schnittblock angefertigt. Eine Schichtbildung des Mediums sollte vermieden werden, da in den Dünnschnitten sonst Risse auftreten. Der gefrorene Schnittblock kann sofort im Kryomikrotom geschnitten werden. Die Dünnschnitte wurden mit Objektträgern aufgenommen und mit Glycerin eingeschlossen. Im Interferenzkontrast wurde bei 1000facher Vergrößerung die Dicke des Biofilms über eine Skala im Okular an mindestens 20 Stellen gemessen [103a].

Betrieb der Versuchsanlage

Neue Membranen wurden zu Beginn des Versuchs 6 h mit filtrierter (0,45 μm) Hydroxyethandiphosphonat-Lösung (100 mg L^{-1}) eingefahren, bis die Parameter (Permeatfluß, pH-Wert und Leitfähigkeit des Permeats) konstant waren. Die Leitfähigkeit und der Permeatfluß ändern sich in der Einfahrphase durch das Quellen der Membran und die gleichzeitige Kompaktierung durch den Anlagendruck. Nach der Einfahrphase wurde ein Aliquot einer konzentrierten Zellsuspension zugegeben, um die gewünschte Zelldichte im Rohwasser zu erreichen. Vor Beendigung des Versuchs wurde die Anlage auf Atmosphärendruck gebracht und die Zellsuspension kontinuierlich durch Leitungswasser ersetzt. Die Membran wurde ca. 10 Minuten im Durchfluß gespült.

4.3.1 Versuche mit Trinkwasser als Rohwasser

Nach ein, zwei bzw. drei Tagen Betrieb der Testzelle mit Leitungswasser (Trinkwasser der Bodensee-Wasserversorgung) wurde die Membran jeweils entfernt und die flächenbezogene Zellzahl mit der Epifluoreszenzmethode ermittelt. Parallel dazu wurde die Permeatleistung bestimmt. Die Werte sind in Abb. 4.29 dargestellt.

Abbildung 4.30 zeigt die rasterelektronenmikroskopische Aufnahme der fabrikneuen, unbenutzten Membran. Interessant ist, wie rauh die FT 30-Membran im Mikromaßstab ist. Dies wird in der Vergrößerung noch stärker illustriert (Abb. 4.31).

Die mikrobielle Belegung nach einem Tag zeigt Abb. 4.32 und die Belegung nach 3 Tagen Abb. 4.33.

Die Belegung der Membranfläche mit Bakterien aus der Leitungswasser-Flora erfolgt rasch und gelangt zu einem primären Plateau bei ca. $2-4 \cdot 10^8$ Zellen/cm^2. Die Permeatleistung nimmt im gleichen Zeitraum ab und erreicht ebenfalls ein Plateau. Der steile Abfall der Permeationsleistung ist in der Praxis bekannt und wird in den „Fouling-Faktor" bei der Auslegung einer Anlage einbezogen. Als mögliche Ursache dafür wird die Kompaktion der Membran durch den Aufbau des Druckes beim Betrieb angesehen.

Die Ergebnisse legen nahe, daß die Entstehung des primären Biofilms, wie in Abb. 4.34 gezeigt wird, zu diesem Druckabfall beiträgt.

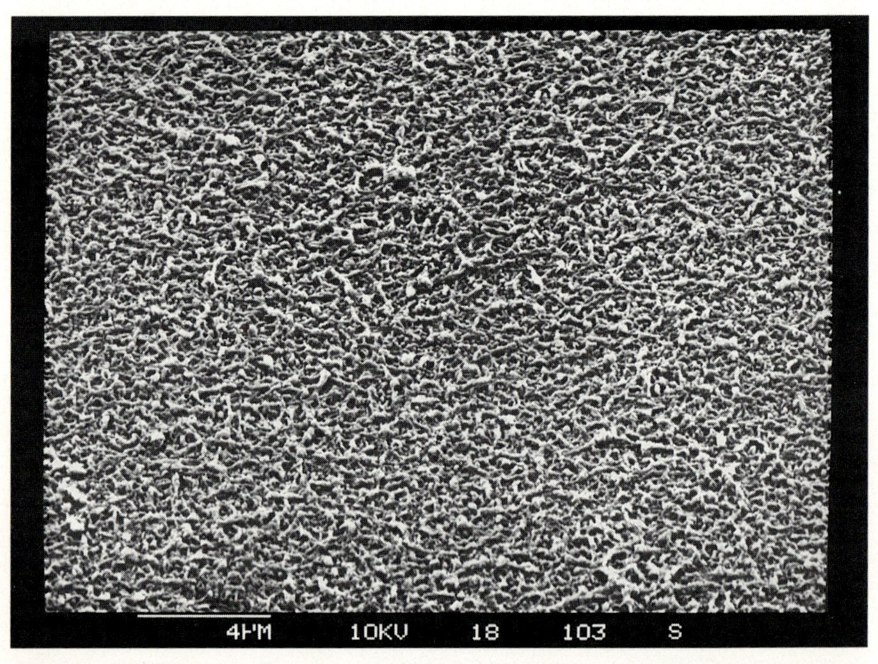

Abb. 4.30. Fabrikfrische, unbenutzte RO-Membran aus Polyamid (FT 30); Strich: 4 µm

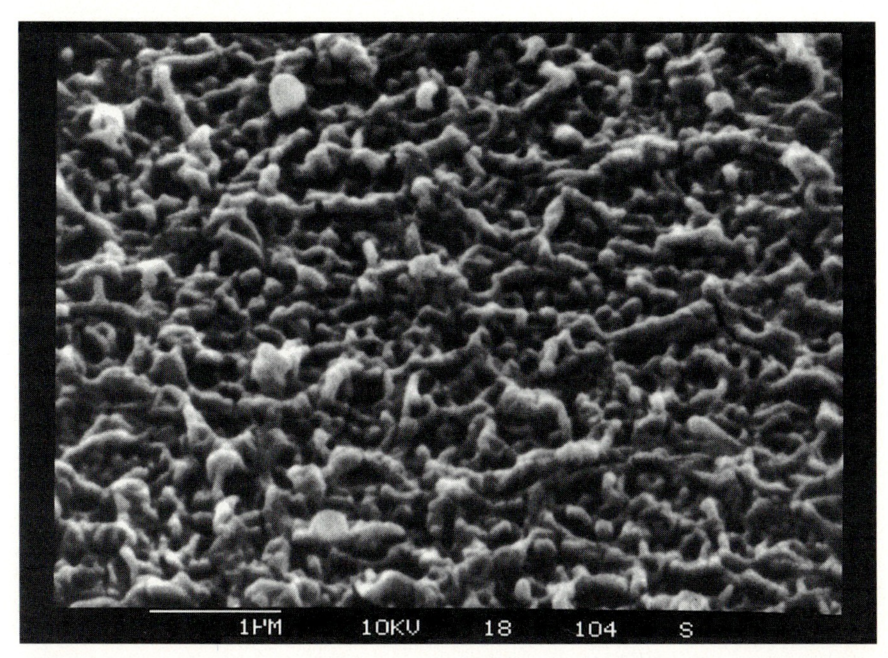

Abb. 4.31. Vergrößerung von Abb. 4.30; man beachte die Rauhigkeit der Membran. Die Dimension der Rauhigkeit liegt jedoch unter der von Mikroorganismen; Strich: 1 μm

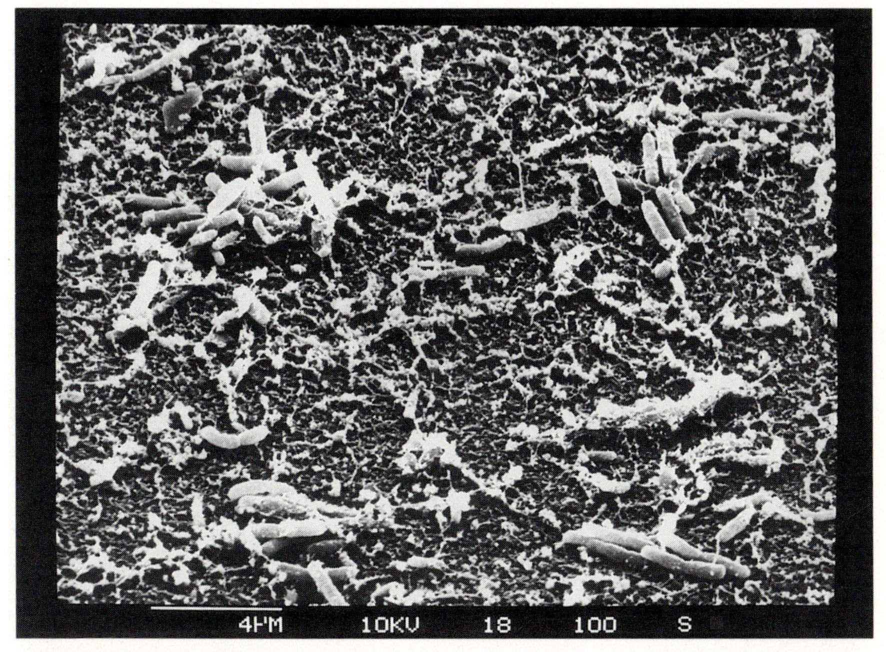

Abb. 4.32. Gleiche Membran wie Abb. 4.31, nach 1 Tag Betrieb mit sauberem Leitungswasser; beachte anderen Maßstab als Abb. 4.31! Strich: 4 μm

Abb. 4.33. Gleiche Membran wie Abb. 4.31, nach 3 Tagen Betrieb mit sauberem Leitungswasser (Bodensee-Wasserversorgung); Strich: 4 µm

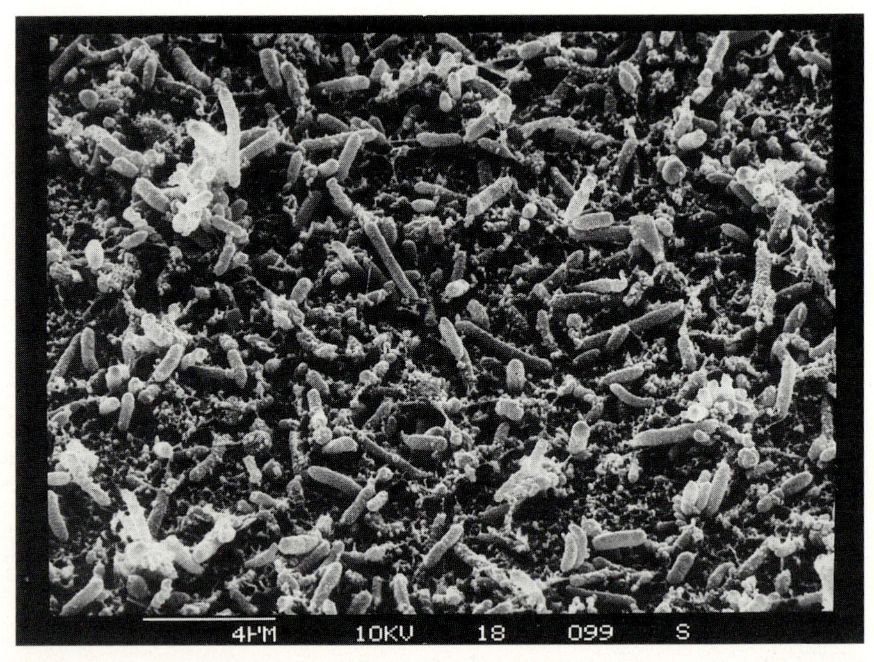

Abb. 4.34. Gleiche Membran wie Abb. 4.31, nach 4 h Stoßbelastung durch $5 \cdot 10^8$ Zellen/ml von *P. diminuta*; Strich: 4 µm

Es dürfte ohne weiteres zulässig sein, dieses Ergebnis auf technische Anlagen zu übertragen. Auch sie werden mit unsterilem Rohwasser betrieben, und die Daten lassen keinerlei Hinweis zu, daß bei größeren Membranflächen und anderen Flow-Bedingungen keine mikrobielle Anheftung mehr stattfinden sollte.

Das würde bedeuten, daß praktisch in jeder Anlage bereits beim Anfahren ein Biofilm entsteht. Er nimmt sogleich am Trennprozeß teil, denn diese Schicht muß beim Stofftransport zur Membran durchquert werden.

Der Bedeckungsgrad durch den Biofilm kann aufgrund der elektronenmikroskopischen Bilder nur grob abgeschätzt werden. Zudem ist aufgrund der Trocknung bei der Präparation die tatsächliche Ausdehnung der EPS-Matrix nicht zu erkennen; im nativen Zustand ist sie stark wasserhaltig. Ein Bedeckungsgrad von ca. 30%, nach spätestens drei Tagen von 100% durch den Biofilm scheint als Annahme gerechtfertigt. Die Frage ist dann, wie die Permeationseigenschaften dieses Biofilms, der als Sekundärmembran wirkt, den Trennprozeß beeinflussen [84, 152]. Diese Frage ist in der Literatur zu Theorie und Praxis der Umkehrosmose bislang noch nicht gestellt worden. Ensprechende Untersuchungen sind derzeit im Gang.

Um zu erkennen, ob eine stoßweise Zunahme der Zellzahl im Wasser sich auf die Permeatleistung auswirkt, wurde in der Versuchsanlage eine solche Belastung simuliert. Sie entspricht einer realen Situation, wenn es z.B. durch Kontamination durch einen stark keimhaltigen Wasserschwall oder durch

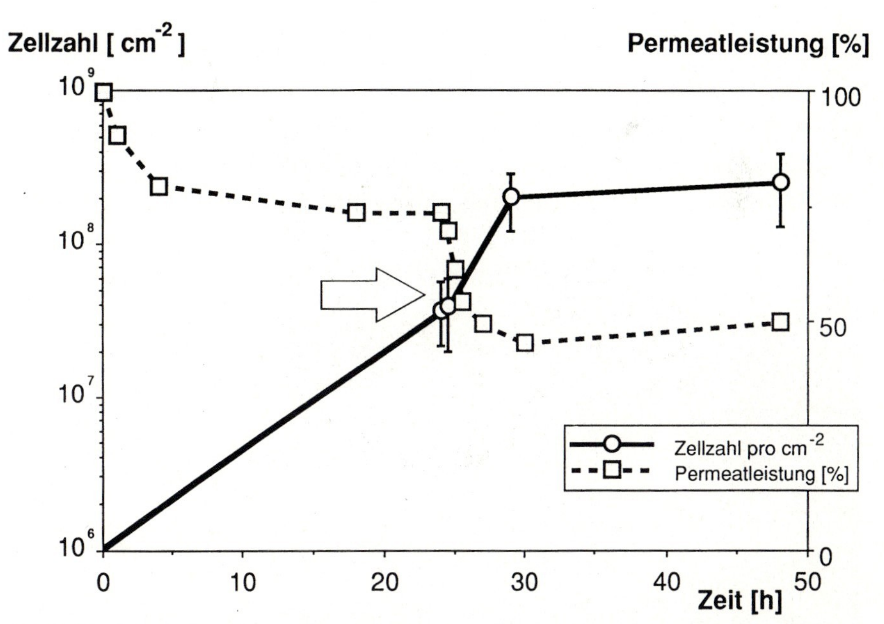

Abb. 4.35. Verlauf der mikrobiellen Belegung einer RO-Membran (Polyamid, FT 30) in einer Flachkanal-Versuchszelle bei Belastung des Rohwassers mit *P. diminuta* in einer Konzentration von $5 \cdot 10^8$ Zellen/ml (Pfeil), sowie Verlauf der Permeationsleistung in diesem Experiment [152]

Ablösen von Biofilm-Fetzen aus vorgeschalteten Bereichen einer Anlage zu einer kurzzeitig hohen Keimbelastung der Membran kommt. Im Experiment wurde der Keimstoß durch die Erhöhung der Zellzahl im Rohwasser auf $5 \cdot 10^8$ Zellen/ml simuliert. Als Testkeim wurde *P. diminuta* verwendet. Abb. 4.34 zeigt eine rasterelektronenmikroskopische Aufnahme der Membran nach diesem Keimstoß.

Abbildung 4.35 gibt den Verlauf der mikrobiellen Belegung und der Permeatleistung wieder [152].

Die Permeatleistung reagiert auf die mikrobielle Stoßbelastung und spielt sich auf einem neuen Plateau ein. Eindeutig läßt sich die Auswirkung der stärkeren mikrobiellen Belegung der Oberfläche auf die Produktionsrate des Permeats erkennen. Die Besiedlung der Membran mit Mikroorganismen spielt sich ebenfalls auf einem neuen Niveau ein, das in der Versuchszeit nicht mehr überschritten wird. Die Belegung in dieser Situation ist flächendeckend und mehrlagig.

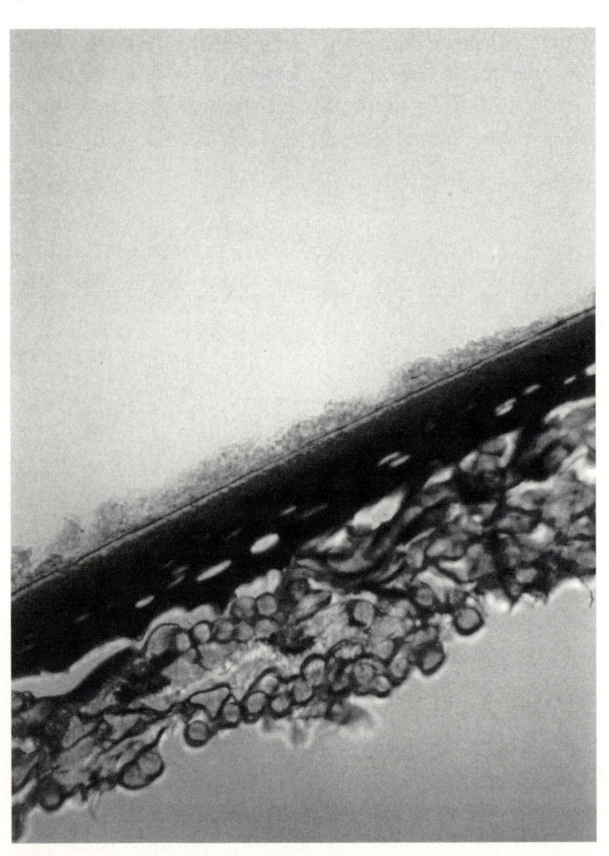

Abb. 4.36. Vertikaler Dünnschnitt durch eine Polyamid-Membran (FT 30) nach 7 Tagen Betrieb mit aufbereitetem Oberflächenwasser. Oben: Biofilm (ca. 25 μm Dicke), unten Stützschicht der Membran (Vergrößerung 800fach)

Biofilm-Dicke

Abbildung 4.36 zeigt eine lichtmikroskopische Aufnahme von Dünnschnitten. Als Probe diente eine Umkehrosmose-Membran (FT 30 BW) aus einer Testanlage (MemCell), die mit aufbereitetem Oberflächenwasser sieben Tage betrieben wurde. Auf der Polyamidmembran ist ein braungefärbter Belag, der Biofilm, sichtbar. Die Biofilmoberfläche zeigt, wie in lasermikroskopischen Aufnahmen dokumentiert, große Unregelmäßigkeiten mit tiefen Einbuchtungen. Mit der Kryoschnitt-Technik wurde eine mittlere Biofilmdicke von $24 \pm 7{,}4\,\mu m$ ermittelt.

Salzrückhaltung

Zu den Leistungsparametern einer Membrananlage gehört neben der Permeatausbeute auch die Trennleistung, d.h. das Rückhaltevermögen für gelöste Stoffe. In der Regel wird dies in prozentualer Konzentration im Vergleich zum Rohwasser angegeben [195]. Die eingesetzte Membran ist für Salze und niedermolekulare Substanzen durch hohe Rückhalteraten charakterisiert.

Im Zusammenhang mit Biofouling stellt sich die Frage, inwieweit ein Biofilm auf der Membranoberfläche die Salzrückhaltung verschlechtert. In der Praxis ist ein solcher Effekt bekannt [210], wobei die Messungen sich allerdings auf eine längere Betriebsdauer erstrecken. Abiotische Einflüsse machen sich in dieser Zeit schon wesentlich stärker bemerkbar. Die Reaktion des Systems erfolgt dabei aber auf die Summe der Foulingeffekte. In den vorliegenden Versuchen sollte geprüft werden, ob die Salzrückhaltung auch schon durch beginnendes *Biofouling* beeinträchtigt wird.

In Tabelle 4.7 sind die gemessene Leitfähigkeit des Permeats und der daraus errechnete Salzgehalt sowie die Salzrückhaltung bei verschiedenen Wandschubspannungen (3 und 10 N/m^2) zusammengestellt. Die Umrechnung erfolgte nach Gl. (4.1) und die Bestimmung der Salzrückhaltung nach Gl. (4.2).

$$R = \left(1 - \frac{c_f}{c_o}\right) 100\,\% \tag{4.2}$$

Wenn man berücksichtigt, daß innerhalb der Versuchszeit eine Belegung der Membranoberfläche auf bis zu über 10^8 Zellen/cm^2 erfolgt, dann ist der Effekt dieses Belages auf die Salzrückhaltung und auf den Salzgehalt des Permeats nicht als signifikant einzustufen (s. Tab. 4.7). Für den Betrieb in der Praxis wäre keine Beeinträchtigung gegeben. Bei den Experimenten wurde die extreme Abhängigkeit der Leitfähigkeit von der Temperatur berücksichtigt.

Dagegen zeigt der eigentlich gemessene Wert, nämlich die Leitfähigkeit des Permeats, besser wahrnehmbare Unterschiede. Das Experiment wurde bei $4 \cdot 10^6$ Pa durchgeführt. Auch hier zeigt sich nach Umrechnung, daß die Salzrückhaltung diese Änderung nicht wiedergeben würde. Wie in Tabelle 4.8 aufgeführt, ist auch dann der Unterschied in der Salzrückhaltung minimal.

Die Leitfähigkeit ist diejenige Meßgröße, welche empfindlich genug ist, geringe Veränderungen durch Biofilmbildung in der Permeatqualität zu regi-

Tabelle 4.7. Leitfähigkeit, Salzgehalt und Salzrückhaltung einer FT 30 BW Membran bei $2 \cdot 10^6$ Pa Betriebsdruck, Belastung des Rohwassers mit $5 \cdot 10^8$ Zellen mL^{-1} und Scherkräften von 3 Nm^{-2} und 10 Nm^{-2} [83]

Versuchszeit	Leitfähigkeit μS/cm		Salzgehalt mg/L		Rückhaltung %	
	3 Nm^{-2}	10 Nm^{-2}	3 Nm^{-2}	10 Nm^{-2}	3 Nm^{-2}	10 Nm^{-2}
2 Stunden	2,8	2,85	0,02	0,02	99,98	99,98
4 Stunden	2,9	2,85	0,02	0,02	99,98	99,98
1 Tag	3,9	2,90	0,03	0,02	99,97	99,98
4 Tage	3,9	3,70	0,03	0,02	99,97	99,98

Tabelle 4.8. Zusammensetzung eines näher untersuchten Sickerwassers einer Hausmülldeponie. pH-Wert: 8,0; Leitfähigkeit: 5,53 mS cm^{-1} (25 °C)

Verbindung	Konzentration $mg \cdot L^{-1}$
BSB_5	239
CSB	686
(abbaubarer Anteil 22%)	
DOC	1000
O_2	0,1
P_{ges}	4
$N_{NH_4^+}$	493
Cl^-	614
SO_4^{2-}	50
N_{Nitrat}	<1
N_{Nitrit}	<0,25
S^{2-}	0,63

strieren. Erst durch die Umrechnung auf das Salzrückhaltevermögen gehen die Unterschiede „verloren", die durch das beginnende Biofouling hervorgerufen werden.

4.3.2 Versuche mit hochbelasteten Wässern

Bei der Behandlung von Rohwässern mit höheren Konzentrationen an Inhaltsstoffen aller Art, wie es z.B. bei der Reinigung von Abwasser oder Sickerwasser der Fall ist, bildet Fouling natürlich ein wichtiges Problem. Dies haben die Arbeiten von Ridgway [209, 210] anläßlich des Biofouling bei der Reinigung von Abwasser gezeigt. Wie groß der Anteil des Biofouling am Gesamt-Fouling ist, läßt sich jedoch nur schwer abschätzen. Im Gegensatz zu Trink- und Reinwasser liegen neben Mikroorganismen sehr erhebliche Konzentrationen anderer Inhaltsstoffe vor. Das bedeutet, daß die wäßrige Matrix, aus der heraus die Keime sich auf der Membran anlagern, sich grundsätzlich von Reinwasser unterscheidet. Die entstehenden Beläge enthalten daher auch einen wesentlich größeren Anteil an abiotischem Material. Welchen Einfluß dies auf das Biofouling hat, ist bislang noch völlig ungeklärt. Eine Erfahrung der Praxis ist es, daß sich schnell Beläge bilden. Deshalb sind Anlagen und verfahrenstechnische Konzepte in solchen Fällen meistens stärker auf die Notwendigkeit häufiger Reinigungen eingerichtet.

Bei der Behandlung von Sickerwasser wird das Rohwasser häufig direkt und ohne spezielle Vorbehandlung auf die Umkehrosmose geleitet. Man nimmt dabei von vornherein einen gewissen Verlust an Kapazität durch Fouling in Kauf. Dies wird, wie weiter vorn dargestellt, mit dem „Fouling-Faktor" berücksichtigt. Damit wird charakterisiert, daß die Leistung einer Anlage sich nicht kontinuierlich verschlechtert, sondern ein Plateau erreicht, das sich irgendwo unterhalb der optimalen Leistung einspielt [74]. Bei der Sickerwasser-Behandlung wird ein Fouling-Faktor von 40% hingenommen und die Anlage entsprechend ausgelegt (Nagel, pers. Mitt.). Dieser Faktor ist das Ergebnis der summierten Wirkung aller verschiedenen Fouling-Arten. Für die vorliegende Arbeit stellte sich nun die Frage: Wie verläuft die Entwicklung des Belages im Vergleich zu den Betriebsparametern, und welchen Beitrag zum Gesamt-Fouling liefert das Biofouling?

Diese Fragen wurden experimentell untersucht [73]. Die Versuche wurden ebenfalls mit der schon beschriebenen Labor-Anlage durchgeführt.

Sickerwasser

Es wurde Sickerwasser von einer Hausmülledeponie verwendet. Dieses hatte die in Tabelle 4.8 wiedergegebene Zusammensetzung.

Für das Biofouling ist die Belastung des Rohwassers mit Mikroorganismen von großer Bedeutung (s. Abb. 4.23). Eine mikrobiologische Analyse des Sickerwassers ergab, daß zu Beginn der Versuche die Gesamtzellzahl bei $1 \cdot 10^9 mL^{-1}$ lag, wobei die Koloniezahl nur Werte von $2 \cdot 10^6$ mL^{-1} erreichte. Sobald das Sickerwasser verdünnt wurde, stieg die Koloniezahl an, ohne daß die Gesamtzellzahl entsprechende Werte zeigte d.h., ein größerer Anteil der Gesamtpopulation war vermehrungsfähig. Dies war ein Hinweis darauf, daß in dem untersuchten Sickerwasser Hemmstoffe enthalten sind, deren Wirkung durch die Verdünnung verringert wurde. Weitere Untersuchungen über die Eigenschaften des Sickerwassers in mikrobiologischer Hinsicht konnten nicht durchgeführt werden.

Es ist aber anzunehmen, daß sich die Konzentration von Hemmstoffen in einem Sickerwasser stark ändern kann. Damit ändert sich dann auch die Lebensfähigkeit der Mikroflora. Dies dürfte sich auf das Biofouling-Verhalten auswirken.

Betrieb der Versuchsanlage

Die Membrananlage wurde in gleicher Weise betrieben wie auf S. 82 beschrieben.

4.3.2.1 Einfluß des Spacers bei der Membranbehandlung von Sickerwasser

Zunächst sollte die Entwicklung des Belages über die Zeit beobachtet werden, um ein Bild über die Geschwindigkeit zu bekommen, mit der sich ein Belag auf der Membranoberfläche bildet. Dazu wurde die Auswirkung dieses Belages auf die Betriebsparameter herangezogen, zusätzlich jedoch wurde nach der Versuchszeit die Oberfläche der Membran untersucht.

Bei der Behandlung von Sickerwasser werden häufig in der ersten Stufe Tubularmodule eingesetzt, die ohne Spacer gefahren werden (Nagel, pers. Mitt.). Das bedeutet, daß der Rohwasserstrom ohne zusätzliche Verwirbelung tangential über die Membran läuft. Wir simulierten diese Situation – allerdings unter hydrodynamisch etwas anderen Bedingungen, weil bei der Flachbettzelle die Wandrundung fehlt –, indem wir die Zelle ohne Einlegen eines Spacers mit dem zuvor beschriebenen Sickerwasser beaufschlagten.

Zum Vergleich wurde die Anlage auch mit Spacer gefahren, um selektiv die Auswirkung dieses zusätzlichen hydrodynamischen Faktors auf die Belagsbildung zu erkennen.

Abbildung 4.37 und 4.38 zeigen die Entwicklung von Flux und Leitfähigkeit beim Versuch mit und ohne Einsatz des Spacers.

Die Ergebnisse demonstrieren, wie stark die Leistung der Anlage bei Belastung mit Sickerwasser absinkt. Der Flux sinkt auf weniger als 10% des Ausgangswertes ab. Wenn ein Spacer eingelegt wird, dann ergibt sich eine signifikante Erhöhung der Leistungsfähigkeit, und die Abnahme des Flux beträgt nur mehr ungefähr 20% und bleibt dort auf einem Plateau. Eine analoge Entwicklung ist für die Leitfähigkeit des Permeats und damit für das Rückhaltevermögen der Salze aus dem Rohwasser erkennbar.

Abbildung 4.39 zeigt die Oberfläche der FT 30-Membran nach 1 Tag Betrieb mit dem Sickerwasser.

Abbildung 4.40 zeigt die Anzahl der Mikroorganismen (Gesamt- und Lebendzellzahl) im Wasser und die Gesamtzellzahl auf der Membran nach 1 bzw. 4 Tagen.

Demgegenüber befinden sich auf der Membran, die mit Spacer gefahren wurde, nicht sehr viel weniger Zellen pro Flächeneinheit als auf der Membran ohne Spacer. Allerdings läßt sich schon makroskopisch erkennen, daß auf der Membran der Belag, in dem die Mikroorganismen ja nur einen Anteil stellen (s. Abb. 4.41), ungleichmäßig verteilt ist. Die Verteilung folgt dem Muster des Spacers. Seine hydrodynamische Wirkung führt dazu, daß freie Stellen auf der Membran entstehen, und dadurch die Leistungsfähigkeit auf einem bestimmten Plateau erhalten bleibt. An anderen Stellen ist der Belag dann angehäuft und dürfte dort die Membran völlig blockieren. Abbildung 4.42 und 4.43 zeigen den Belag an Stellen, wo er akkumuliert wurde.

Wenn der Versuch über die Dauer von vier Tagen fortgeführt wird, dann bleibt das Plateau im wesentlichen erhalten, und die Zellzahlen pro Flächeneinheit auf der Membran nehmen nicht mehr weiter zu (Abb. 4.44).

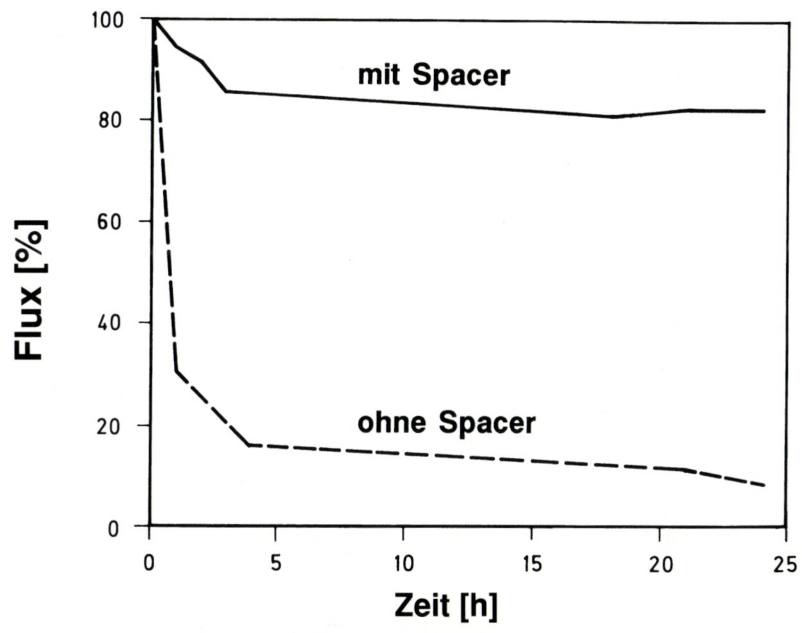

Abb. 4.37. Entwicklung des Flux innerhalb von 24 h Versuchszeit

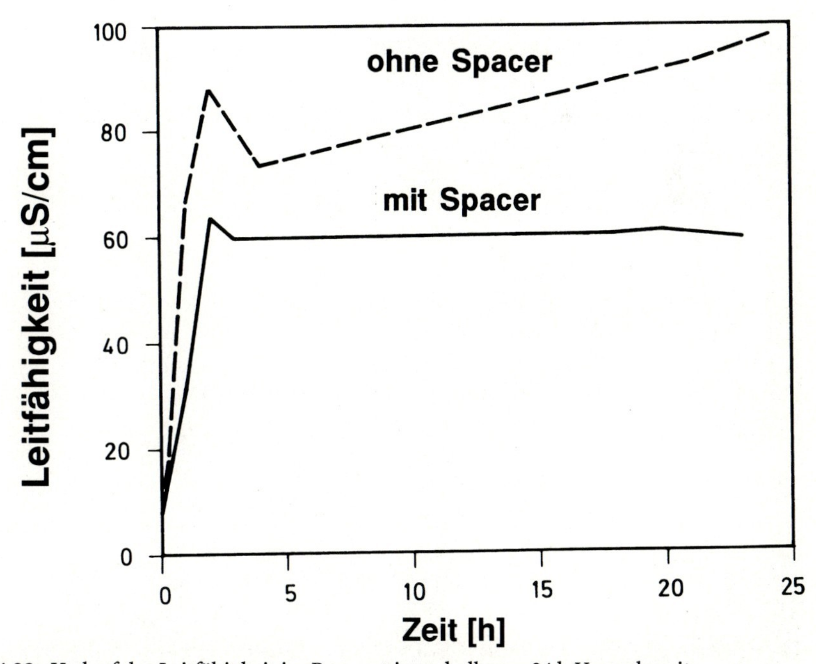

Abb. 4.38. Verlauf der Leitfähigkeit im Permeat innerhalb von 24 h Versuchszeit

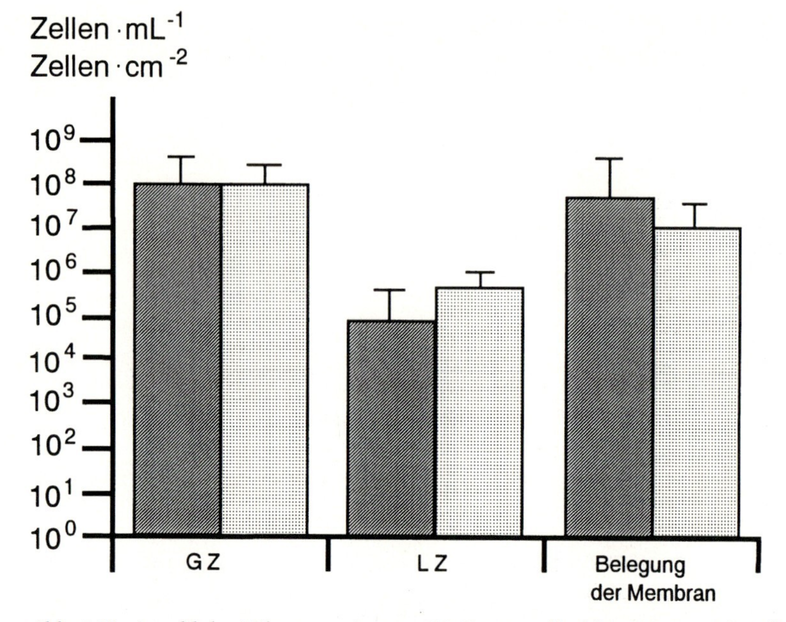

Abb. 4.39. Anzahl der Mikroorganismen; GZ: Gesamtzellzahl im Wasser, LZ: Lebendzellzahl im Wasser, M: Gesamtzellzahl pro cm^2 Membranfläche nach Versuchsende; dunkel: mit Spacer; hell: ohne Spacer

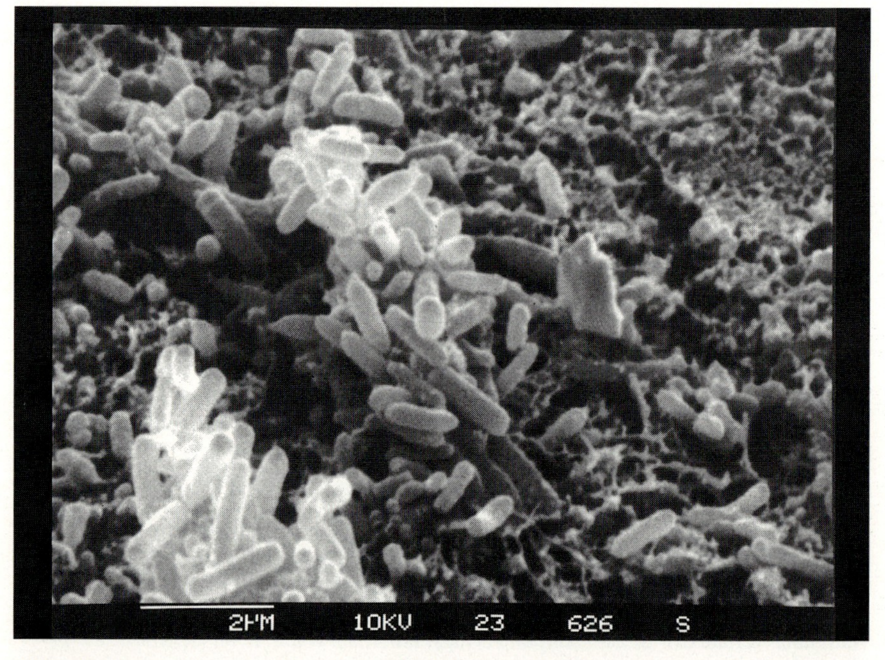

Abb. 4.40. Rasterelektronenmikroskopische Aufnahme des Belages auf einer FT 30-Membran nach 1 Tag Betrieb mit Sickerwasser (ohne Spacer); Strich: 2 μm

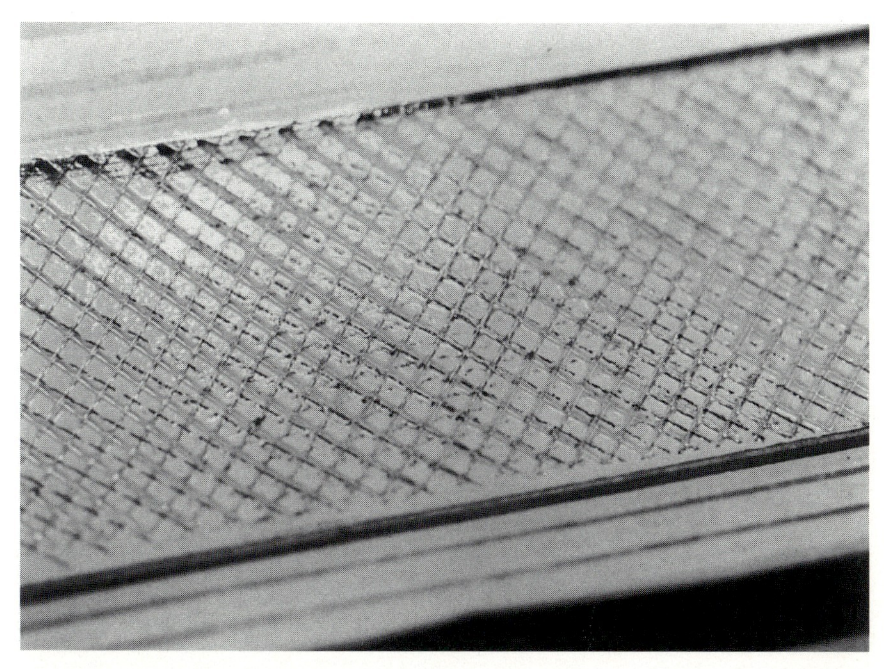

Abb. 4.41. Makroskopische Ansicht der Membranoberfläche nach Entfernen des Spacers. Man erkennt das Spacer-Muster in der Verteilung des Belages

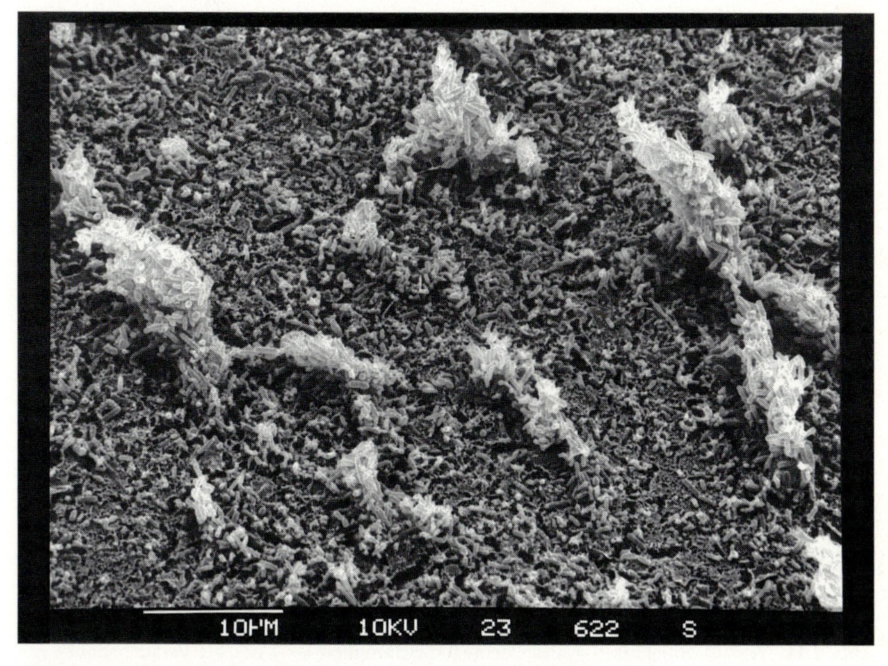

Abb. 4.42. REM-Aufnahme des akkumulierten Belages; Strich: 10 µm

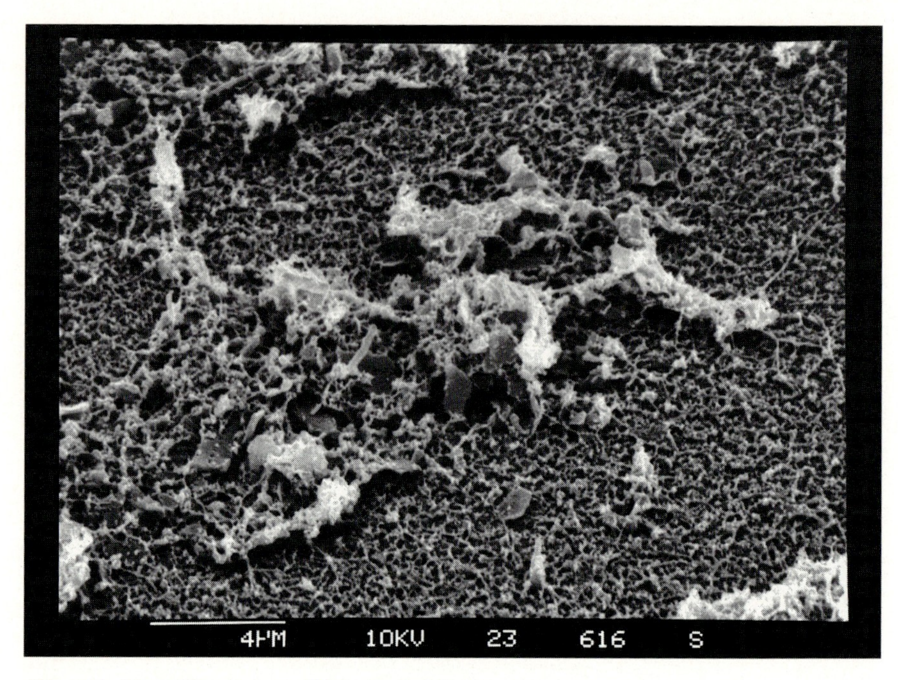

Abb. 4.43. Vergrößerung von Abb. 4.42; Strich: 4 μm

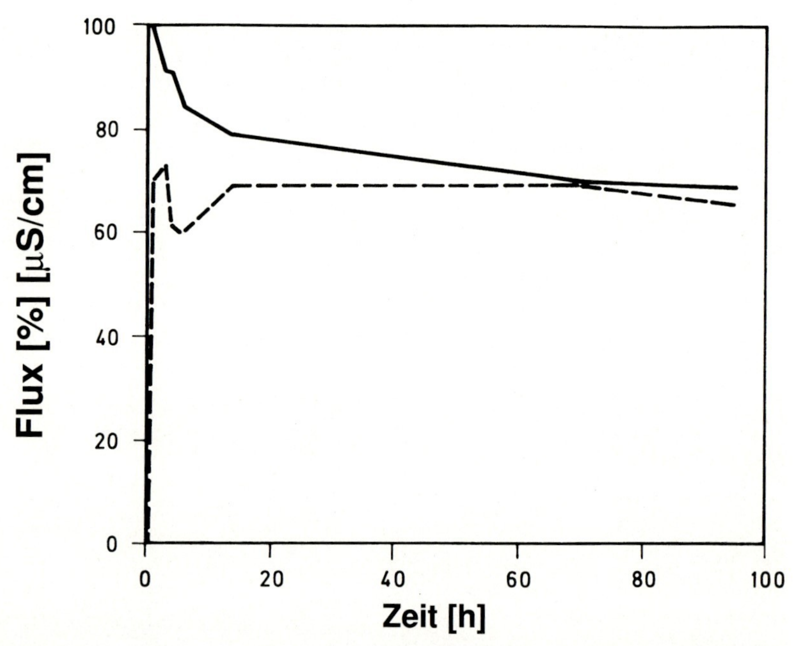

Abb. 4.44. Verlauf von Flux (–) und Permeat-Leitfähigkeit (---) bei 4 d Versuchsdauer mit Spacer

4.3.2.2 Beitrag des Biofouling zum Gesamtfouling

Die Daten für die Betriebsparameter und die Bilder des Belages auf der Membran spiegeln den kumulativen Effekt aller Fouling-Arten wider. Welchen Anteil hat daran nun das Biofouling? Über die Prozeßdaten ist diese Frage nicht zu klären, weil sie auf alle Fouling-Arten gleich reagieren. Eine Analyse des Belages könnte Aufschluß bringen, aber sie stellt sich bei näherer Betrachtung als sehr aufwendig dar: Was vorliegt, ist ein höchst komplexes Gemisch abgelagerter Stoffe, deren biotischer Anteil nur schwer und mit hohem analytischen Aufwand abzuschätzen ist.

Eine Möglichkeit, den Anteil des Biofouling am Gesamtfouling zu erkennen, ist die Entfernung der Mikroorganismen aus dem Rohwasser, so daß der entstehende Belag nur noch von anderen Fouling-Bildnern verursacht wird. Unser Ansatz sah daher vor, die Anzahl der Mikroorganismen im Rohwasser selektiv zu verändern, um dann einen eventuellen Einfluß auf die Parameter erkennen zu können. Problematisch bei diesem Ansatz ist, daß man dabei möglicherweise auch andere Fouling-Verursacher abtrennt – z.B. partikuläre Stoffe – und dann nicht zu einer eindeutigen Aussage kommt. Im vorliegenden Falle handelte es sich allerdings um vorfiltriertes Sickerwasser, das nur noch einen sehr geringen Anteil partikulärer Stoffe enthielt.

Zunächst versuchten wir, durch Feinstfiltration (0,2 μm Porenweite) die Mikroorganismen abzutrennen. Dies führte jedoch nur zu einer etwa 50%igen Verringerung der Zellzahl im Wasser. Das lag daran, daß die Mikroorganismen sich im Sickerwasser in einer Hungerphase befinden und ein Hemmstoff zugegen war [73]. Auf solche Situationen reagieren sie mit einer Volumenverkleinerung (s. Abb. 3.15, [164]), und es entstehen „Ultramikrobakterien“, die auch solche Filter ohne weiteres passieren. Auf dieser Tatsache beruhen vermutlich viele Schwierigkeiten bei der „Sterilfiltration“.

Daher sollten die Mikroorganismen durch Zentrifugation abgetrennt werden. Dabei wurde eine Abreicherung der Zellzahl um etwa eine Größenordnung erzielt. Dieses Wasser wurde für die Versuche mit verringertem Biofouling-Potential benutzt. Im Vergleich dazu wurde Sickerwasser verwendet, dem Nährstoffe zugesetzt worden waren, um die Zellzahl im Wasser und damit das Biofouling-Potential zu erhöhen.

Die Versuche wurden jeweils vier Tage lang durchgeführt, wobei in beiden Fällen ein Spacer verwendet wurde. Abb. 4.45 zeigt die Zellzahlen im Wasser und auf den Membranen [73].

Bei Einsatz von mikrobiell angereichertem Sickerwasser ist eine geringe Zunahme der Zellzahl pro Flächeneinheit auf der Membran zu erkennen. Sie ist aber nicht signifikant und entspricht auch nicht der deutlich höheren Zellzahl im Rohwasser. Dies ist bei Versuchen, in denen Mikroorganismen praktisch die einzigen Fouling-Verursacher sind, anders [83]. Offensichtlich beeinflußt die Zusammensetzung des Rohwassers die mikrobielle Ablagerung recht deutlich. Nach den Ergebnissen aus unseren

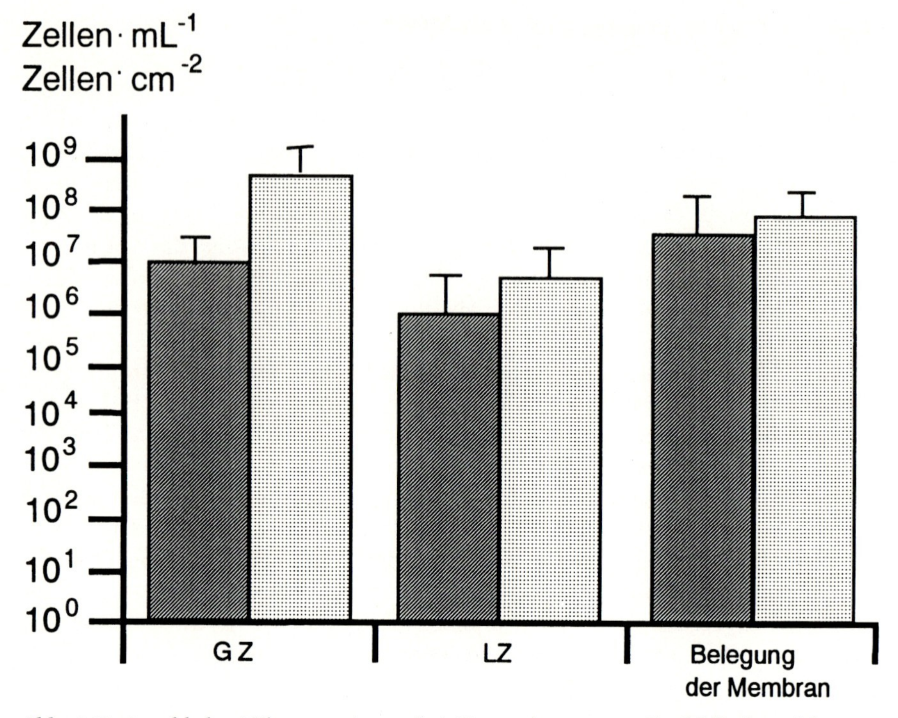

Abb. 4.45. Anzahl der Mikroorganismen bei Verwendung von mikrobiell abgereichertem (dunkel) und angereichertem (hell) Sickerwasser nach einer Kontaktzeit von 4 Tagen; GZ: Gesamtzellzahl im Wasser, LZ: Lebendzellzahl im Wasser, M: Gesamtzellzahl pro cm^2 Membranfläche nach Versuchsende

Versuchen zu Biofouling bei der Membranbehandlung von Trinkwasser hätten wir hier eine weit höhere Deposition von Mikroorganismen erwartet.

Ähnlich verhält es sich auch mit den Betriebsparametern. Abbildung 4.46 und 4.47 zeigen den Verlauf von Flux und Permeat-Leitfähigkeit mit mikrobiell ab- und angereichertem Sickerwasser.

Die Entwicklung war genau entgegengesetzt zur Erwartung. Wir können nicht erklären, warum die Betriebsdaten bei Anreicherung mit Mikroorganismen besser sind als bei Abreicherung. Ganz deutlich ist aber, daß unterschiedliche Keimkonzentrationen die Betriebsdaten nicht so beeinflussen, daß bei Abreicherung mit Bakterien eine geringere Belagsentwicklung zu verzeichnen wäre. Vielmehr entwickelte sich ein Belag, der überwiegend abiotisch war und in den einige Bakterien eingebettet wurden (Abb. 4.48 und 4.49).

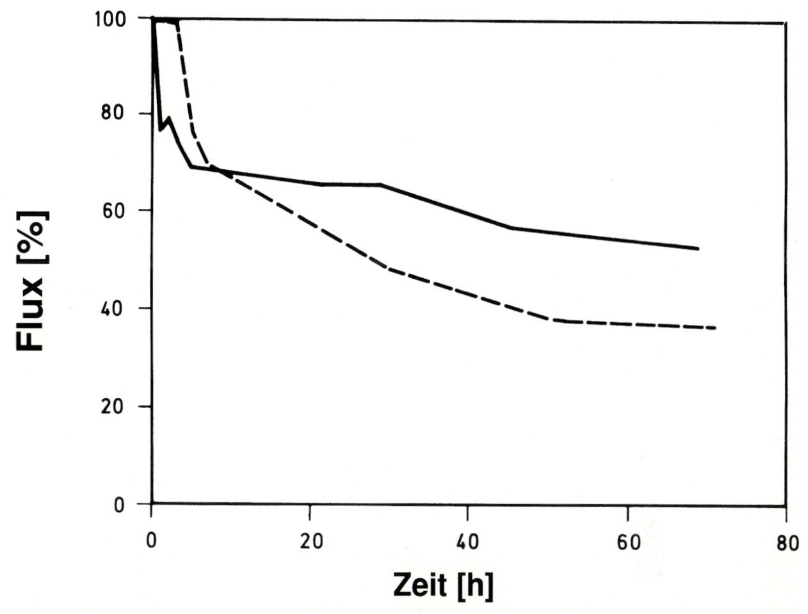

Abb. 4.46. Entwicklung der Permeatausbeute (% des Ausgangswertes); ——— mikrobiell angereichertes Rohwasser; – – – mikrobiell abgereichertes Rohwasser

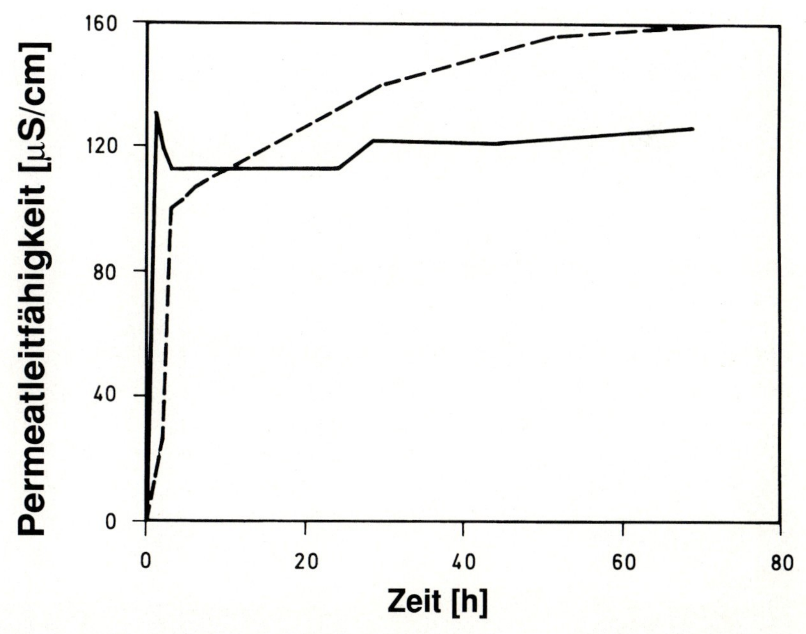

Abb. 4.47. Entwicklung der Permeatleitfähigkeit (μS/cm) ——— mikrobiell angereichertes Rohwasser; – – – mikrobiell abgereichertes Rohwasser

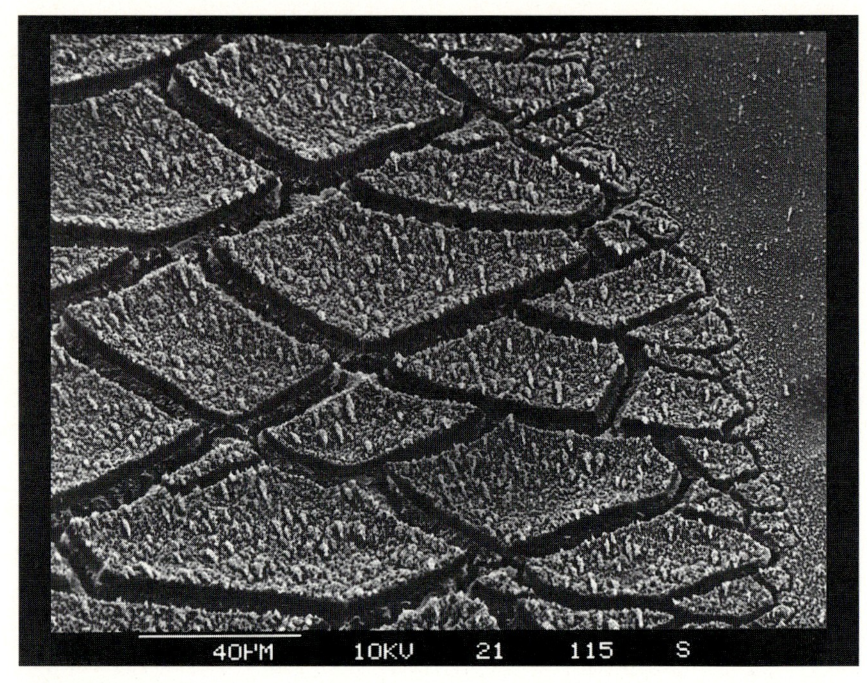

Abb. 4.48. REM-Aufnahmen eines Belages, der unter Verwendung von mikrobiell abgereichertem Sickerwasser entstand; überwiegend abiotisch; Strich: 40 μm

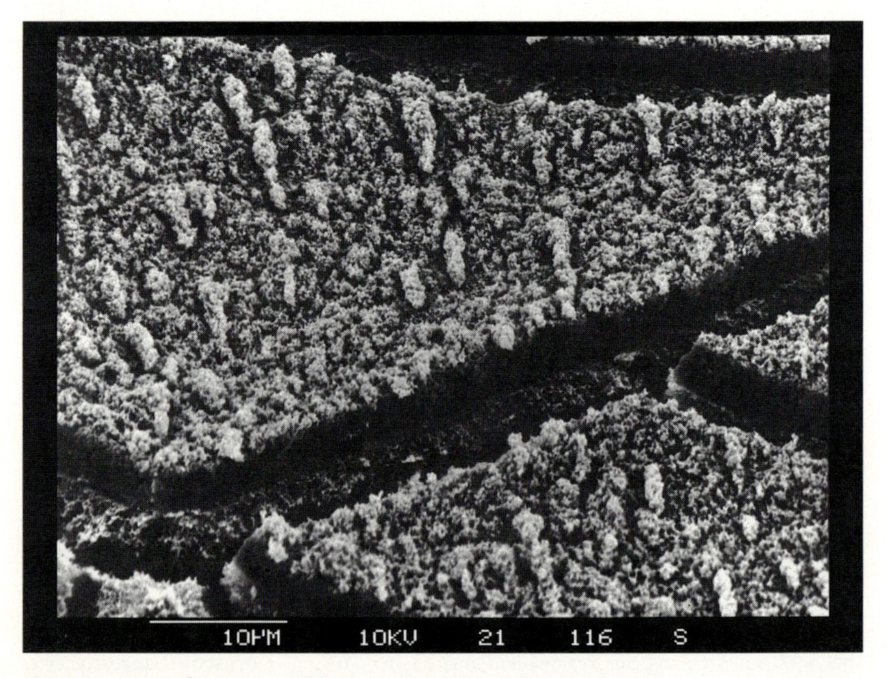

Abb. 4.49. Vergrößerung von Abb. 4.48; abiotischer Belag; Strich: 10 μm

4.3.2.3 Zusammenfassung der Sickerwasser-Versuche

Die Belastung des Sickerwassers mit Mikroorganismen lag bei 10^9 Zellen/ml, davon waren ungefähr 10^6/ml mit gängigen Methoden kultivierbar. Sie befanden sich im Hungerzustand und waren sehr klein, so daß sie auch durch Filtration mit 0,2 μ-Filtern nicht hinreichend abgetrennt werden konnten. Sobald das Sickerwasser verdünnt wurde (wobei auch Hemmstoffe verdünnt wurden) oder Nährstoffe zugesetzt wurden, kam es zu starkem Wachstum. Die Sickerwässer hatten einen relativ hohen Salzgehalt, einen hohen CSB und nur noch einen geringen Anteil abbaubarer Stoffe.

Ohne Spacer nahm der Flux innerhalb eines Tages um 90% ab, bei hoher Leitfähigkeit im Permeat. Auf der Membranoberfläche wurden Zellzahlen von über $3 \cdot 10^8$ Zellen cm^{-2} gefunden. Mit Spacer ging der Flux nur um knapp 20% zurück, bei besserer Salzrückhaltung. Integriert über 1 cm^2 wurden aber immer noch über $8 \cdot 10^7$ Zellen cm^{-2} gefunden. Der Spacer hatte zu einer ungleichmäßigen Verteilung des Belages auf der Membran geführt. Es waren zwar kaum weniger Zellen auf der Membran als ohne Spacer, aber durch die hydraulische Verwirbelung direkt über der Oberfläche gab es immer wieder freie Stellen, die für die weniger verminderte Leistung verantwortlich waren. Allerdings kann man sehen, daß ihr Anteil deutlich unter 80% liegt, d.h., daß der Beitrag zur Gesamtleistung durch diese freien Stellen überproportional zur Gesamtfläche wurde. Interessant ist, daß die Belegung mit Mikroorganismen jeweils nach wenigen Stunden ein Plateau erreichte. Bei Fortsetzung des Versuches über vier Tage hielt sich dieses Plateau im wesentlichen. Bei Versuchen mit Spacer blieben auch die Betriebsparameter auf einem Plateau.

Im Gegensatz zur Behandlung von Trinkwasser spielt der Spacer bei der Sickerwasser-Behandlung also auch in kurzen Zeiträumen eine große Rolle für die Permeationsleistung. Eine weitere Verbesserung der Spacer-Geometrie dürfte zu weiteren Verbesserungen der Permeationsleistung führen.

Betriebsparameter erlauben allerdings praktisch nicht, die Wirkung einzelner Fouling-Arten voneinander zu unterscheiden. Die Diagnose „Fouling" bezieht sich daher immer auf die summarische Wirkung verschiedener Effekte. Um der Frage nach der Rolle des Biofouling, d.h. des Biofilms auf der Membran, näher zu kommen, wurde ein Sickerwasser durch Zentrifugation von Bakterien abgereichert. Es handelte sich um ein sehr klares Sickerwasser, das ca. $8 \cdot 10^7$ Zellen mL^{-1} enthielt. Durch Abzentrifugieren konnte die Zellzahl um ca. eine Zehnerpotenz gesenkt werden. Im Vergleich dazu wurde das gleiche Sickerwasser gefahren, jedoch angereichert durch Sickerwasser-Bakterien, die mit zusätzlichen Nährstoffen versorgt worden waren, so daß eine Endkonzentration von $4 \cdot 10^8$ Zellen cm^{-1} entstand. Während im Rohwasser der Unterschied ca. 1,5 Zehnerpotenzen betrug, lagen die Werte für die Belegung auf der Membran bei ca. $5 \cdot 10^7$ cm^{-1} für das „abgereicherte" Sickerwasser und $8 \cdot 10^7$ cm^{-2} für das „angereicherte" Sickerwasser. Die Betriebsdaten reflektierten die unterschiedliche Belastung überhaupt nicht.

Die vorgelegten Ergebnisse repräsentieren erste Daten und sind mit Einschränkung zu interpretieren. Sie spiegeln nicht die ungeheure Verschiedenheit in der Zusammensetzung von Sickerwässern; selbst das Sickerwasser einer einzigen Hausmülldeponie kann sehr schwankende Werte seiner Inhaltsstoffe - einschließlich der mikrobiellen Belastung - aufweisen. Außerdem ist die Flachkanal-Versuchszelle nur bedingt repräsentativ für größere Anlagen, die vor Ort betrieben werden.

Dennoch zeigt sich bereits hier als Tendenz, daß das Biofouling bei der Membranbehandlung hochbelasteter Wässer vielfach keine entscheidende „akute" Rolle spielt, obwohl die Keimbelastung des Rohwassers extrem hoch ist. Dies gilt zumindest für die bisher von uns untersuchten Wässer. Wichtig könnte dabei noch die Rolle der leicht abbaubaren Nährstoffe werden.

Eine wesentliche und entscheidende Rolle für die Entwicklung des Biofouling spielt auch hier mit Sicherheit die Reinigung. Die Betriebsweise von Membrananlagen bei der Behandlung hochbelasteter Wässer sieht häufige Reinigungen vor, was der Entwicklung von Biofilmen ebenfalls entgegenwirkt. Wie effektiv diese Maßnahme jedoch ist, muß in länger dauernden Versuchszyklen untersucht werden. Biofouling ist ein Phänomen, das eher „chronisch" auftritt, sich mehr oder weniger unbemerkt entwickelt und oft zur „Sägezahnkurve" führt, die als Folge von unzureichenden Reinigungsmaßnahmen charakteristisch ist. Um solche „chronischen" Effekte durch Biofilme im System erkennen zu können, sind daher Versuche notwendig, die mehrere Zyklen von Betrieb und Reinigung umfassen.

5 Bekämpfung von Biofouling

Bei Maßnahmen gegen unerwünschte Biofilme und deren Auswirkungen ist es wichtig, systematisch vorzugehen, damit eine gute Wirkung erzielt wird und der Gebrauch umweltschädlicher Biozide so weit wie möglich verringert werden kann. Wenn ein System durch unerwünschte Biofilme befallen ist, dann stellen sich grundsätzlich vier Fragen:

1. Wie lassen sich Biofilme und durch sie verursachte Schäden erkennen und nachweisen?
2. Wie können sie beseitigt werden?
3. Wie sind Biofilm-Wachstum und weitere Schäden zu verhindern?

5.1 Nachweis von Biofouling

In der Praxis entsteht der Verdacht auf Biofouling gewöhnlich folgendermaßen (Nagel, pers. Mitt.):

- die Permeatleistung läßt nach (20 – 30 %),
- $\triangle p_{feed/brine}$ nimmt zu (über 50 %), und/oder
- die Salzrückhaltung wird geringer (20 – 30 %).

Allerdings reagieren diese Parameter *unspezifisch* auf Beläge – sie lassen keine Aussage zu, ob eine Abnahme der Permeatausbeute oder eine Zunahme der anderen Parameter nun von biologischen oder anderweitig verursachten Belägen herrührt. Nun werden im allgemeinen Maßnahmen getroffen, die sich gegen abiotische Ursachen dieser Effekte richten. Wenn diese erfolglos sind, wird darauf geschlossen, daß es sich um Biofouling handeln müsse. Und in den meisten Fällen ist diese Diagnose dann auch zutreffend. Die detaillierteren Anweisungen für den Nachweis von Biofouling, die von den Membranherstellern geliefert werden, geben allerdings zu grundsätzlichen Vorbehalten Anlaß, wie nachfolgend einige Beispiele belegen mögen.

Die technische Gebrauchsanweisung von Dupont weist darauf hin, daß sich das Biofouling durch einen raschen Druckabfall am Kerzenfilter vor der RO-Pumpe bemerkbar machen solle. In diesem Fall sollen die Filter entfernt und auf „Schleim-Ablagerungen“ (Biofilme) untersucht werden. Biofouling auf dem Permeator selbst könne durch einen quantitativen Test verifiziert werden, der schrittweise ausgeführt wird. Zunächst sollen die Permeatoren mit Formaldehyd desinfiziert werden (hier ist allerdings nach den Ergebnissen der vorliegenden Arbeit größte Zurückhaltung angebracht, weil Formaldehyd die Biofilm-Matrix vernetzen und stabilisieren kann). Danach sollen die Permeatoren gespült und wieder in Betrieb genommen werden. Unmittelbar nach der Behandlung werden Proben von Rohwasser und Konzentrat genommen. In ihnen wird der Keimgehalt mittels der Filter-Methode bestimmt. Die Probenahme wird täglich ein- oder zweimal wiederholt. Biofouling ist dann charakterisiert durch eine schnelle Zunahme der Keimzahlen im Konzentrat von typischerweise 10^2 KBE mL^{-1} in der ersten Probe auf 10^6–10^8 KBE mL^{-1} nach zwei oder drei Tagen, dabei bleiben jedoch die Zellzahlen im Rohwasser konstant. Die Zunahme der Zellzahlen ist daher auf eine Massenentwicklung im Permeator zurückzuführen. Gleichzeitig nimmt $\Delta p_{feed/brine}$ schnell zu, und die Permeatleistung sinkt. Ein System, das „frei von biologischem Material" ist, zeigt konstante Keimzahlen nach dem zweiten Tag. Laut Gebrauchsanweisung liegen sie dann zwischen 10^3 und 10^4 KBE mL^{-1}. Diese Werte dürften über jenen der meisten Rohwässer liegen, so daß hier zwar im Permeator ebenfalls eine Keimvermehrung vorliegt, deren Ausmaß die Toleranzschwelle aber noch nicht erreicht hat.

Um in einem Druckrohr zu ermitteln, welche Ursache den größten Beitrag zum Leistungsabfall erbringt, ist es sinnvoll, mit einer Leitfähigkeitsmeßsonde die einzelnen Module zu analysieren. Häufig ist es so, daß beim Auftreten von Biofouling in sämtlichen Modulen eine Leitfähigkeitserhöhung festzustellen ist. Bei abiotischem Fouling hingegen wird in den ersten Modulen der stärkste Leistungsabfall erwartet, weil dort auch die stärkste Filtrationswirkung auftritt.

Die Anwesenheit von Biofilmen in technischen Systemen wird in der Regel nur indirekt erkannt. Die Symptome zeigen sich an den Betriebsparametern. Bei Wärmetauschern nimmt der Wärmeübergangswiderstand zu und der Wirkungsgrad ab, außerdem steigt der Druckverlust. Ähnlich machen sich Biofilme bei Membransystemen bemerkbar. In der Praxis verläuft die Identifizierung von Biofilm-bedingten Störungen hier etwa so: Die transmembrane Druckdifferenz und der Druckabfall feed/brine nehmen zu (Abb. 1.2). Meist werden nun Maßnahmen gegen „Scaling", d.h. gegen die Ablagerung mineralischer Bestandteile des Rohwassers, ergriffen. Wenn diese wirkungslos bleiben, dann fällt der Verdacht auf Biofilme als Störungsursache. Eine Behelfsmaßnahme zur Identifikation der Störungsursache ist die erneute Messung des Verblockungsindexes. Auf den Filterblättchen kann man meist schon erkennen, ob es sich um eine organische oder anorganische Verunreinigung handelt. Allerdings läßt sich der allmähliche Aufbau eines Biofilms auf diese Weise nicht nachweisen. Im nächsten Schritt (Nagel, pers. Mitt.) werden dann die Druckrohre geöffnet, und mit einer Leitfähigkeitssonde wird das Rückhaltungsprofil ermittelt. Schließlich werden von einigen Rohren die Endplatten entfernt und anhand des Geruchs oder des Vorliegens schleimiger Beläge wird die Diagnose „Biofouling" erstellt. Zu beachten ist, daß in solchen Situationen praktisch auch immer anorganische Rohwasserbestandteile im Biofilm enthalten sind, die vom Biofilm sozusagen eingefangen wurden. Sie können sogar einen wesentlichen Bestandteil der Belagsmasse darstellen. Die Interpretation des Fouling allein auf die quantitativen Hauptbestandteile zu begründen, kann zu Fehlschlüssen führen.

Wichtig für die Beurteilung vor Ort ist immer die Betrachtung vorgeschalteter Filter (Feinfilter). Sie sind in der Regel leichter zugänglich. Wenn sie mikrobielle Beläge tragen, besteht der Verdacht, daß auch das Membransystem Biofilme enthält.

5.1.1 Problematik der Probenahme

Sobald der Verdacht auf Biofouling entsteht, werden üblicherweise Wasserproben entnommen und mikrobiologisch untersucht. Dabei werden unterschiedliche Methoden angewandt, die um mehrere Größenordnungen differieren können.

Bei Kultivierungsverfahren werden nur solche Mikroorganismen erfaßt, die auf dem jeweils angebotenen Medium wachsen können. Je nach Bebrütungszeit und -temperatur können dabei völlig unterschiedliche Zahlen koloniebildender Einheiten zustandekommen. In Abb. 5.1 ist dargestellt, wie sich die mikrobiellen Ergebnisse bei der gleichen Wasserprobe unterscheiden können, je nachdem, nach welcher Methode sie gewonnen werden.

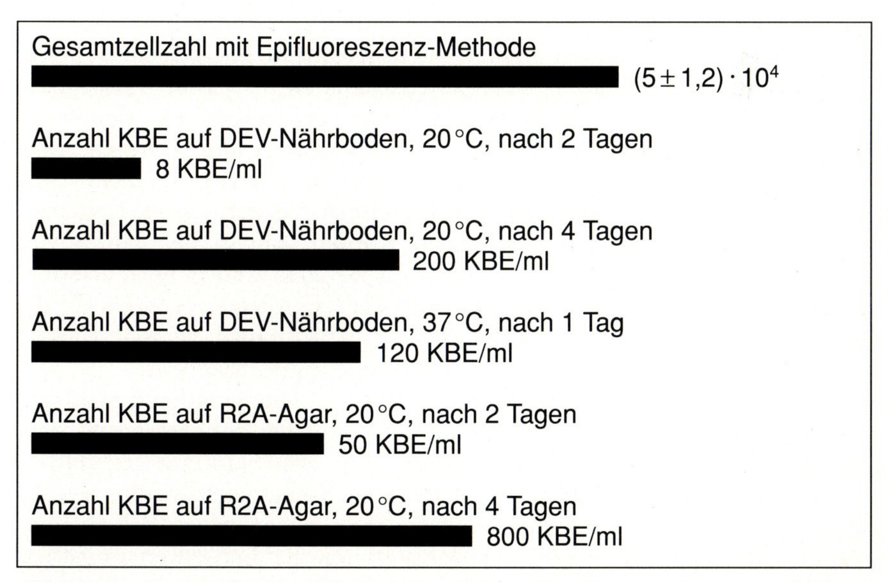

Abb. 5.1. Bestimmung des Keimgehaltes in ein und derselben Wasserprobe mit verschiedenen Methoden

Auf dem Standard-Nähragar nach DEV lassen sich in der Regel weniger Wasserkeime kolonisieren als auf dem sog. R2A-Agar nach Reasoner und Geldreich [196], der eigens zur Anzüchtung eines möglichst großen Teils von Wasserbakterien entwickelt wurde. Die Bebrütungszeit spielt ebenfalls eine große Rolle. Überdies ist bekannt, daß die tatsächlich lebensfähigen Organismen in einer Wasserprobe in 50–1000mal höherer Anzahl vorkommen, als die gängigen Kultivierungsmethoden erkennen lassen. Viele von ihnen wachsen nur bei geringem Nährstoffangebot und lassen sich auf den nährstoffreichen Böden, die zur routinemäßigen Wasseranalyse benutzt werden, nicht kultivieren. Die verschiedenen Verfahren sind immer unter dem Blickwinkel zu betrachten, welche Aussage von ihnen erwartet wird. Die Bestimmung nach TVO hat nicht den Zweck, absolut alle Keime in einem Wasser zu erfassen. Sie soll eine Basis schaffen, um vergleichbare Werte zu finden, aus deren Entwicklung dann gesundheitsrelevante Schlüsse gezogen werden. In anderen Fällen ist es aber wichtig zu wissen, wie viele Keime insgesamt maximal in einer Probe enthalten sind. Dazu sind aufwendigere oder spezifischere Methoden notwendig. Deshalb gilt für die mikrobielle Analytik, was auch für die chemische Analytik schon bekannt ist: Bei der Angabe von Daten muß auch die Bestimmungsmethode mit angegeben werden. Nur so kann die Aussagekraft dieser Daten eingeschätzt werden.

Das grundlegende Problem bei der Detektion von Biofilmen mittels Wasserproben ist die Tatsache, daß keine zuverlässige Korrelation zwischen Zellzahlen im Wasser einerseits sowie Ort und Ausmaß von Biofilmen andererseits besteht. Deshalb kann der Nachweis über Ort und Ausmaß von Biofilmen nicht über die Anzahl der Zellen in Wasserproben geführt werden. Diskontinuierlich werden Zellen erodiert [211] oder verlassen den Verband aktiv als Schwärmerzellen [246]. Außerdem können sich Biofilme sporadisch in Fetzen von der Wand lösen und dann vorübergehend zu hoher Keimdichte im Wasser führen. In keinem Fall sind Werte aus der Wasserphase repräsentativ für den Biofilm (s. Abb. 5.2). Auch bei niedrigen Werten in der Wasserphase kann ein beträchtliches Biofilm-Wachstum vorliegen. Dies wurde am Biofouling auf Ionenaustauscher-Harz gezeigt (Tabelle 5.1). Während bei hohen Keimzahlen im aufbereiteten Wasser erwartungsgemäß hohe Zellzahlen im Harzbett gefunden wurden, gab es bei Zahlen von 5–8 KBE mL^{-1} durchlaufenden Wassers im Harzbett immer noch „Nester" mikrobiellen Wachstums, in denen die Besiedlungsdichte, bezogen auf die Volumeneinheit des nassen Harzbettes, über 10^4 KBE mL^{-1} lag [68]. Dies ist aus der Schwankung der Einzelwerte in der Tabelle gut erkennbar.

Die Abgabe von Zellen an die flüssige Phase ist häufig dadurch maskiert, daß große Wasservolumina mit geringer Keimdichte durchgesetzt werden, wodurch die Konzentration dieser abgegebenen Zellen verdünnt wird [68].

Die Zelldichte im stark kontaminierten Austauscher ist erwartungsgemäß höher als im schwach kontaminierten. Die Zahlen zeigen jedoch, daß die Werte für die Zelldichte im Harzbett stark differieren. Bei hoher Kontamination des Wassers nach der Austauscher-Passage sind die Werte im Harzbett aber gelegentlich auch recht niedrig.

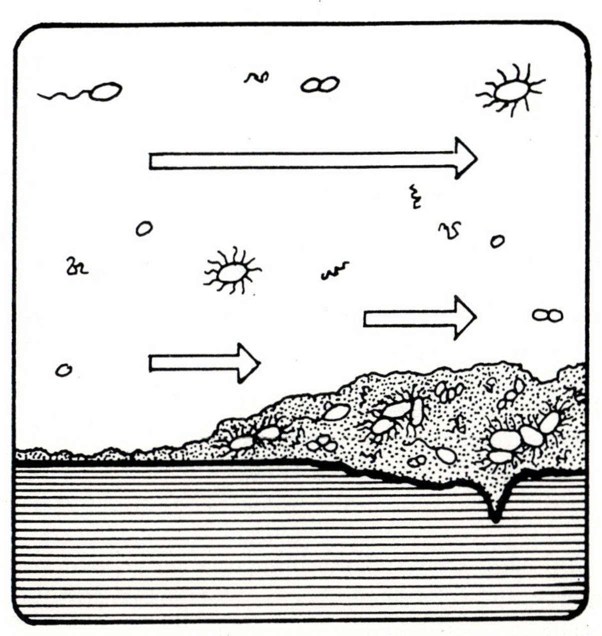

Abb. 5.2. Wasserproben lassen keine Aussage über Anwesenheit, Ort und Ausmaß von Biofilmen zu; viele Keime im Wasser stammen jedoch von Biofilmen, aus denen sie unregelmäßig abgegeben werden

Tabelle 5.1. Anzahl koloniebildender Einheiten (KBE) auf der Oberfläche von Ionenaustauscher-Material bei hoher und bei niedriger Ausgangsverkeimung [68]

Ausgangsverkeimung	Hoch		Niedrig	
KBE im Wasser	*$2 \cdot 10^4$*	*KBE/ml*	*5–8*	*KBE/ml*
	$20 \cdot 10^3$		*$0{,}005–0{,}008 \cdot 10^3$*	
10^3 KBE pro ml Harzbett	$4 \cdot 10^5$	400	$1 \cdot 10^2$	10
	$2 \cdot 10^6$	2000	$4 \cdot 10^3$	4
	$3 \cdot 10^3$	3	$2 \cdot 10^1$	0,02
	$1 \cdot 10^5$	100	$3 \cdot 10^1$	0,03
	$8 \cdot 10^3$	8	$2 \cdot 10^5$	200
	$3 \cdot 10^4$	30	$4 \cdot 10^1$	0,04
	$1 \cdot 10^6$	1000	$8 \cdot 10^2$	0,8
	$5 \cdot 10^4$	50	$7 \cdot 10^2$	0,7
	$1 \cdot 10^2$	0,1	$4 \cdot 10^1$	0,04
	$7 \cdot 10^4$	70	$3 \cdot 10^3$	3

Wichtiger noch ist aber der Befund bei niedriger Kontamination des Wassers: Hier werden ebenfalls „Nester“ mit hoher Keimdichte gefunden, obwohl die Überwachung der Zellzahlen im Wasser eine niedrige Verkeimung anzeigt und solche Nester nicht erkennen läßt [64]. Sie sind es, von denen bei Stillstandszeiten die Nachverkeimung bevorzugt ausgeht. Bei den Angaben ist zu beachten, daß die oben genannten Zahlen durch Kultivierungsmethoden ermittelt wurden. Die Gesamt-Zellzahl muß um ein bis drei Zehnerpotenzen höher eingeschätzt werden, ohne daß sich eine Korrelation angeben läßt.

Analoge Beobachtungen gibt es auch von anderen Autoren, so z.B. von Costerton und Boivin [42]. Sie stellten fest, daß die Konzentration an sulfatreduzierenden Bakterien im Wasser in keiner Korrelation zur Besiedlungsdichte in Biofilmen stand. Deshalb erscheint es zulässig, diese Ergebnisse auf die Verhältnisse in einem Umkehrosmose-Modul zu übertragen. Das heißt, daß auch dann Biofilme vorhanden sein können (und in der Regel auch sind), wenn in der Wasserphase nur wenig Keime nachweisbar sind.

Die Zelldichte im Biofilm kann um Größenordnungen über jener in der Wasserphase liegen (Abb. 5.3). Informationen über Biofilme lassen sich nur durch Beprobung der Oberflächen gewinnen.

Natürlich ist die sachgerechte, darauf abgestimmte Probenahme [159] eine Grundvoraussetzung. Biofilme müssen an geeigneten Stellen der benetzten Oberfläche beprobt werden. Neben Rohr- und Behälterwandungen und Filtermaterialien sind alle Ritzen, Fugen, Krümmungen und Nischen oft besonders befallen. Vor allem an Dichtungsringen sind Biofilme häufig zu finden.

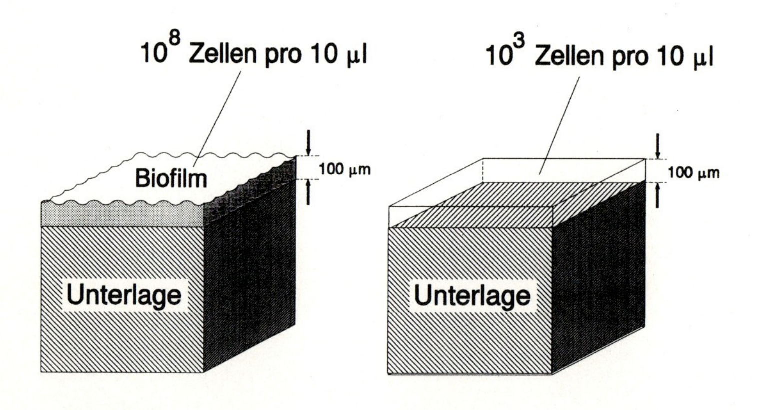

Abb. 5.3. Unterschiedliche Zelldichte im Biofilm und im umgebenden Wasser

5.1.2 Analyse von Biofilmen

Biofilme in technischen Systemen befinden sich meistens bereits in der Plateau-Phase und sind oft mit dem bloßen Auge wahrzunehmen. Die optische Begutachtung bringt daher schon entscheidende Hinweise. Biofilme in solcher Umgebung haben meist eine schleimige Konsistenz, die sich durch Abwischen erkennen läßt; bei dünnen Belägen kann Wischen mit einem weißen Papiertuch Aufschluß bringen.

Falls Zweifel über den biologischen Ursprung eines Belages herrschen, gibt die Brennprobe einen Hinweis: Eine kleine Menge des Belages wird abgekratzt und über einem Feuerzeug erhitzt. Ein Geruch nach versengtem Protein ist charakteristisch für biologisches Material. Zur Zeit sind Arbeiten im Gange, die einen schnellen Nachweis von Biofilmen vor Ort ermöglichen sollen, wie beispielsweise die Nutzung von einfachen Farbreaktionen [3, 24, 277] oder die Entwicklung von Nachweismöglichkeiten für Elektronentransportsysteme, z.B. mit CTC. Der endgültige Nachweis von Biofilmen erfolgt durch Laboruntersuchungen.

Biofilme setzen sich im wesentlichen folgendermaßen zusammen:

- Wasser; 80–95% des Feuchtgewichtes,
- extrazelluläre polymere Substanzen (EPS, „Schleim"); 75–95% des Trockengewichtes,
- Mikroorganismen,
- eingelagerte Partikel (können großen Teil der TS ausmachen und den organischen Anteil maskieren) sowie
- sorbierte Salze und organische Substanzen [81].

In Tabelle 5.2 sind verschiedene Analysenmethoden zur Identifikation von Belägen auf RO-Membranen zusammengestellt [117]. Sie geben bereits Hinweise auf das Vorliegen eines Biofilms.

Für Routine-Bestimmungen von Belägen genügt in der Regel die Kombination der in Tabelle 5.3 zusammengestellten Analysen, um zu klären, ob es sich um Biofouling handelt. Für die Unterscheidung der Biofilme von anderen organischen Belägen (z.B. Öl) sind natürlich zusätzliche Analysen notwendig; sie kommen allerdings erst bei Problemfällen in Betracht.

Ein hoher Wassergehalt deutet bereits auf biologisches Material hin. Wenn dieser von einem starken Glühverlust bzw. hohem TOC begleitet ist und sich Proteine und Kohlenhydrate nachweisen lassen und wenn die mikroskopische Untersuchung hohe Zellzahlen ergibt, dann liegt Biofouling vor. Allerdings darf nicht übersehen werden, daß in einem Biofilm auch eine starke Akkumulation von Partikeln auftreten kann. Dadurch kann die rein chemische Analyse zu Schlüssen führen, die nichts mit der Ursache der Entstehung des Belages zu tun haben: Wenn der Biofilm die Partikel „eingesammelt" hat, ist es dieser Biofilm, gegen den Maßnahmen ergriffen werden müssen. Da die organische Masse aber ggf. nur einen geringen Anteil an der Gesamtsubstanz beträgt, wird sie leicht übersehen.

Tabelle 5.2. Analysenmethoden zur Untersuchung von Belägen auf RO-Membranen [117, ergänzt]

Technik	Erhaltene Information	Vorteile	Nachteile
Mikroskopie optisch, SEM, TEM, Laser)	M	Kosten, Zeit, Identifikation von Biofilmen	Begrenzte Information, Probenvorbehandlung
Röntgenfluoreszenz	E	Empfindlichkeit	Probenmenge, Zeit
Atomabsorption	E	Empfindlichkeit	Probenmenge, Zeit
IR-Spektroskopie	C	Empfindlichkeit	Vorbereitung, Zeit
- Transmission	C	Empfindlichkeit	Interpretation
- Reflexion	C	Empfindlichkeit und geringe Probenmenge	homogene Probe flache Oberfläche
ESCA	E, C	Empfindlichkeit	Kosten, Interpretation
Auger-Spektroskopie	E, C	Oberflächenspezifisch	Kosten, Interpretation

M = Morphologie
E = Elementarzusammensetzung

Tabelle 5.3. Parameter für die Routine-Bestimmung von Biofilmen

- Wassergehalt,
- Gehalt an organischer Substanz (TOC, Glühverlust),
- Proteingehalt,
- Kohlenhydratgehalt,
- flächenbezogene Gesamtzellzahl (Epifluoreszenz),
- flächenbezogene Anzahl atmungsaktiver Zellen (CTC; [225]),
- flächenbezogene Koloniezahl.

In Tabelle 5.4 sind Parameter zusammengestellt, die sich zur genauen und eindeutigen Identifikation von Biofilmen eignen.

Keiner dieser Parameter reicht alleine zur eindeutigen Charakterisierung aus, daher ist eine sinnvolle Kombination von Messungen anzustreben und mit Erfahrungswerten zu vergleichen, um eine Aussage zu erhalten.

Tabelle 5.5 gibt die Zusammensetzung verschiedener Biofilme auf irreversibel verblockten Umkehrosmosemembranen an. Auffällig ist der hohe Schwermetall- und Sulfatgehalt im Biofilm auf der Celluloseacetatmembran. Möglicherweise hat die Gegenwart hoher Schwermetallkonzentrationen die Mikrobiozönose aus Pilzen begünstigt, Pilze tolerieren nämlich höhere Schwermetallkonzentrationen. Die Schwermetallkonzentrationen in diesem Biofilm könnten durch Akkumulation an und in den Pilzen zustandegekommen sein.

In diesem Biofilm wurde auch ein hoher Gehalt an Sulfat gefunden, der etwa um eine Größenordnung über jenem des Rohwassers lag. Dies ist ein Bei-

Tabelle 5.4. Beispiele für Parameter zum Nachweis von Biofilmen

- Wassergehalt: charakteristisch, aber unspezifisch,
- Gehalt an organischem Kohlenstoff: Glühverlust, CSB, TOC,
- Gehalt an Protein [20], Kohlenhydraten [53], DNA [53], Lipiden [96], Muraminsäure [96], Polyhydroxybutyrat [96],
- Gesamtzellzahl: Epifluoreszenzmikroskopie [155],
- Koloniebildende Einheiten: auf Nährböden, die auf das entsprechende System abgestimmt sind; Werte liegen zwischen 0,01 und 10% der Gesamtzellzahlen, weil nicht alle lebensfähigen Keime Kolonien bilden,
- Gehalt an ATP [280], Hydrolasen-Aktivität [178], Reduktionsaktivität [16, 175, 212, 234], Indolessigsäure-Produktion [21], Katalase [139],
- Charakteristische IR-Bande [229a].

Tabelle 5.5. Zusammensetzung von Biofilmen auf irreversibel verblockten Umkehrosmosemembranen ([79], erweitert)

Membranmaterial		Polyamid (Abb. 3.1)	Celluloseacetat (Abb. 3.13)
Feuchtgewicht		1822 $\mu g\ cm^{-2}$	4103 $\mu g\ cm^{-2}$
Trockengewicht		531 $\mu g\ cm^{-2}$	502 $\mu g\ cm^{-2}$
Wassergehalt		70,9%	87,8%
TOC		90 $\mu g\ cm^{-2}$	-
Gehalt an Kohlenhydraten		70 $\mu g\ cm^{-2}$	22 $\mu g\ cm^{-2}$
Gehalt an Proteinen		6 $\mu g\ cm^{-2}$	1 $\mu g\ cm^{-2}$
Gehalt an	Fe	14 $\mu g\ cm^{-2}$	142 $\mu g\ cm^{-2}$
	Ca	17 $\mu g\ cm^{-2}$	42 $\mu g\ cm^{-2}$
	Cr	1,8 $\mu g\ cm^{-2}$	21 $\mu g\ cm^{-2}$
	Ni	0,2 $\mu g\ cm^{-2}$	17 $\mu g\ cm^{-2}$
	Al, Ba, Co, Cu, Pb, Sn, Zn	4,1 $\mu g\ cm^{-2}$	5 $\mu g\ cm^{-2}$
	Si	2,1 $\mu g\ cm^{-2}$	2,6 $\mu g\ cm^{-2}$
Gehalt an Sulfat		3,8 $\mu g\ cm^{-2}$	35 $\mu g\ cm^{-2}$

spiel für die Sorption von Anionen in einem Biofilm. Eine mechanistische Erklärung gibt es dafür noch nicht. Ebenfalls auffällig ist, daß bei der Bilanzierung der Bestandteile der Trockenmasse eine große Lücke besteht. Es besteht der Verdacht, daß sie von anderen Anionen, die von der Analyse noch nicht erfaßt wurden, stammt. Entsprechende weitere Untersuchungen sind derzeit im Gange.

Der Belag auf der Polyamidmembran hatte eine rötlich-bräunliche Farbe. Zunächst war vermutet worden, daß sie auf die Einlagerung von Fe(III)-Ionen zurückzuführen ist. Die Analyse zeigte jedoch, daß der Eisengehalt gering ist. Tatsächlich wurde die Farbe durch das Pigment der Bakterien verursacht. Hierbei handelte es sich hauptsächlich um *Bradyrhizobium japonicum* [264]. Die Analyse dieses Belages lieferte die in Tabelle 5.6 zusammengestellten Werte.

Tabelle 5.6. Ablagerungsanalyse des Belages aus Abb. 3.3 [264]

Wassergehalt	75,0% d. Feuchtsubstanz
Glühverlust	96,0% d. TS
Kohlenstoff	47,7% d. TS
Wasserstoff	6,3% d. TS
Sauerstoff	32,2% d. TS
Stickstoff	7,7% d. TS
Schwefel	<0,3% d. TS
Phosphor	0,6% d. TS
Eisen	0,5% d. TS

TS = Trockensubstanz

Membrananalyse mittels FTIR-Spektroskopie

Die FTIR-Spektroskopie wird zur Identifikation von Fouling-Bildnern eingesetzt [117]. Mittels der Methode der abgeschwächten Totalreflexion (siehe [229a]) können Spektren von Membranoberflächen gewonnen werden. Als Probe wird ein Stück der Membran (ca. 45 mm x 5 mm) gegen einen ATR-Kristall mit einem gleichmäßigen und reproduzierbaren Druck über Mikrometerschrauben angepreßt. Die Probe kann dabei entweder getrocknet sein, was eine spätere Subtraktion des Wassers erübrigt, oder aber noch voll hydratisiert. Dies ist ein besonderer Vorteil, da bekannt ist, wie sehr die Struktur der EPS nach einer Trocknung denaturieren kann [95]. Das Detektionsprinzip beruht darauf, typische Protein- und Kohlenhydrat-Banden im Spektrum wiederzufinden.

Bei der Bearbeitung wird dabei so vorgegangen, daß zunächst ein Referenzspektrum einer frischen Membran aufgenommen wird. Danach wird die Probe aus einer Anlage oder einem Testsystem untersucht. Das Referenzspektrum wird dann anhand einiger Marker-Banden, die man zu diesem Zweck auswählt, von der Probe subtrahiert. Das Differenzspektrum (Abb. 5.4), das man auf diese Weise erhält, kann dann interpretiert werden. Oftmals erreicht ein Belag eine solche Dicke, daß die eigentliche Membran im Spektrum nicht mehr erscheint. Man analysiert dann nur noch den Oberflächenbelag, ohne daß das Spektrum der darunterliegenden Membran abgezogen werden muß.

Das Spektrum läßt erkennen, daß sich ein mikrobieller Belag ausgebildet hat. Die für Bakterien typischen Banden treten alle auf. Besonders charakteristisch sind dabei immer die Amid-I- und Amid-II-Banden (1550 cm^{-1} und 1650 cm^{-1}). Sie stammen von Proteinen und sind in allen Spektren von Bakterien und Mikroorganismen vorhanden. Anorganische Verunreinigungen, die praktisch immer auftreten können, zeigen in diesem Bereich fast keine Interferenzen. Im Bereich von 1200 cm^{-1} bis 1000 cm^{-1} dagegen kann es durch Carbonate, Phosphate und Eisenablagerungen zu einer Komplizierung des Spektrums kommen, denn in diesem Fall überlagern sich die Banden. Um biologische von abiotischen Belägen zu unterscheiden, eignen sich daher die Amid-Banden recht gut.

Auch anorganische Ablagerungen wie Eisenhydroxide, Calciumcarbonat und Phospate lassen sich durch ihr IR-Spektrum gut nachweisen. Abb. 5.5

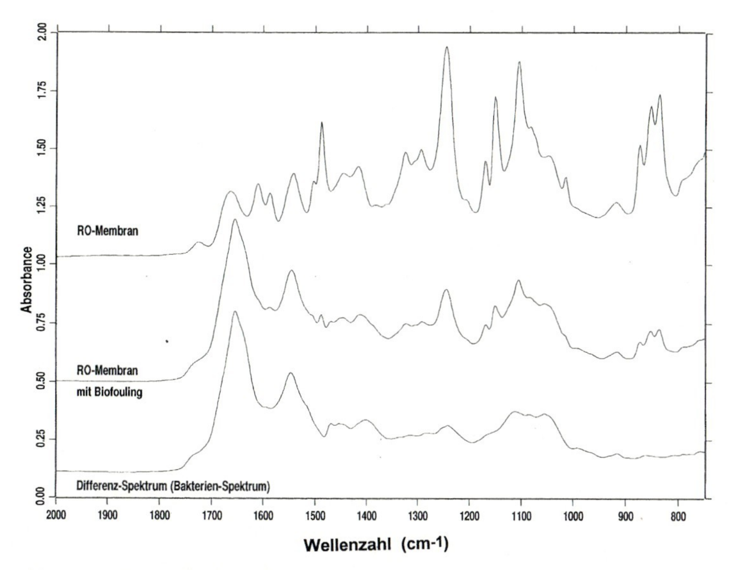

Abb. 5.4. ATR-Differenzspektrum einer Umkehrosmosemembran (FT 30) mit Biofouling nach Betrieb mit Sickerwasser

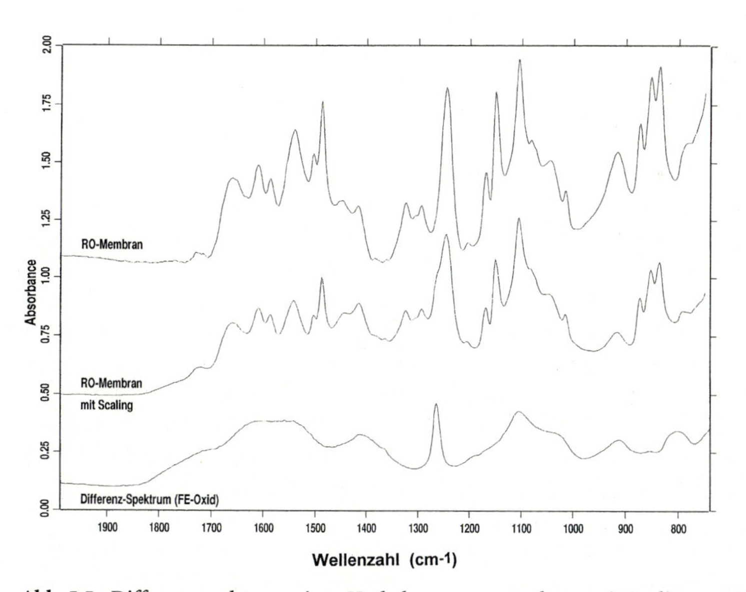

Abb. 5.5. Differenzspektrum einer Umkehrosmosemembran mit Scaling von Eisenoxid

zeigt ein solches Beispiel. Hier wurde das Scaling auf einer RO-Membran durch Ablagerung von kolloidalem Eisenoxid (Hämatit) simuliert. Das verwendete Material enthielt zusätzlich organischen Kohlenstoff in einer Konzentration von 35 ppm.

Das FTIR-ATR-Spektrum wird dabei von einer charakteristischen Bande im Bereich 3400 cm^{-1} dominiert. Sie stammt von adsorbiertem Wasser, das an Hämatit gebunden ist. Diese Bande nimmt erst bei einer Trocknung bei höheren Temperaturen ab. Der Hämatit erscheint mit Banden bei 3695 cm^{-1}, 1622 cm^{-1}, 1520 cm^{-1}, 1124 cm^{-1}, 1032 cm^{-1} und 914 cm^{-1}. Bandenlage und relative Bandenintensitäten lassen sich klar von biologischen Strukturen unterscheiden. Die organische Komponente wird durch Banden der CH_3- und CH_2-Gruppen (bei 2960 cm^{-1}, 2869 cm^{-1} bzw. 2930 cm^{-1}, 2849 cm^{-1}) charakterisiert. Es kam zu einer Anreicherung der organischen Substanz auf dem kolloidalen Eisenoxid. Eine schwache Bande kann phenolischen OH-Gruppen bei 1259 cm^{-1} zugeordnet werden, wie auch durch begleitende NMR-Messungen bestätigt werden konnte [105]. Die für Biofouling charakteristischen Amid-Banden treten nicht auf.

5.2 Beseitigung von Biofouling

5.2.1 Biozide

Wenn Biofilme stören, dann wird in der Praxis üblicherweise ein Biozid eingesetzt. Damit soll die Anlage „desinfiziert“ werden. Diese Vorgehensweise ist historisch bedingt und stammt aus der Medizin: Die „krankheitsverursachenden“ Keime sollen abgetötet werden. Inzwischen gibt es eine solche Vielfalt von Bioziden (Überblicke bei [4, 189]), daß mit Recht auf die Notwendigkeit von „Biozid-Museen“ hingewiesen wird [180], um zu vermeiden, daß immer wieder die gleichen Stoffe entdeckt werden, und um frühere Erfahrungen mit den Substanzen zu bewahren. Im angelsächsischen Raum wird immer noch überwiegend mit Chlor und Aktivchlorverbindungen gearbeitet (s. [28, 141]). Dabei ist allerdings zu beachten, daß durch die Chlorzugabe etwa vorhandenes Mn^{2+} zu MnO_4^- oxidiert werden kann. Permanganat wird bei der Entchlorung nicht entfernt und kann seinerseits die Membran langfristig schädigen, ähnlich wie Chlor-Spuren.

In den osteuropäischen Staaten wurde hauptsächlich die Peressigsäure, das Peroxid der Essigsäure, angewandt. Ihre hervorragenden Desinfektionseigenschaften wurden von Flemming [65] zusammengefaßt; sie ist ein Beispiel für ein Desinfektionsmittel, das zweimal entdeckt wurde.

Die Auswahl des geeigneten Biozids für das jeweilige technische System [107] erfordert Erfahrung und sollte durch Vorversuche im Labormaßstab gestützt sein. Einige grundsätzliche Gesichtspunkte sind in Tabelle 5.7 zusammengefaßt.

Tabelle 5.7. Gesichtspunkte bei der Auswahl eines geeigneten Biozids

- Verträglichkeit mit dem Membranmaterial
- Kompatibilität mit anderen Wasserchemikalien
- Wirksamkeit gegenüber der zu beseitigenden Biozönose
- Einwirkungskonzentration
- Einwirkungszeit
- Einwirkungstemperatur
- Belastung des Abwassers
- Gefährlichkeit im Umgang
- Erfolgskontrolle

Dabei fällt auf, daß sich die Anforderungen zum Teil nicht miteinander vereinbaren lassen. Ein ideales Mittel ist daher nicht zu erwarten. Ökonomische Aspekte sind kritisch zu betrachten, weil Einsparungen zu unzureichender Effektivität führen können. Die Schäden können sich dann möglicherweise multiplizieren und die Einsparungen weit übertreffen. Ein ganz wesentliches Problem bei der Auswahl eines geeigneten Biozides ist die Kompatibilität mit dem Membranmaterial. Besondere Vorsicht ist bei der Anwendung von Formaldehyd angebracht. Dieser wurde früher in der Mikroskopie dazu benutzt, biologische Präparate auf dem Objektträger zu fixieren. Er vernetzt Proteine und kann zur Verhärtung von Biofilmen auf Membranen führen.

Es ist an dieser Stelle unmöglich, die Vielfalt der erhältlichen Biozide und ihre Anwendbarkeit auf technische Systeme hin erschöpfend darzulegen. Einige ausgewählte Biozide, von denen bekannt ist, daß sie das Biofouling bei RO-Membranen aufhalten, sind in Tabelle 5.8 aufgeführt [210].

Untersuchungen über die Wirksamkeit von Bioziden beziehen sich in der Regel auf suspendierte Mikroorganismen [263]. Wie bereits dargelegt, vertragen Biofilme erheblich höhere Konzentrationen an Bioziden als frei im Wasser suspendierte Mikroorganismen. Aussagen über die Effektivität der Biozide gegenüber Biofilmen sind allerdings schwieriger zu bekommen, weil Biofilme nicht so gleichmäßig und reproduzierbar herstellbar sind. Kinniment und Wimpenny [124] entwickelten den „Cardiff constant depth film fermenter", bei dem *P. aeruginosa* als Testkeim verwen-det wird und durch Abrasion mit einer scharfen Klinge eine konstante Biofilm-Dicke erreicht wird. Mit diesem Versuchsansatz zeigten sie, daß bei Einwirkung von Formaldehyd, der sämtliche planktonischen Zellen abtötete, in einer Konzentration von 200 ppm die Zellzahl von 10^8 Zellen cm^{-2} nur auf $2 \cdot 10^6$ Zellen cm^{-2} zurückging. Dies zeigt die geringere Wirksamkeit des Formaldehyds gegenüber Biofilm-Organismen im Vergleich zu planktonischen Zellen. Die flächenbezogene Proteinmenge ging bei diesem Versuch nur um 20% zurück, d.h. ein hoher Anteil der abgetöteten Zellen blieb auf der Oberfläche.

Daher ist es wichtig zu berücksichtigen, daß für die Abtötung von Biofilm-Organismen in der Regel höhere Wirkstoffkonzentrationen notwendig sind als bei frei suspendierten Zellen.

Tabelle 5.8. Auswahl von Bioziden zur Bekämpfung von Biofouling auf RO-Membranen [210]; CA: Celluloseacetat; TFC: thin film composite membrane

Biozid	Konzentrationsbereich	Kompatibel	
	$[mg \cdot l^{-1}]$	CA	TFC
Freies Chlor	0,5–1,0	ja	nein
Monochloramin	1,0–5,0	ja	nein[a]
Chlordioxid	0,2–2,0	ja	nein[b]
Formaldehyd	5,0–25	ja	ja
Glutaraldehyd	5,0–25	ja	ja
Isothiazolon	0,1–5,0	ja	ja
Bisulfit	10–100	ja	ja
Iod	0,1–2,0	ja	ja
Wasserstoffperoxid	0,1–2,0	ja	nein[c]
Peressigsäure	0,1–2,0	ja	ja
Natriumbenzoat	0,1–5,0	ja	ja
Quartäre Amine	0,1–5,0	nein[d]	nein[d]
Ozon (nur für Rohwasser)	bis 2,0 mg/l	nein	nein
pH-Extreme	pH 2–pH 12	ja	ja
UV (nur für Rohwasser)	Abtötungsgrad 99,99%	nein	nein

[a] Wurde allerdings bei einer FT-30-Membran erfolgreich eingesetzt.
[b] Bei Polyamid auf Polysulfon (z.B. FT 30) kann Chlordioxid eingesetzt werden (s. Tech. Gebrauchsanweisung von Dow Chemical).
[c] Wird in der Pharma-Industrie eingesetzt; verkürzte Lebensdauer akzeptiert.
[d] Kationische Tenside führen in 90% aller Fälle zu einer Verblockung der Membran, wobei Celluloseacetat etwas weniger empfindlich reagiert als die Composite-Membranen (Krack, Henkel Ecolab, pers. Mitt.).

Erhöhung des Nährstoffgehalts durch oxidierende Biozide

Ein Problem bei der Anwendung oxidierender Biozide kann deren Wirkung auf organische Wasserinhaltsstoffe darstellen. Bei der Anwendung von Chlor [259] und Ozon [11, 12a, 143a] wurde nachgewiesen, daß refraktäre organische Substanzen besser bioverfügbar gemacht wurden und damit das mikrobielle Wachstum begünstigten. Abb. 5.6 zeigt einen 2,2fachen Anstieg des Anteils an assimilierbarem organischen Kohlenstoff (AOC) nach Ozonierung des Rohwassers [134]. Dieser Anstieg geht vornehmlich auf die Stimulierung eines Teststammes für den AOC, nämlich des *Spirillum*-Stammes NOX zurück. Hierbei handelt es sich um ein Bakterium, das oxydierte C-Verbindungen verwerten kann. Nach Behandlung mit Aktivkohle sank der AOC-Gehalt um 85%, wurde durch anschließende Chlorierung jedoch wieder um 66% gesteigert. In dieser Stufe wurde sowohl das Wachstum eines anderen AOC-Teststammes, nämlich von *P. fluorescens* P 17 wie auch von *Spirillum* NOX, stimuliert. Das Rohwasser wurde mit einer Dosis von 2,5 mg/l ozoniert; die Kontaktzeit betrug 15 min. Nach Aktivkohle-Behandlung wurden 2,0 mg/l freies Chlor für 30 min zudosiert. Der AOC-Gehalt wurde nach van der Kooij und Hijnen [259] bestimmt [134].

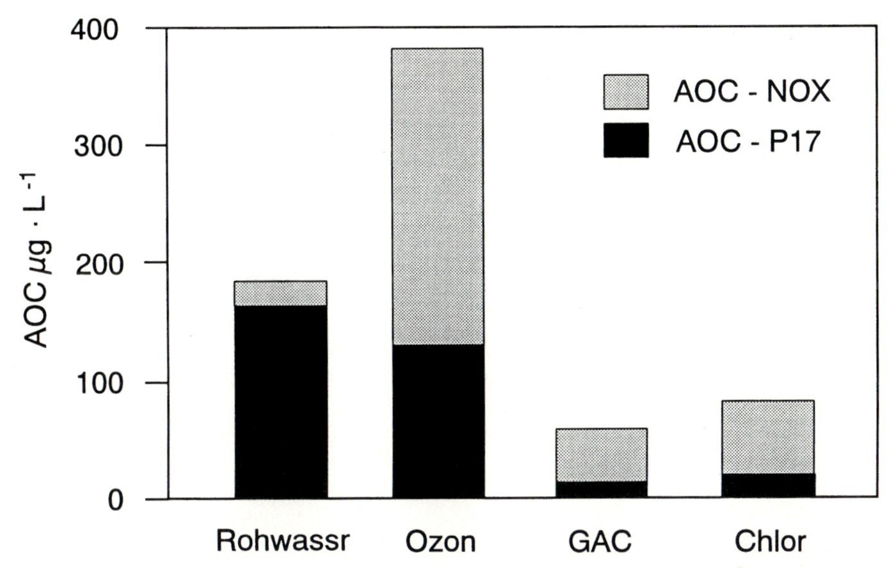

Abb. 5.6. Auswirkung der Desinfektion auf den AOC in Wasser; GAC: granulierte Aktivkohle [141]

Aus bislang ungeklärten Gründen scheint das Reduktionsmittel Natriumbisulfit in einigen Fällen ein effektives Biozid für Polyamidmembranen zu sein. Natriumbisulfit ist zudem auch bei Meerwasser-Entsalzung wirksam. Um in Meerwasser einen Effekt zu erzielen, sollte die Konzentration mindestens 50 mg L^{-1} betragen. Diese Konzentration führt zu einem reduzierenden Milieu (Riley, Sep. Syst. Int., San Diego, CA; pers. Mitt.). Allerdings ist zu beachten, daß schwefeloxidierende Bakterien das Bisulfit zu Sulfat oxidieren können, so daß das Bisulfit als Nährstoff für autotrophe Bakterien dienen könnte (Ladendorf, pers. Mitt.).

Es muß betont werden, daß die Anwendung von Bioziden wenig bewirkt, wenn die RO-Membranen nicht zusätzlich gereinigt werden. Das kommt daher, daß die meisten Biozide – einschließlich freiem Chlor und Monochloramin – die Bakterien nur inaktivieren. Sie führen in der Regel nicht zur zellulären Lyse und zu einer Zerstörung des Biofilms. Inaktivierte Mikroorganismen können sich häufig immer noch an RO-Membranen anheften und einen metabolisch inaktiven Biofilm bilden [78, 203–210]. Die Biozid-Behandlung hinterläßt also abgetötete Biomasse. Da das Biozid nach der Anwendung mit unsterilem Wasser ausgewaschen wird, kommen mit diesem Wasser erneut Keime in das System. Sie treffen diese Biomasse an, die ein reichhaltiges Nährstoffangebot darstellt und zusätzlich die Besiedlung von Oberflächen erleichtert. Eine „Desinfektion" einer Anlage durch Biozide ist daher unsinnig, wenn nicht gleichzeitig die abgetötete Biomasse entfernt wird.

5.2.2 Reinigung von Membranen

Die Reinigung von Membranen geschieht heute immer noch weitgehend auf empirischer Basis. Falsche Vorbehandlung kann zur irreversiblen Verblockung führen. In der Regel wird mit chemischem Mittel gereinigt. Hierbei ist die Beständigkeit des Membranmaterials und die Kombination von Fouling-Arten zu berücksichtigen. Aus diesem Grund ist nicht damit zu rechnen, daß mit einem einzigen Mittel die ganze Reinigung durchgeführt werden kann, sondern daß Reinigungspläne aufgestellt werden [140]. Dabei ist – wie bereits betont – die Entfernung des Biofilms aus einem System wichtiger als seine vollständige Abtötung. Die Strategie muß auf das jeweilige System zugeschnitten sein. Wo möglich, sollte dies schon bei der Konstruktion berücksichtigt werden. Im Prinzip beruht sie auf zwei Schritten:

1. Schwächung der Biofilm-Matrix durch chemische Stoffe, z.B. durch Oxidantien wie Chlor, Ozon, Wasserstoffperoxid, Peressigsäure etc. aber auch durch alkalische Mittel, Tenside, Enzyme [120, 268], Komplexbildner [253] oder Biodispergatoren [228]. Dabei sollte möglichst eine Schockdosierung erfolgen. Biodispergatoren sind häufig auf der Basis von Polyalkylenglykolen aufgebaut. In manchen Fällen schwächen sie die Wechselwirkungen zwischen den Mikroorganismen sowie zwischen Biofilmen und ihrer Unterlage und gelten als nicht toxisch [228]. In Kombination mit Bioziden lassen sich hier bei der Reinigung von Wärmetauscher-Systemen gute Erfolge erzielen.
2. Entfernung des Biofilms mit mechanischen Mitteln, z.B. Spülung mit Wasser, Luft, Dampf, aber auch Anwendung von Schwammbällen, Bürsten o.ä.; Ultraschall [110, 281]. Mechanische Methoden zur Entfernung von Biofilmen sind – wo sie anwendbar sind – im allgemeinen am wirkungsvollsten.

Wenn ein System von Biofilmen befreit werden soll, muß im Prinzip deren mechanische Widerstandskraft überwunden werden. Obwohl mikrobielle Beläge häufig leicht mit der Hand abzuwischen sind, widerstehen sie den Scherkräften des strömenden Wassers in einer Anlage überraschend gut. Je dünner sie sind, desto schlechter lassen sie sich abspülen. Characklis et al. [29] berichten, daß Biofilme, die dünner waren als die laminare Grenzschicht, die sich in durchflossenen Systemen an Oberflächen ausbildet, durch Scherkräfte kaum ablösbar waren. Eine nähere Betrachtung, ob es eine laminare Grenzschicht auf dem Biofilm selbst gibt, wurde allerdings noch nicht angestellt. Untersuchungen zu Strömungsverhältnissen über Biofilmen sind jedoch an der Technischen Universität München im Gange (Wilderer, pers. Mitt.).

Bei der „Autopsie" von Modulen, die dem Biofouling zum Opfer gefallen sind, fällt auf, daß der Belag relativ leicht abzuwischen ist. Die mechanische Festigkeit der Biofilm-Matrix ist daher nicht allzu hoch. Abb. 5.7 zeigt makroskopisch eine Membran-Oberfläche, die von einem Biofilm bedeckt war. Obwohl es sich nur um eine Schleimschicht handelte, nämlich einen Biofilm,

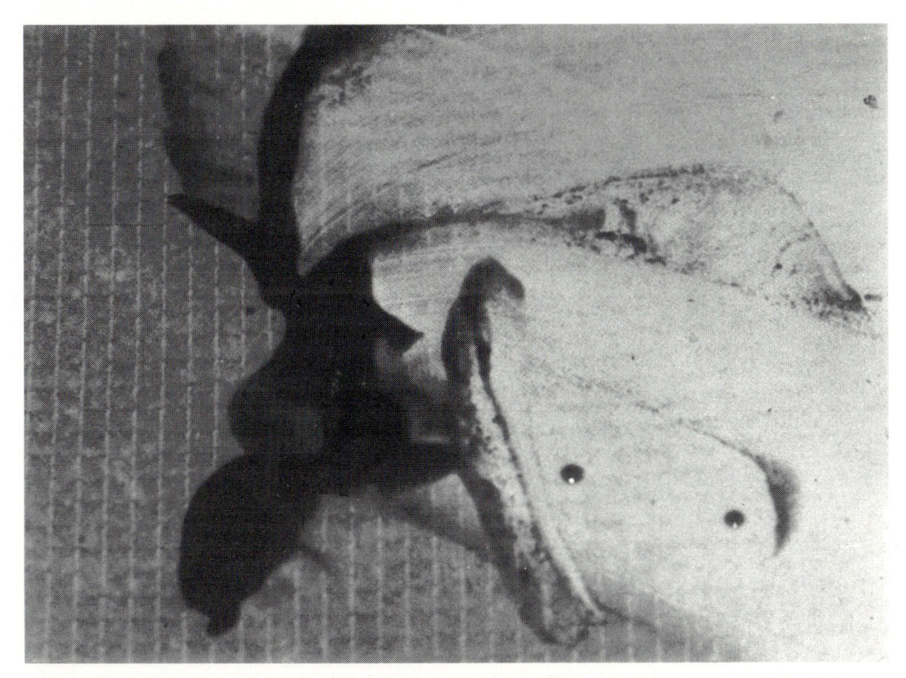

Abb. 5.7. Der Belag auf einer Membran, die dem Biofouling erlegen ist, läßt sich mechanisch leicht abwischen

war ihr mit den üblichen Reinigern und mit hydraulischen Methoden nicht beizukommen. Es handelt sich hier um das Beispiel, das bereits in den Abb. 3.1–3.5 dokumentiert ist.

Weil bislang noch so wenig über die molekularen Mechanismen der mikrobiellen Adhäsion und die strukturelle Festigkeit der Biofilm-Matrix bekannt ist, weiß man auch wenig über die genauen Wirkungsmechanismen der meisten RO-Reinigungsformulierungen. Die erfolgreichsten Reiniger enthalten zumeist ein oder mehrere neutrale oder anionische Tenside. Gewisse kationische Tenside, wie z. B. quartäre Amine, scheinen sich ebenfalls zu eignen. Weitere Komponenten in Reinigern können sein: Komplexbildner (z. B. EDTA oder Citrat), organische oder anorganische Dispersionsmittel (z. B. Natriumtripolyphosphat), hydrolytische Enzyme (z. B. Lipasen, Proteasen und/oder Polysaccharidasen) und ein oder mehrere Biozide (z. B. Isothiazolon). Einige typische Reinigungsformulierungen sind in Tabelle 5.9 aufgeführt [210].

Oberflächenaktive Stoffe sind wahrscheinlich an der Trennung hydrophober Wechselwirkungen beteiligt [210, 223]. Einige ihrer häufigsten Vertreter sind in Tabelle 5.10 zusammengestellt. Dabei sollte berücksichtigt werden, daß einige von ihnen aus bislang ungeklärten Gründen die bakterielle Anheftung auch verstärken können [207, 210]. Trägardh [251] weist ebenfalls eindringlich darauf hin, daß eine Anzahl kationischer und nichtionischer Tenside von aromatischen Polyamidmembranen sorbiert werden und zu einer drastischen

Tabelle 5.9. Typische Komponenten von Reinigungsformulierungen, die bei Biofouling eingesetzt werden

Komponente	Beispiel	Konzentration	Wirkung
Tensid	Triton-X-100	0,1%	trennt hydrophobe Wechselwirkungen, solubilisiert Zellmembranen, inaktiviert Bakterien
Chelatbildner	EDTA	0,01 – 0,1%	komplexiert divalente Kationen, die Biofilm-Stabilität bewirken
Enzyme	Polysaccharidase	10 – 100 mg/l	baut Biopolymere ab, schwächt Biofilm-Stabilität
Dispergiermittel	Tripolyphosphat	0,1 – 5%	solubilisiert Partikel, hält abgelöste Partikel in Suspenension
Biozide	Isothiazolon	0,01 – 0,5%	inaktiviert Mikroorganismen, hemmt Wachstum

Tabelle 5.10. Oberflächenaktive Stoffe zur Membranreinigung (Konzentration: 0,1 – 10 g L^{-1})

Substanz	Eigenschaften
Alkylbenzolsulfonate	anionische Detergentien
Polyoxyethylenether (Triton-X-100)	nichtionisches Detergens, erhältlich in verschiedener Kettenlänge
Natriumdodecylbenzolsulfat (SDBS)	anionisches Detergens, möglicherweise effektiver als Triton-X-100
Natriumdodecylsulfat (SDS)	wie SDBS

Senkung des Flux führen. In einem Fall führte die Anwendung eines amphoteren Tensides zu einer vollständigen Verblockung einer Celluloseacetat-Membran. Daher ist es nicht ratsam anzunehmen, daß sich jedes Tensid für die Membranreinigung eignet. Jede neue Formulierung muß gesondert auf ihre möglicherweise unerwünschten Effekte geprüft werden. Die Oberflächenaktivität allein ist es daher offensichtlich nicht, die den gewünschten Effekt erzielt. Diese Beobachtung deutet darauf hin, daß ein komplexerer Wirkungsmechanismus am Werke ist als die reine Schwächung hydrophober Wechselwirkungen.

Aus der Waschmittelforschung ist bekannt, daß Enzyme die Reinigungswirkung unterstützen, weil sie biologische Schmutz-Bestandteile abbauen. Eigene Erfahrungen zur Schwächung der Biofilm-Matrix durch Anwendung von Enzymen haben allerdings bislang nicht immer zu befriedigendem Erfolg geführt. Die Matrix-bildenden EPS scheinen so verschieden zu sein, daß sie nicht mit einzelnen Enzymen oder ihren Mischungen angegriffen werden können. Kane und Middlemiss [122] weisen darauf hin, daß Enzyme in einer Anlage oft nicht unter optimalen Bedingungen angewandt werden können, lange Einwirkungszeiten benötigen und nicht zuletzt relativ teuer sind. Eigene Untersuchungen haben gezeigt, daß die Wirksamkeit von Proteasen, Lipasen, Phosphatasen und verschiedenen Polysaccharidasen auf die Verringerung der Biofilm-Stabilität gering war (Flemming und Rentschler, unveröffentl. Beob.).

Wenn die Anwendung von Bioziden in technischen Systemen zu einer Verbesserung der Leistung führt, dann ist dies vermutlich nicht darauf zurückzuführen, daß Bakterien abgetötet werden, sondern darauf, daß die Biofilm-Matrix verändert wird. In den meisten Fällen wird sie geschwächt, z.B. durch Oxidantien. Dann läßt sich der Biofilm mit geringeren Scherkräften austragen. Dabei ist es aber eher unerheblich, ob die Mikroorganismen tot sind oder nicht; wichtiger ist der „Nebeneffekt" der Biozide in Hinsicht auf die Schwächung der Biofilm-Stabilität.

Die verschiedenen Schritte eines effektiven Reinigungsplanes für Celluloseacetat-Wickelmodule sind in Tabelle 5.11 zusammengestellt [210]. Die Reinigung sollte bei der höchsten anwendbaren Temperatur und Fließgeschwindigkeit durchgeführt werden. Für Polyamid/Polysulfon (FT 30)-Membranen zeigt Tabelle 5.12 einen Reinigungsplan (Krack, Henkel Ecolab, pers. Mitt.).

Tabelle 5.11. Reinigungsplan für Celluloseacetat-Wickelmodule

1. System mit maximal zulässigem Betriebsdruck 15–30 min lang spülen,
2. Reinigungslösung bei maximalem Flow 30–45 min bei 38 °C rezirkulieren; anschließend 60–120 min einwirken lassen,
3. Reiniger 10–15 min bei maximalem Flow ausspülen,
4. Enzymlösung (bei geeignetem pH-Wert) für 30–60 min rezirkulieren, anschließend 30 min einwirken lassen,
5. Enzym 10–15 min bei maximalem Flow ausspülen,
6. Biozid 10–15 min lang rezirkulieren, dann 120 min einwirken lassen,
7. Biozid 10–30 min bei maximalem Flow ausspülen.

Tabelle 5.12. Reinigungsplan für Polyamid/Polysulfon-Membranen nach Empfehlung der Fa. Henkel

1. Ausspülen mit Frischwasser,
2. Reinigung mit 0,7–1% P3-Ultrasil 53, 30 min. bei 45 °C,
3. Frischwasserspülung,
4. saure Reinigung mit 0,3% P3-Ultrasil 75, 20 min. bei 45 °C,
5. Frischwasserspülung,
6. Reinigung mit 1,0% P3-Ultrasil 53, 30 min. bei 45 °C,
7. Ausspülen mit Frischwasser.

Untersuchungen zur Belagsablösung

Eine wesentliche Rolle für die Ablösung von Biofilmen spielt das Alter des Belages. Ein „junger"Biofilm läßt sich am leichtesten ablösen. Tabelle 5.13 zeigt das Beispiel eines Biofilms aus *P. diminuta* auf einer Polyethersulfon-Filtermembran, der mit oberflächenaktiven Substanzen wie Tween 20 bzw. Natriumdodecylsulfat (SDS) behandelt wurde. Nach jeweils einstündigem Schütteln in einer Schüttelmaschine wurde die Anzahl der auf der Membran verbliebenen Zellen bestimmt.

Inwieweit ein noch höheres Belagsalter die Haftung des Biofilms an die Oberfläche weiter vergrößert, ist bislang noch nicht quantifiziert worden. Die Bedeutung dieser Frage für die Praxis ist allerdings evident, und sie wird derzeit weiter untersucht. Jetzt schon läßt sich allerdings sagen, daß der Belag vermutlich um so leichter zu entfernen ist, je „jünger" er ist.

Tabelle 5.13. Einfluß des Belagsalters auf die Ablösung der Zellen mit Reinigungssubstanzen. Angabe der Anzahl auf der Membran verbliebener Zellen in % zur Kontrolle

Belagsalter	Kontrolle	1 % Tween 20	1 % SDS
4 Stunden	100	17	2
3 Tage	100	58	43

Ultraschall

In der Praxis wird vielfach Ultraschall angewandt, um Oberflächen von unerwünschten Belägen zu befreien. Medizinisches Gerät, schwer erreichbare kontaminierte Oberflächen u.a. können durch Beschallung in einem Ultraschallbad gereinigt werden [150]. Die Deposition von kristallinem und biologischem Material in Wärmetauschern kann durch Einbau und Anwendung von Ultraschallschwingern verringert werden [127]. Lim et al. [138] lösten Biofilme und Zahnstein von Zähnen durch Ultraschall ab. Auch die Ablösung von Mikroorganismen von Oberflächen ist eine seit langem gängige Applikation der Ultraschall-Technik [194].

Eine kritische Betrachtung der publizierten Angaben über die Anwendung von Ultraschall, vor allem auf dem Gebiet der Biologie, verdeutlicht allerdings große Lücken. Nahezu in allen Fällen fehlen Angaben über die Schallparameter und vor allem über die Schallintensität, der das Objekt ausgesetzt ist.

Ein Ultraschall-Bad wurde auch zur Ablösung der Biofilme von Filtrationsmembran-Proben benutzt [79], um die Beläge anschließend zu quantifizieren. Die Frage, ob die Mikroorganismen durch die Beschallung zerstört werden [52], wurde in entsprechenden Vorversuchen geklärt. Unter den Versuchsbedingungen wurden die Zellen durch den Ultraschall nicht geschädigt.

Weil sich Ultraschall als sehr wirksame Methode zur Ablösung von Biofilmen erwies [79] und weil keine Chemikalien notwendig sind, stellte sich natürlich die Frage, ob sich diese Methode auch in der Praxis zur Beseitigung von Biofouling einsetzen läßt.

Hierzu wurden theoretische Überlegungen angestellt und einige vorläufige Experimente durchgeführt [281]. Die weithin benutzten Ultraschallbäder sind für quantitative Untersuchungen ungeeignet, weil ihr Schallfeld inhomogen ist. Je nachdem, wo eine Probe im Schallbad plaziert ist, wird sie verschiedenen Schallintensitäten ausgesetzt. Die Angabe von Stromstärke, Frequenz und Expositionszeit ist daher nicht ausreichend, um Ergebnisse aus verschiedenen Bädern vergleichen zu können. Zusätzlich spielt die Füllhöhe, die Anzahl der Schallschwinger am Beckenboden und die Position der Probe relativ zu diesen Schwingern eine Rolle [109]. Um diese Schwierigkeiten zu überwinden, wurde ein einfaches Testsystem mit einem definierten Schallfeld benutzt (Abb. 5.8, [281]).

Das Schallfeld vor dem Schwinger wurde zur Bestimmung der Schallenergie im jeweiligen Abstand mit einem Hydrophon ausgemessen.

Ziel der Untersuchung war es, zu ermitteln, von welchen Schallparametern die Biofilm-Ablösung abhängt und ob es eine kritische Adhäsionsenergie gibt, die durch Variation dieser Parameter quantifiziert werden kann. Es sollte geklärt werden, bei welchen Werten der Parameter Intensität, Abstand vom Schwinger sowie Beschallungszeit die Ablösung erfolgt. Aus dem Vergleich von solchen Werten vor und nach der Einwirkung belagsablösender Substanzen läßt sich deren Wirkung quantifizieren.

Die ermittelten kritischen Werte, bei denen jeweils mehr als 95% der anhaftenden Bakterien abgelöst werden, sind in Tabelle 5.14 zusammengefaßt [281].

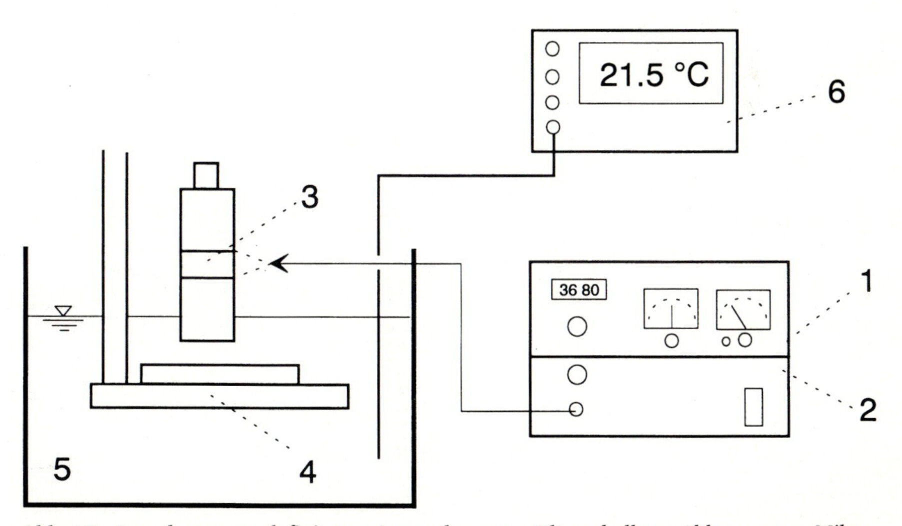

Abb. 5.8. Anordnung zur definierten Anwendung von Ultraschall zur Ablösung von Mikroorganismen von Membran-Oberflächen; 1 Phasen- und Intensitätsregler; 2 Energiequelle; 3 Ultraschallschwinger; 4 Haltevorrichtung mit beschalltem Objekt; 5 Wasserbehälter; 6 Temperaturanzeige

Tabelle 5.14. Kritische Ultraschallparameter für die Ablösung von *P. diminuta* von einer Polyethersulfon-Membran [281]

Parameter	Wert	Randbedingungen
aufgenommene Intensität	2 W	t = 300 s, D = 2 cm
Entfernung v. Schwinger	4 cm	t = 300 s, I = 4 W
Expositionszeit	60 s	D = 3 cm, I = 4 W

Eine Ablösung des Biofilms durch gezielte Anwendung von Ultraschall erscheint also praktikabel; die bisherigen Applikationen könnten in der Praxis sicherlich erweitert werden. Allerdings muß beachtet werden, ob die jeweiligen Aufwuchsmaterialien gegenüber Ultraschall ausreichend stabil sind.

Bei Umkehrosmose-Membranen wurde dies durch den sog. Bubble-Point-Test festgestellt [281]. Dabei wird in einer Versuchsapparatur Luft durch die Membran in eine Wasserphase gepreßt und der Durchtritt in Abhängigkeit vom angewandten Druck ermittelt (Abb. 5.9).

Es zeigte sich, daß der Druck, der zur Erzeugung von Blasen notwendig war, im wesentlichen von der Distanz zum Schwinger abhängt. Ein steiler Abfall des Bubble-Points ist zu erkennen, wenn ein Abstand von 5 mm unterschritten wird, während ab 10 mm Abstand Intensitäten von bis zu 40 W bei 30 Minuten Einwirkungszeiten ohne Schäden überstanden werden. Eine Anwendung von Ultraschall-Köpfen in Molchen bei röhrenförmigen Filtrationsmodulen erscheint daher für Reinigungsverfahren als praktikabel und aussichtsreich, wenn die genannten Randbedingungen beachtet werden.

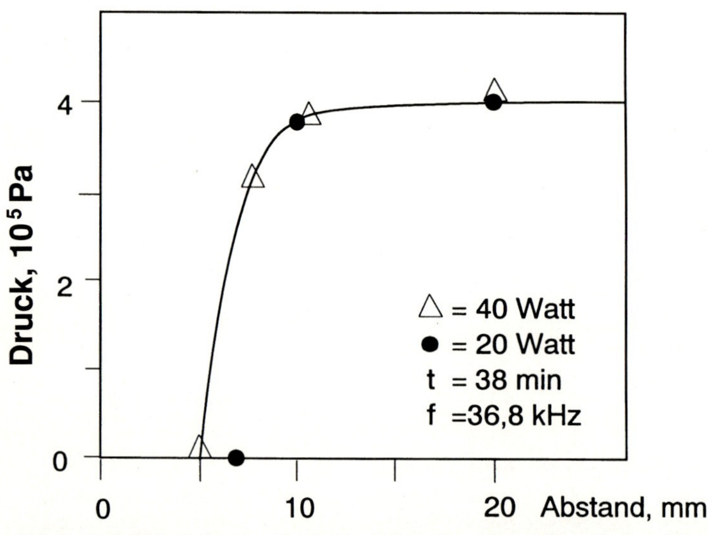

Abb. 5.9. Bubble-Point-Druck als Funktion des Abstands zwischen Membran und Ultraschall-Schwinger; Frequenz: 36,8 kHz; Beschallungsdauer: 30 min

Belagsablösung in der Labor-Testzelle

Um den Erfolg von Reinigungsmaßnahmen zu untersuchen, wurde in der bereits beschriebenen Laboranlage ein Biofilm auf einer RO-Membran erzeugt. Als Rohwasser wurde eine Zellsuspension von ca. $5 \cdot 10^8$ Zellen/ml (*Pseudomonas diminuta*) eingesetzt. Bereits nach wenigen Stunden lag ein mindestens monobakterieller Belag vor. Anhand dieser Beläge auf FT 30 BW-Membranen sollte gezeigt werden, inwieweit sich eine Veränderung des Rohwassers auf die Belegung der Membran und damit auf die Betriebsparameter auswirkt. Exemplarisch für diese Untersuchungen werden zwei Beispiele aufgeführt.

Der Versuch sollte folgende Situation simulieren: In einer Anlage hat sich während mehrerer Tage ein Biofilm gebildet. Dann erfolgt ein Reinigungsschritt, und anschließend wird mit keimfreiem Wasser nachgespült.

a) Erzeugung des Belages: Die Anlage wird mit einer Zellsuspension (s. oben) über einen Zeitraum von 23 Stunden hinweg belastet.
b) Reinigungsschritt: 2 Stunden Spülen mit 1%iger Ultrasil 53-Lösung [79]. Dies ist eine in der Praxis übliche Reinigungsprozedur.
c) Spülen: Anschließend wird mit Leitungswasser, das ein relativ keimarmes Rohwasser repräsentiert, gespült.

Abbildung 5.10 die Verläufe der Permeatausbeute und der Leitfähigkeit. Es zeigte sich, daß die Reinigung und der anschließende Spülprozeß eine gewisse, aber unzureichende Verbesserung auf den Flux ausübte. Dazu paßt, daß die lichtmikroskopische Analyse der so behandelten Membran einen ein- bis zweilagigen, flächendeckenden Biofilm ergab.

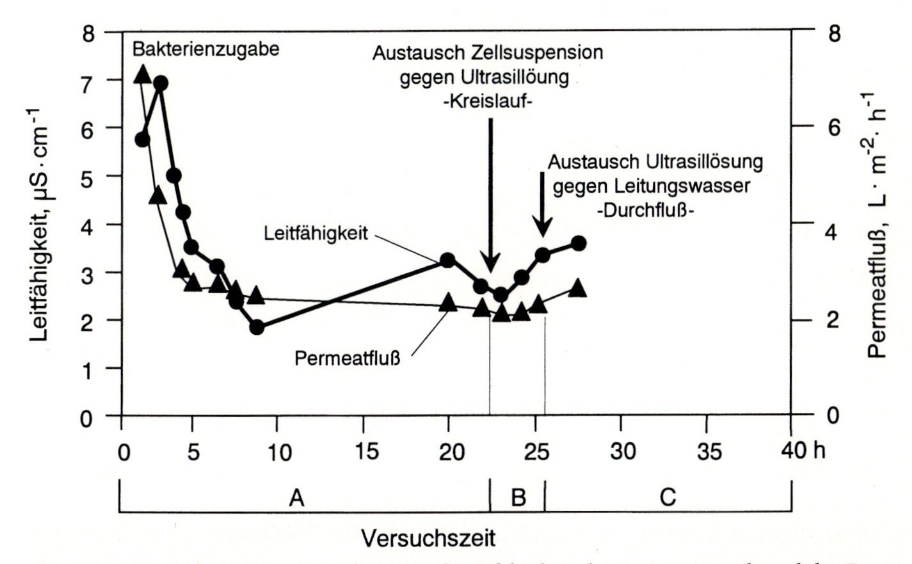

Abb. 5.10. Verlauf von Permeatausbeute und Leitfähigkeit des Permeates während der Entstehung eines Biofilms sowie während und nach eines Reinigungsschrittes [83]

Überraschend war das Ansteigen des Salzgehaltes im Permeat nach Zugabe der Reinigungssubstanz. Auch nach 2stündigem Spülen stieg die Leitfähigkeit im Permeat noch an. Dies deutet auf eine Veränderung der Permeationseigenschaften der Membran durch die Reinigung hin.

Der Verlauf läßt sich folgendermaßen beschreiben:

a) Entwicklung des Belages: Die Ausbildung des Biofilms führt zu einer Abnahme des Flux und zu einer Verbesserung der Salzrückhaltung. Beide Betriebsparameter erreichen nach ca. 10 h ein Plateau. Parallel zur Biofilm-Bildung verbessert sich die Salzrückhaltung, was sich in einer Abnahme der Leitfähigkeit ausdrückt. Eine plausible Erklärung dafür steht noch aus.
b) Reinigung: Die Zellsuspension wurde kontinuierlich gegen die 1%ige Ultrasil-Lösung ausgetauscht, ohne daß der Betriebsdruck ($2 \cdot 10^6$ Pa) geändert wurde. Auf diese Weise konnten Dekomprimierung und Kompaktierung der Membran vermieden werden. Die Reinigungslösung wurde 2 Stunden im Kreislauf gefahren. Dies führte zu einer Erhöhung des Flux.
c) Spülen: Nach Austausch der Reinigungslösung gegen Leitungswasser wurde 2 Stunden gespült. Der Flux stieg weiterhin an. Allerdings stieg aucht die Leitfähigkeit des Permeates noch an, was eine Verschlechterung der Salzrückhaltung bedeutete.

Die Ergebnisse zeigen, daß die Reinigung zwar nachweisbar ist und anhand der Parameter Permeatausbeute und Leitfähigkeit des Permeates erkennbar ist, aber daß die Wirkung keinesfalls ausreicht.

Bei vergleichbaren Batch-Versuchen war diese Reinigungslösung wesentlich effektiver gewesen und hatte zu einer fast vollständigen Ablösung eines primär gebildeten Biofilms geführt. Bei der Ablösung von „alten“ mehrlagigen Biofilmen, die sich über einen längeren Zeitraum (mehrere Monate) ausgebildet hatten, war jedoch im Labor die Effektivität sehr gering [79]. Eine allgemeine Erkenntnis daraus ist wiederum, daß ältere Biofilme sich schlechter ablösen lassen als „jüngere“. Diese Feststellung deckt sich mit den Beobachtungen von H. Ridgway (pers. Mitt.).

5.2.3 Kombinierte Wirkung von Reiniger und Scherkraft

Reiniger werden normalerweise in Verbindung mit Scherkräften angewandt, wobei die Schwächung der Biofilm-Matrix mit ihrer mechanischen Beseitigung kombiniert wird. Dabei muß die Stabilität der Biofilm-Matrix überwunden werden. Um den Einfluß der EPS auf die Stabilität näher zu untersuchen, wurden Experimente mit Filterkuchen aus Bakterien mit viel bzw. wenig EPS durchgeführt [152]. Die Wirkung der Scherkräfte wurde durch Rühren über dem Filterkuchen im Vergleich zum nicht gerührten System bestimmt. Zwar wird durch das Rühren kein einheitliches Scherfeld über der Membranoberfläche erzeugt, aber es lassen sich zumindest Hinweise darauf gewinnen, wie gut ein Reiniger die Resuspension von Biofilmen ermöglicht. Dies ist ein Maß für die Eignung eines Wirkstoffes.

Zunächst wurden parallel zwei Filterkuchen aus Bakterien mit wenig EPS auf RO-Membranen erzeugt. Dazu wurden die Bakterien in R2A-Medium gezüchtet und in der späten logarithmischen Phase durch Zentrifugation geerntet. Sie wurden einmal mit sterilem Leitungswasser gewaschen und dann in 10% des Originalvolumens resuspendiert. Die Feststoffkonzentration betrug dann 2%. Für die Versuche wurde jeweils eine Nucleopore Rührzelle Typ SS 76-400 benutzt; eine Zelle wurde gerührt, die andere nicht. Aus 400 ml dieser Suspension wurden nach 60 min Filtration durch eine Membran aus Polyethersulfon und Polyvinylpyrrollidin [152] der Filterkuchen gebildet. In dieser Zeit stellte sich bei Anwendung des Rührers ein konstanter Durchfluß ein; dies wurde als Hinweis für die Entstehung eines konstanten Filterkuchens angesehen. Er wurde mit einer Reinigungslösung überschichtet. Abb. 5.11 zeigt ein typisches Ergebnis bei Verwendung einer 1%igen Lösung von Ultrasil 53.

Die Permeabilität des Filterkuchens ist mit Rühren ca. 20fach größer als ohne Rühren. Dies ist auf den Effekt des Rührens bei der Bildung des Filterkuchens zurückzuführen. Wenn das Konditionierungsmittel zugesetzt wird, ändert sich die Permeabilität beim nicht gerührten Ansatz nur unwesentlich. Bei Anwendung des Rührers steigt sie um ca. 30%. Dies dürfte darauf zurückzuführen sein, daß der Reiniger die Resuspension des Filterkuchens durch den Rührer begünstigt. Wenn der Reiniger durch Wasser ersetzt wird, steigt in beiden Fällen die Permeabilität drastisch an. Im ruhenden System gibt es dafür nur eine Erklärung: Die Permeabilität des Filterkuchens ist angestiegen, ohne daß er dünner geworden ist.

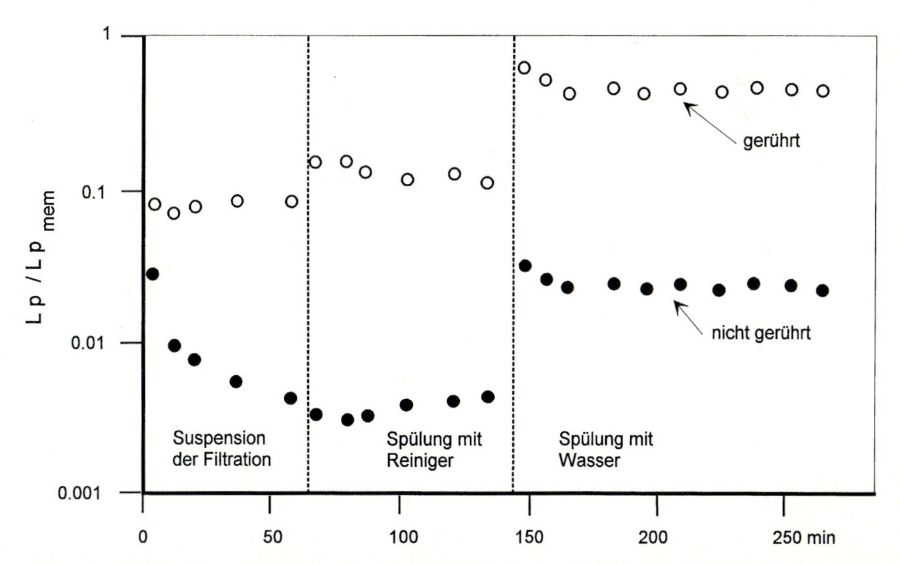

Abb. 5.11. Rührzellen-Filtration mit einem Filterkuchen aus EPS-armen Bakterien vor und nach Einwirkung des Reinigungsmittels Ultrasil 53. Die Permeabilität (Lp/Lp_{Mem}) ist bezogen auf Leitungswasser; ○: mit Rühren, ●: ohne Rühren

Interessanterweise ist bei eingeschaltetem Rührer nun keine Trübung im Überstand zu erkennen. Der Anstieg der Permeabilität (Faktor 4) ist daher auch im dynamischen System auf eine Erhöhung der Permeabilität des Filterkuchens zurückzuführen.

Abbildung 5.12 zeigt den Verlauf, wenn EPS-reiche Bakterien als Filterkuchen benutzt werden. Der Effekt der EPS zeigt sich bereits bei der Bildung des Filterkuchens. Die Bakterien sind von den Schleimsubstanzen wie mit einem Gel umgeben. Dies führt zu einer geringeren Packungsdichte des Filterkuchens und damit zu einer besseren Permeabilität, weil die Gelphase gut permeabel für Wasser ist. In diesem Fall führt die Anwendung des Reinigers zu einem größeren Unterschied zwischen dem dynamischen und dem ruhenden System. Wenn der Reiniger durch Wasser ersetzt wird, nimmt die Permeabilität in beiden Fällen um ca. das Dreifache zu.

Um festzustellen, ob dieser Effekt auf der Wirkung des Reinigers beruht, wurde das gleiche Experiment mit Tannin, einem Membran-Konditionierungsmittel, anstelle von Ultrasil 53 durchgeführt (Abb. 5.13). Wiederum bestand der Filterkuchen aus EPS-reichen Bakterien. Diesmal verschlechtert sich die Permeabilität des Filterkuchens während der Einwirkung von Tannin sowohl im dynamischen als auch im ruhenden System. Anschließend steigt sie im gerührten System auf ca. 120 % des Ausgangswertes, während sie im ruhenden System auf 80 % abnimmt.

Um zu unterscheiden, welche Wirkung der Reiniger ausübt und welche allein durch die Spülprozesse entsteht, wurde vor die Anwendung des Reinigers ein Spülvorgang mit Wasser geschaltet. Wieder wurden zwei Filterkuchen

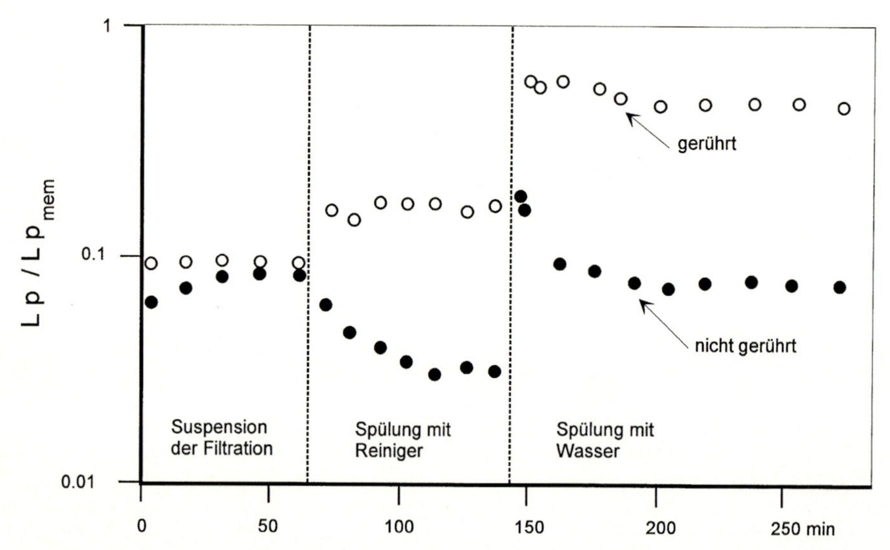

Abb. 5.12. Rührzellen-Filtration mit einem Filterkuchen aus *EPS-reichen Bakterien* vor und nach Einwirkung von *Ultrasil 53*. Die Permeabilität (Lp/Lp_{Mem}) ist bezogen auf Leitungswasser; ○: mit Rühren; ●: ohne Rühren

aus EPS-reichen Bakterien gebildet und wieder wurden zwei Filtrationszellen parallel betrieben, eine mit eingeschaltetem Rührer und die andere ohne Rührer. Abb. 5.14 zeigt die Ergebnisse.

Dabei wird deutlich, daß bereits das Rühren mit Wasser einen redispergierenden Effekt auf den Filterkuchen hat. Ohne Rühren wirkt das Wasser nur kompaktierend. Wenn nun das Reinigungsmittel zugesetzt wird, dann verändert sich die Permeabilität nicht stärker als bei reinem Wasser. Das bedeutet, daß der Reiniger nicht viel zur Dispersion beiträgt. Wenn anschließend jedoch der Reiniger durch Wasser ersetzt wird, dann zeigt sich ein deutlicher Anstieg der Permeabilität gegenüber dem Ansatz, der nur Wasser enthielt. Dies belegt weiter, daß die Wirkung des Reinigers stärker auf die Veränderung der Permeabilität als auf die Redispersion des mikrobiellen Belages gerichtet ist.

Die Ergebnisse der Rührzellen-Versuche lassen sich folgendermaßen zusammenfassen [163]:

- Der Filterkuchen aus EPS-reichen Bakterien hat eine zehnfach höhere Permeabilität als der aus EPS-armen Bakterien,
- Rühren führt zu einer höheren Permeabilität als Nicht-Rühren,
- Ultrasil 53 redispergiert den Filterkuchen auf der Membran und stellt die ursprüngliche Permeabilität zu ca. 60 % wieder her,
- Tannin verringert die Redispersion und die Permeabilität des Filterkuchens leicht, und zwar mit und ohne Rühren,
- Wasser führt ebenfalls zur Redispersion, aber nicht zu einer Verbesserung der Permeabilität.

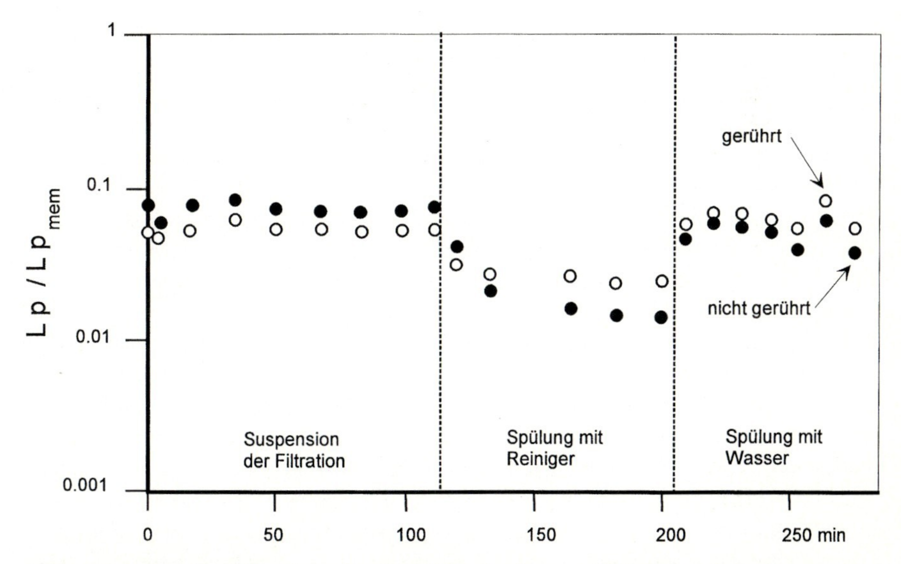

Abb. 5.13. Rührzellen-Filtration mit einem Filterkuchen aus *EPS-reichen Bakterien* vor und nach Einwirkung von *Tannin*. Die Permeabilität (Lp/Lp_{Mem}) ist bezogen auf Leitungswasser; ○: mit Rühren; ●: ohne Rühren

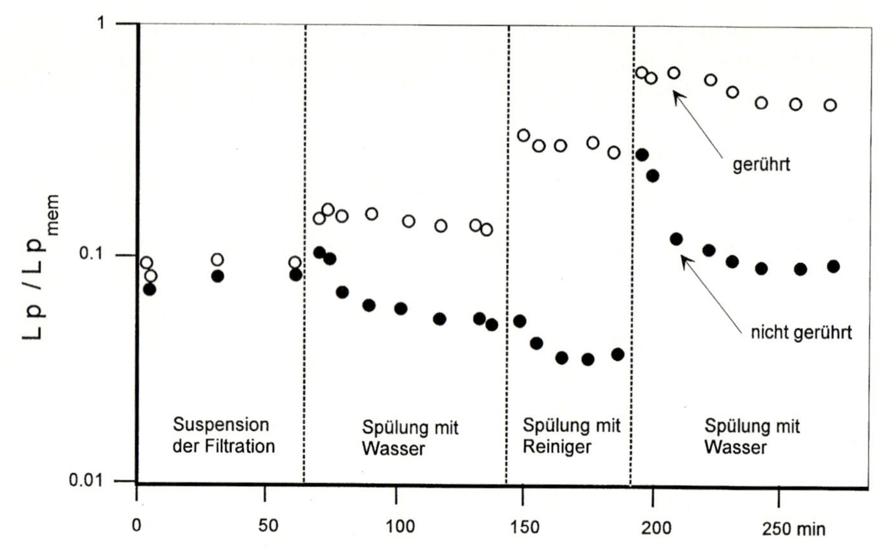

Abb. 5.14. Druckzellen-Filtration mit einem Filterkuchen aus *EPS-reichen Bakterien*. Die Permeabilität (Lp/Lp_{Mem}) ist bezogen auf Leitungswasser; ○: mit Rühren; ●: ohne Rühren. Vergleich: *Wirkung von Wasser und Wirkung von Ultrasil 53*

5.2.4 Erfolgskontrolle

Der Erfolg einer Reinigungsmaßnahme wird normalerweise daran gemessen, wie stark sich dadurch die Betriebsparameter eines technischen Prozesses verbessern. Ursache des Biofouling sind aber Biofilme, und Veränderungen der Betriebsparameter reflektieren nur indirekt, ob die Biofilme beseitigt worden sind. Es ist daher sinnvoll, eine direkte Erfolgskontrolle vorzunehmen, d.h. nach einer Reinigungsmaßnahme zu überprüfen, ob der Belag verschwunden ist. Eine Verbesserung der Betriebsparameter kann auch erfolgen, wenn nur ein Teil des Belages beseitigt wurde. Für die Beurteilung des Reinigungserfolges ist es auch notwendig, den Ist-Zustand vor der Reinigung zu dokumentieren. Diese Aspekte werden in der Praxis oft nicht ernst genug genommen, und Unter- bzw. Überdosierungen der Biozide und Fehleinschätzungen der Wirksamkeit sind die Folge.

Wenn allein die Verringerung der Koloniezahlen in der Wasserphase betrachtet wird, dann wird die bereits erwähnte, besondere Biozid-Toleranz von Biofilm-Mikroorganismen übersehen. In einem solchen Fall zeigen Wasseranalysen eine vermeintlich vollständige Abtötung und schaffen eine falsche Sicherheit, während bereits nach kurzer Zeit eine erneute Nachverkeimung durch die Biofilme stattfindet. Dies wird in der Praxis häufig beobachtet.

Entscheidend ist die Kontrolle des Reinigungserfolges auf repräsentativen Oberflächen im Vergleich zum Ist-Zustand. Bei der Konstruktion einer Anlage läßt sich dieser Aspekt von vornherein berücksichtigen – etwa, indem bereits bei der Konstruktion entfernbare Testflächen vorgesehen werden. Obwohl eine Erfolgskontrolle erlaubt, die Gründlichkeit einer Reinigung zu beurteilen und damit hilft, die Häufigkeit von Reinigungen zu verringern, sind diesbezügliche Bemühungen in der Praxis nur unzureichend.

Prozeßparameter wie Permeatleistung, Druckabfall, Filterwiderstand, Strömungswiderstand, Wärmeübergang, Trennleistung u. a. reagieren relativ spät auf Biofouling. Wenn es gelingt, einen Belag zu 80% zu entfernen, werden die Prozeßparameter erheblich verbessert. Für eine rasche Wiederverkeimung sind durch die verbliebenen Belagsreste jedoch beste Voraussetzungen gegeben, wie am Beispiel irreversibel mikrobiell verblockter Umkehrosmose-Membranen gezeigt werden konnte.

Abbildung 5.15 zeigt den verbliebenen Belag auf einer Umkehrosmose-Membran nach Behandlung mit verschiedenen Membranreinigern [79], die kurz vorgestellt seien:

Reasol, Mucapur und Extran sind handelsübliche, leicht alkalische Mischungen aus anionischen und nichtionischen, oberflächenaktiven Substanzen.

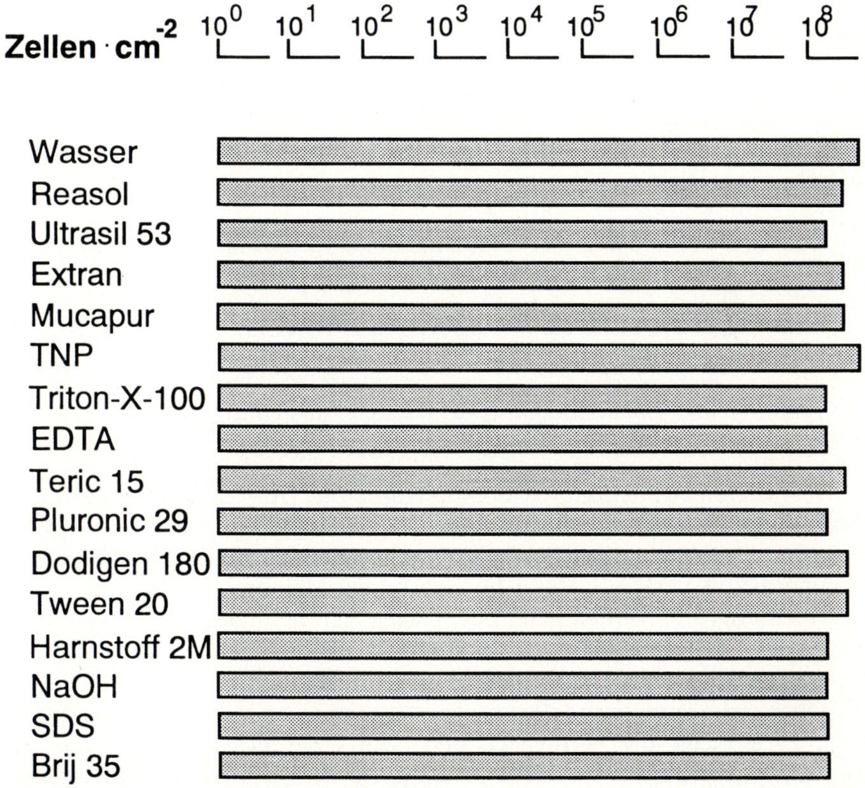

Abb. 5.15. Verbleibender Belag, ausgedrückt in Zellen/cm^2, nach Behandlung der Membran aus Abb. 5.14 mit verschiedenen Reinigern [79]

Ultrasil 53 ist ein spezieller Membranreiniger, der anionische und nichtionische Tenside sowie Enzyme enthält.

Natriumtripolyphosphat (TNP) besitzt komplexierende Eigenschaften und wurde für Membranreinigungen eingesetzt [267].

Triton X 100, Octylphenoxypolyethoxyethanol, ein nichtionisches Tensid, wurde von Ridgway et al. [203] als wirksam zur Biofilm-Entfernung von Celluloseacetatmembranen beschrieben.

Brij 35, ein Polyoxyethylenether war nach Humphries et al. [114] die einzige einer Reihe oberflächenaktiver Substanzen, mit deren Hilfe Biofilme von Polystyrol-Oberflächen abgelöst werden konnten.

Tween 20 (Polyethoxysorbitanlaurat) gilt ebenfalls als desorbierend wirksam für Bakterien und hydrophil-lipophile Blockpolymere vom Typ *Teric/Pluronic.* Tween 20 zeigte sich bei Polystyrol und Glas als adhäsionsinibierend für marine Mikroorganismen [15].

EDTA ist bekannt als auflösendes Agens für den Zusammenhalt von Strukturen, die durch zweiwertige Kationen (z.B. Ca^{2+}) in Biofilmen stabilisiert werden [3].

Dodigen 180, ein Oligomethylenbiguanid, wird zur Verhinderung der mikrobiellen Anheftung an Hydroxylapatit eingesetzt. Die Substanz zeigte in einigen Fällen auch eine deutliche Inhibition der mikrobiellen Anheftung an Membranmaterialien [78].

Als *anionisches Tensid* wurde *Natriumdodecylsulfat (SDS)* eingesetzt, dessen Reinigungseffekt von Ridgway et al. [203, 204] beschrieben wurde.

Harnstoff als chaotropes Agens wurde bei der Membranreinigung als effektiv beschrieben [267].

Natronlauge und *Trinatriumphosphat* wurden zur Ermittlung möglicher pH-Einflüsse untersucht.

Die rasterelektronenmikroskopische Aufnahme (Abb. 5.16) zeigt die Membran vor der Reinigung, und auf Abb. 5.17 ist der Rest des Belages zu erkennen, der nach 48stündiger Behandlung mit dem wirksamsten der Membranreiniger (Ultrasil 53) aus Abb. 5.14 noch auf der Membran bleibt.

Abbildung 5.17 verdeutlicht, daß nach einer Reinigung unter extremen Bedingungen (Einwirkungszeit 48 Stunden) immer noch ein beträchtlicher Anteil des Belages auf der Membran verbleibt. Deutlich ist zu erkennen, daß die Oberfläche rauh ist und organisches Material sowie Mikroorganismen enthält. Zwar steigt die Permeatleistung nach einer derartigen Behandlung sicherlich stark an; für eine neuerliche Entwicklung des Biofilms sind jedoch alle Voraussetzungen gegeben, weil mit dem Rohwasser lebensfähige Keime in das System eingetragen werden. Das Erreichen der Toleranzschwelle nach

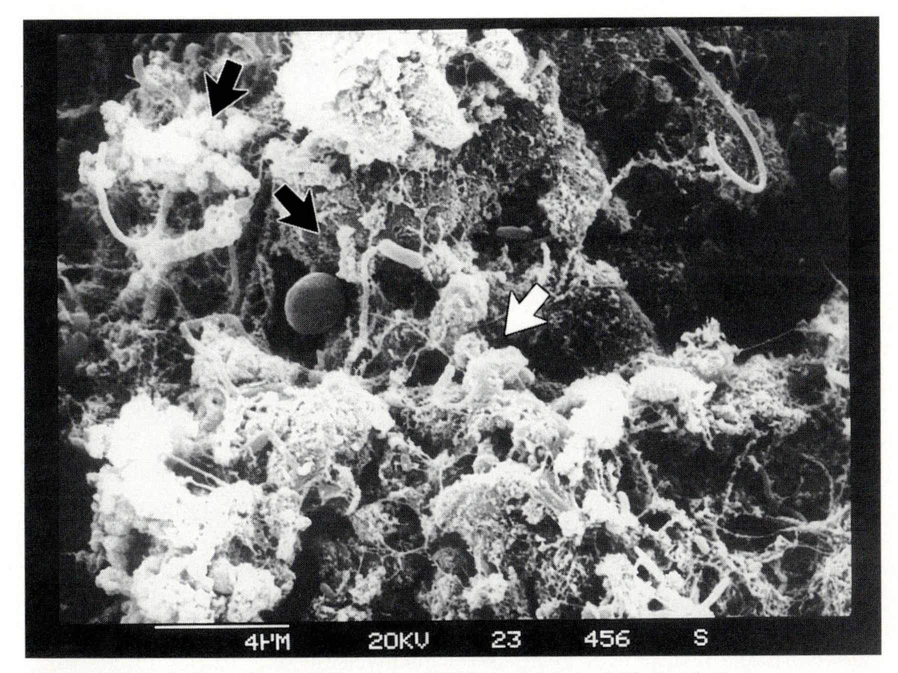

Abb. 5.16. Durch Biofouling irreversibel verblockte Membran [79]; Strich: 4 µm

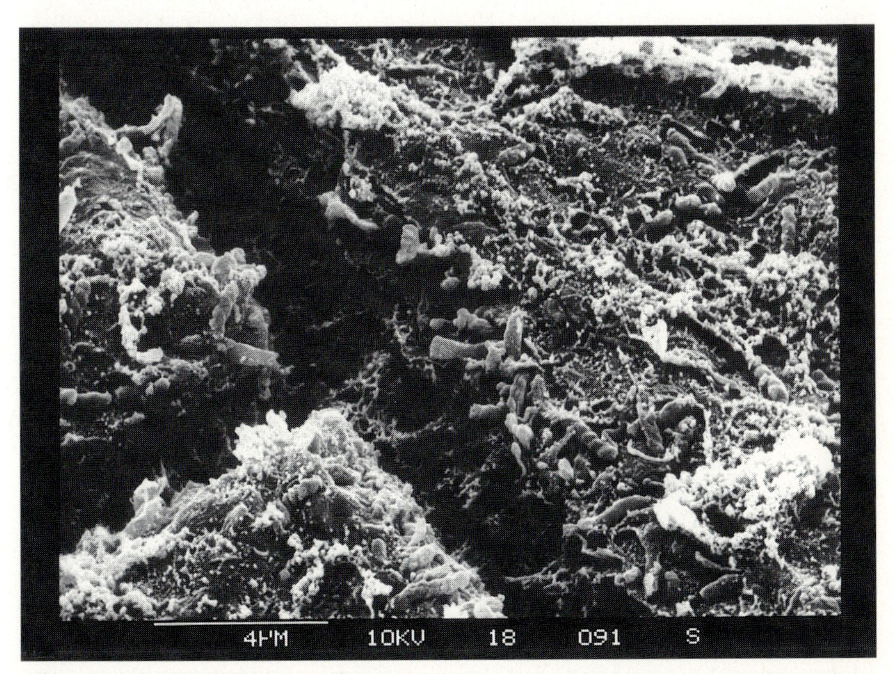

Abb. 5.17. Gleiche Membran nach 48 h Behandlung mit einem Reiniger; 80 % des Belages wurden entfernt [70]; Strich: 4 µm

neuerlichem Betrieb dürfte in einem solchen Fall wesentlich schneller erfolgen als bei einer ursprünglich tatsächlich sauberen Membran. Es ist klar, daß der Zeitraum zwischen zwei Reinigungen um so kürzer sein wird, je unvollständiger eine Reinigung war.

Hier liegt die Bedeutung der Erfolgskontrolle: Sie erlaubt es, die Vollständigkeit einer Reinigungsmaßnahme zu überprüfen und die Zeit bis zur nächsten Reinigung abzuschätzen. Damit ist eine Optimierung möglich. Voraussetzung ist allerdings, daß die Erfolgskontrolle tatsächlich auf repräsentativen Oberflächen stattfindet. Dies ist bei Membransystemen bislang noch nicht zerstörungsfrei möglich.

Für teure und empfindliche RO-Anlagen lohnt es sich auf jeden Fall, Testmodule im Bypass zu fahren, deren Betriebsparameter genau verfolgt werden und aus denen einzelne Module entnommen werden können. An diesen kann dann bei Bedarf eine destruktive Analyse des Belages durchgeführt werden („Opfer-Module", [275]). Solche Monitoring-Anlagen sind auch sehr sinnvoll, um die Wirksamkeit von Reinigungsmitteln zu erproben, bevor sie an der großen Anlage eingesetzt werden. Die Effektivität von Anti-Fouling-Maßnahmen kann auf diese Weise deutlich erhöht werden.

Zusammenfassend läßt sich feststellen, daß sich Biofouling in einer arbeitenden Anlage nur schwer zweifelsfrei nachweisen läßt. In der Praxis muß man sich daher häufig auf Vermutungen und Indizien verlassen und darauf dann ganze Reinigungspläne für große und teure Anlagen aufbauen. Diese Situation ist sehr unbefriedigend. Es bietet sich daher an, mit Hilfe von Biofouling-Monitoren die tatsächliche Entwicklung mikrobieller Beläge in der Anlage zu verfolgen. Das Problem beim Monitoring ist, daß entweder die Simulation der tatsächlichen Verhältnisse befriedigend ist, dann ist der Monitor kompliziert – oder die Messung ist einfach, dann ist der Monitor relativ wenig repräsentativ für die Anlage.

In einigen der großen RO-Anlagen wird dieser Ansatz bereits in die Praxis umgesetzt (Ridgway, pers. Mitt.; Ladendorf, pers. Mitt.; Nagel, pers. Mitt.).

5.3 Verhinderung von Biofouling

5.3.1 Das Biofouling-Potential

Der primäre Biofilm auf der Membranoberfläche entspricht dem in Abb. 1.1 als Induktionsphase bezeichneten Abschnitt. Er stellt einen Anteil des Biofouling-Potentials im System dar – sozusagen einen „wartenden Biofilm", der sich bei geeigneten Bedingungen weiter entwickeln wird [84]. In der Anfangsphase scheinen Scherkraft und Zellzahl im Rohwasser die maßgeblichen Faktoren zu sein. In späteren Phasen erfolgt die Zunahme des Biofilms hauptsächlich aufgrund der Nährstoff-Zufuhr. Wenn diese Zunahme die Toleranzschwelle überschreitet, dann tritt „Biofouling“ ein, und Gegenmaßnahmen werden eingeleitet. In den meisten Fällen ist dann nicht die Anzahl der Zellen im Wasser das Problem, sondern die Konzentration an abbaubaren Stoffen, denn in der Plateau-Phase wächst der Biofilm nicht mehr durch die weitere Anlagerung von Mikroorganismen, sondern durch die Vermehrung der bereits im Biofilm vorhandenen Zellen.

Da eine technische Anlage ohne einen hohen und gezielten Aufwand nicht steril gehalten werden kann, tragen alle benetzten Oberflächen einen mehr oder weniger dicken Biofilm, natürlich auch die Membranen. Werden ihm Nährstoffe zugeführt oder – falls die Dicke Scherkraft-kontrolliert ist – wenn die Fließgeschwindigkeit verlangsamt wird, dann nimmt die Biofilm-Dicke zu. Im Prinzip kann man daher das Biofouling auf die Wechselwirkung zwischen dem „wartenden Biofilm“, den Nährstoffen im Medium und den Scherkräften verstehen.

Membrananlagen sind unterschiedlich stark durch Biofouling gefährdet. Das Biofouling-Potential läßt sich zwar nicht genau quantifizieren, aber doch aus einigen Faktoren abschätzen. In Tabelle 5.15 sind die Risikofaktoren zusammengestellt.

Tabelle 5.15. Faktoren, die das Biofouling-Potential in einer Membrananlage erhöhen

Rohwasser

- Hoher Gehalt an biologisch abbaubaren Stoffen;
- hoher Gehalt an anorganischen Nährstoffen;
- hoher Gehalt an Mikroorganismen;
- hoher Gehalt an Partikeln (verringert Desinfektionswirkung);
- Temperaturen zwischen 15 und 40 °C.

Anlage

- Membranen mit hoher biologischer Affinität;
- Totzonen, schlecht durchflossene Bereiche;
- langes und verzweigtes Leitungssystem;
- Vorratsbehälter mit langer Aufenthaltszeit;
- Möglichkeiten zur Sedimentbildung (Tankboden etc.);
- Materialien, die abbaubare Stoffe abgeben;
- rauhe Oberflächen, Ritzen, Nischen;
- Lichtzutritt (Möglichkeit der Algenbildung);
- schlechte Reinigungsmöglichkeit;
- keine Möglichkeiten zur Überwachung von Oberflächen.

Betriebsweise

- Geringe Fließgeschwindigkeiten;
- intermittierender, nicht kontinuierlicher Betrieb; besonders: lange Stillstandszeiten;
- kontaminierte Chemikalien;
- seltene Reinigung;
- mangelnde Effektivitätskontrolle nach Reinigung;
- fehlendes Monitoring der Biofilm-Entwicklung;
- Benutzung nichtkompatibler Konditionierungs-Chemikalien.

Im Prinzip wird das Biofouling-Potential von drei Faktoren bestimmt:

1. Gehalt des Rohwassers an biologisch abbaubaren Stoffen und Keimen,
2. Material und Design der Anlage,
3. Frequenz und Effektivität der Reinigungsmaßnahmen.

Dabei muß die Anlage insgesamt betrachtet werden, d.h. mit allen Zu- und Ableitungen sowie Vorratsgefäßen, da ein noch so guter Schutz der Membranen nichts nutzt, wenn die restliche Anlage starkes Biofouling hat.

Die Strategien zur Verhinderung von Biofouling müssen stets darauf zugeschnitten sein, welches Ziel erreicht werden soll. Prinzipiell geht es dabei in der Regel entweder darum,

a) die Abnahme der Permeatleistung, oder
b) die mikrobielle Kontamination des erzeugten Wassers zu verhindern, d.h. Reinstwasser zu garantieren.

Die folgenden Punkte beziehen sich im wesentlichen auf den ersten Aspekt. Dabei wird eine gewisse Kontamination des Wassers grundsätzlich in Kauf genommen, weil es bei der Erzeugung von Brauch- und Trinkwasser meistens nicht darauf ankommt, steriles Wasser herzustellen, sondern ausreichende Mengen kostengünstig zu erzeugen.

Es gibt mindestens fünf Ansatzpunkte für eine Strategie zur Verhinderung von Biofouling (Tabelle 5.16). Natürlich lassen sich diese Gesichtspunkte wesentlich besser beachten, wenn sie bereits bei der Planung einer Anlage mit einbezogen werden.

5.3.2 Vorbehandlung des Rohwassers

Die gängigste Methode, Biofouling zu bekämpfen und unter Kontrolle zu halten, ist die Vorbehandlung des Rohwassers. Diese Vorgehensweise ist im allgemeinen wesentlich einfacher als Eingriffe in eine Anlage. Grundsätzlich kann man hier vier verschiedene Strategien unterscheiden:

1. Abtötung der Mikroorganismen im Rohwasser (Biozid-Dosierung);
2. Entfernung der Mikroorganismen aus dem Rohwasser (Filter);
3. Dosierung adhäsionshemmender Stoffe;
4. Senkung der Nährstoff-Konzentration im Rohwasser (Biofilter).

5.3.2.1 Biozid-Dosierung

Die häufigste Vorsorgemaßnahme gegen Biofouling besteht in der Dosierung von Bioziden in das Rohwasser, da eine Desinfektionsmaßnahme allein keinen remanenten Effekt hat und deshalb auch keine dauerhafte Verhinderung der Bildung von Biofilmen bewirkt. Tabelle 5.7 zeigt eine Zusammenstellung von Bioziden, die bei Membrananlagen eingesetzt werden. Vielfach wird Chlor angewandt, weil es billig und wirksam ist, und weil die Handhabung bereits erprobt ist. Allerdings sind relativ hohe Chlor-Dosen notwendig, um das Bio-

Tabelle 5.16. Ansatzpunkte für Anti-Fouling-Strategien

1. Vorbehandlung des Rohwassers
- Abtötung der Mikroorganismen (Biozid o.ä.);
- Entfernung der Mikroorganismen (Bakterienfilter);
- Dosierung adhäsionshemmender Stoffe;
- Entfernung mikrobiell abbaubarer Stoffe aus dem Rohwasser (biologische Filter).

2. Betriebsweise der Anlage
- Erhöhung der Fließgeschwindigkeiten;
- Senkung des Betriebsdruckes;
- Fahrweise unterhalb maximaler Permeatleistung;
- Erhöhung der Toleranzschwelle, z.B. durch Dosierung von Stoffen, welche die Permeabilität der Biofilme steigern.

3. Membranreinigung
- Optimierung der Reinigungs-Formulierung an Testmodulen und anhand der Betriebsparameter;
- zeitlich kurz aufeinanderfolgende Reinigung;
- Optimierung des Reinigungsverfahrens;
- Überprüfung des Reinigungserfolges.

4. Modulkonstruktion
- Auswahl von leicht zu reinigenden Modulen (bei hohem Biofouling-Potential);
- Auswahl von Spacern, die über der Membranoberfläche maximale Turbulenz verursachen;
- Auswahl von Membranmaterial mit geringer biologischer Affinität zur jeweiligen Rohwasser-Mikroflora;
- Wechsel des Materials bei Biofouling-Problemen;
- Änderung der Element-Konfiguration;
- Bereitstellung zusätzlicher Membranfläche.

5. „Technische Hygiene“
- Generelle Vermeidung mikrobieller Kontaminationen im Gesamtsystem;
- Verhinderung der Anheftung von Mikroorganismen;
- Monitoring-Systeme zur Bestimmung des mikrobiologischen Zustands der Anlage.

film-Wachstum unter Kontrolle zu halten [19]. Außerdem kann Chlor in RO-Anlagen nur dann angewandt werden, wenn die Membran nicht geschädigt wird. Viele der neueren Membranmaterialien wie z.B. Polyamid sind jedoch empfindlich gegenüber Chlor. Ridgway und Safarik [210] zeigten, daß die Rate der mikrobiellen Adhäsion eher noch höher ist, wenn die Mikroorganismen noch im suspendierten Zustand zuvor mit freiem Chlor in Kontakt gekommen sind (Abb. 5.18). Die Untersuchungen von Whittaker et al. [283] lassen jedoch vermuten, daß Oberflächen, die kontinuierlich Bioziden ausgesetzt sind, leichter von Mikroorganismen zu befreien sind. Man nimmt an, daß die Biozide die Stabilität der Biofilm-Matrix schwächen.

Krack (Fa. Henkel, pers. Mitt.) weist darauf hin, daß Chlordioxid für Compositmembranen wie z.B. Polyamid auf Polysulfon (FT 30) eingesetzt werden kann, ohne daß Schäden entstehen. Voraussetzung ist allerdings, daß beim Prozeß der Chlordioxiderzeugung kein zusätzliches freies Chlor entsteht.

Von den in Tabelle 5.8 aufgezählten Bioziden scheint Monochloramin in Konzentrationen bis zu 5,0 mg L^{-1} eine gute Kompatibilität mit Celluloseacetatmembranen aufzuweisen. Überraschenderweise konnte diese Substanz auch erfolgreich zum Schutz aromatischer Polyamidmembranen eingesetzt werden, und zwar wenn sie kontinuierlich zudosiert wurde (Ridgway, unpubl. Beob.). LeChevallier et al. [133, 133a] haben überzeugend nachgewiesen, daß Monochloramin gegenüber Biofilm-Organismen signifikant effektiver wirkt als freies Chlor. In einigen Fällen gelang es, die Zunahme von $\triangle p_{\mathrm{Membran}}$ durch Monochloramin bei der RO-Behandlung von kommunalem Abwasser zu stoppen (Abb. 5.18). Hier konnte das Monochloramin zwar das mikrobielle Wachstum hemmen, den Biofilm jedoch nicht entfernen [103, 210].

Bemerkenswert ist, daß erst ab einer Konzentration von 3–4 mg L^{-1} ein Effekt zu erkennen ist (Bereiche B und D in Abb. 5.19). Wenn die Konzentration niedriger lag, stieg $\triangle p_{\mathrm{Membran}}$ wieder an. Dies läßt darauf schließen, daß bei solchen Konzentrationen das mikrobielle Wachstum weiter zunahm [210].

Organische *N*-Halamine eignen sich möglicherweise als Ersatzstoffe für Chlor und Monochloramin im Trinkwasserbereich [13, 270, 278]. Leider sind diese gering oxidierenden Verbindungen für die Anwendung bei RO-Membranen noch nicht hinreichend geprüft. Isothiazolon („Kathon", Rohm & Haas) ist als Desinfektions- und Konservierungsmittel für Reinigung, Aufbewahrung und Transport von RO-Membranen eine Alternative zu Formaldehyd und Glutaraldehyd. Sowohl Formaldehyd als auch Glutaralde-

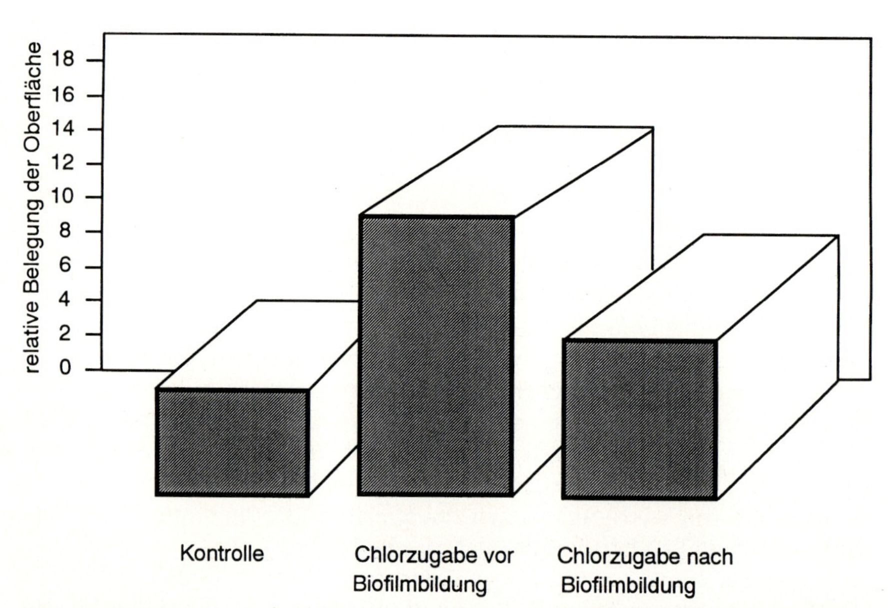

Abb. 5.18. Wirkung von freiem Chlor auf die Anheftung von radioaktiv markierten Mikroorganismen an Celluloseacetatmembranen; flächenbezogene Zelldichte ausgedrückt in „Bound DPM" (nach [210])

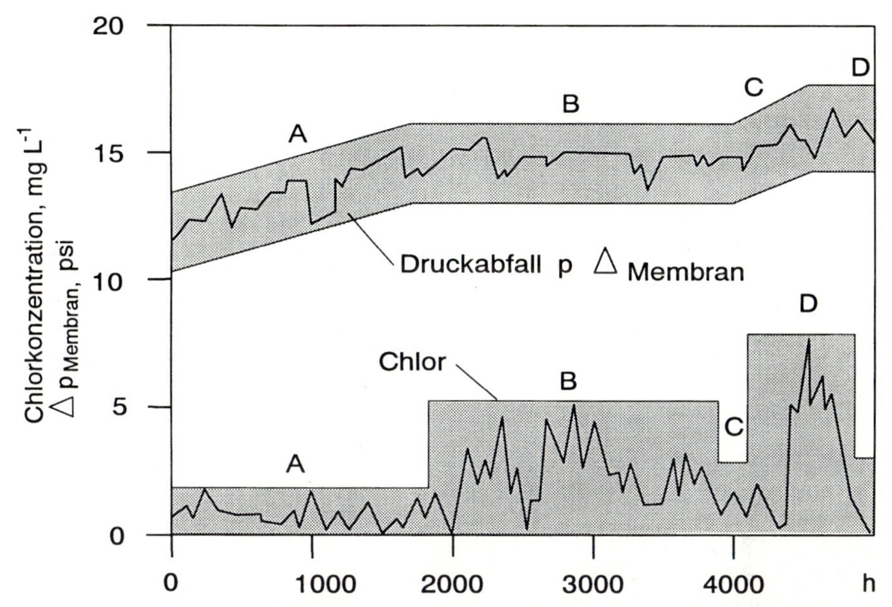

Abb. 5.19. Hemmung der Zunahme von $\triangle p_{\text{Membran}}$ durch Dosierung von Monochloramin zum Rohwasser bei der Water Factory 21 [210]

hyd sind in die öffentliche Diskussion geraten, weil sie als potentiell kanzerogen und umweltschädlich gelten. Dennoch ist noch ein breites Spektrum von Desinfektionsmitteln auf Formaldehyd-Basis im Handel, das noch nicht auf seine Eignung für die Desinfektion von RO-Membranen untersucht ist [215].

Um eine Beeinträchtigung durch Biofouling zu vermeiden, sollten RO-Membranen in hinreichend häufigen Intervallen gereinigt werden. Auf diese Weise läßt sich die Entwicklung eines allzu dicken und festen Biofilms verhindern. Wie bereits gezeigt wurde (s.S. 122, [83, 267]), läßt sich ein „junger" Biofilm besser abgelösen als ein „alter". Die genaue Frequenz der Reinigung muß auf das Biofilm-Wachstum in der jeweiligen Anlage abgestimmt werden. Auch aus diesem Grund ist es hilfreich, das Biofilm-Wachstum in Bypass-Modulen zu beobachten. Als generelle Regel gilt, daß RO-Membranen zweimonatlich gereinigt werden sollten, wenn sie unter Bedinungen mit geringem bis mäßigem Biofouling-Potential betrieben werden; so z.B. bei der Behandlung von brackigem Grundwasser oder Meerwasser. Wenn das Biofouling-Potential höher liegt – z.B. bei der Behandlung von vorbehandeltem Kommunalabwasser – ist eine häufigere Reinigung notwendig; möglicherweise monatlich oder sogar zweimal monatlich [210].

In der Praxis wird dieses Prinzip ebenfalls angewandt. Abb. 5.20 zeigt den Verlauf der Permeatproduktion einer großen Umkehrosmose-Anlage zur Reinigung von aufbereitetem Oberflächenwasser. Nachdem ein nicht tolerierbarer Abfall der Produktion eingetreten war, wurde die Anlage mehrfach mit handelsüblichen Reinigern behandelt (Ultrasil 53, s. S. 131).

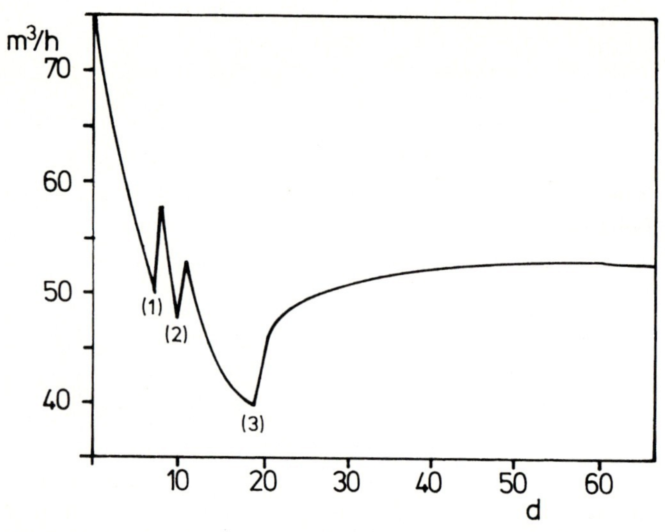

Abb. 5.20. Verlauf der Permeatproduktion einer großen Umkehrosmose-Anlage. (1) und (2): Reinigung mit Ultrasil 53, (3) Beginn der NaOH-Schockdosierung, danach mehrmals täglich Spülung bei pH 10

Der Erfolg war kurzfristig und unzureichend. Durch täglich mehrmalige alkalische Schockbehandlung bei pH 10 konnte dann ein Plateau erreicht werden, das deutlich unter der Toleranzschwelle eines Rückgangs der Permeatleistung von 30% lag, aber hingenommen wurde [86, 264].

Die Wirkung des pH-Schocks dürfte zum einen auf einer Schwächung der Biofilm-Matrix beruhen, die sich dann durch die in der Anlage vorherrschenden Scherkräfte teilweise austragen läßt. Möglicherweise kommt hinzu, daß die Permeabilität des Biofilms bei diesem pH-Wert größer ist; diese Vermutung soll in weiteren Untersuchungen geklärt werden.

So paradox es zunächst klingen mag, so ist doch aufgrund der bisher dargelegten Tatsachen plausibel, daß die Abtötung der Mikroorganismen keine Lösung von Biofilm-Problemen bringt. Diese Abtötung ist immer vorübergehend und ohnedies meist nur unvollständig. Das System bleibt nicht steril, weil bereits mit dem Spülwasser und anschließend mit dem Rohwasser neue Keime eingeschleppt werden. Sie finden mit dem abgetöteten Biofilm sowohl Nährstoff als auch geeignete Aufwuchsfläche. Die Desinfektion ändert normalerweise nichts an der *Nährstoffsituation*. Unter ungünstigen Umständen führt sie zu einem Anstieg der Nährstoffkonzentration, z.B., wenn Huminstoffe durch Teiloxidation bioverfügbar ge-macht werden oder wenn das Desinfektionsmittel biologisch abbaubar ist. So entsteht die bereits früher erwähnte „Sägezahnkurve“. Aus solchen Gründen wird z.B. in der Zahnmedizin die Schwächung der EPS-Matrix gegenüber der Desinfektionswirkung inzwischen als wichtiger angesehen [98].

5.3.2.2 Entferung der Mikroorganismen aus dem Rohwasser

Eine weitergehende Strategie ist es, die Mikroorganismen ganz aus dem Rohwasser zu entfernen. Sie berücksichtigt, daß auch abgetötete Zellen sich an Oberflächen heften und dort zunächst abiotische Biofilme bilden, die später von lebenden Bakterien besiedelt und als Nährstoffquelle genutzt werden können. Dieser Ansatz ist für die Erzeugung von hochreinem Wasser sehr wichtig und wird meist so verwirklicht, daß „bakteriendichte" Filter vorgeschaltet werden. Dabei handelt es sich in der Regel um Membranfilter mit Porendurchmessern von 0,45 oder 0,2 μm. Beim Schutz eines Systems vor Bakterien durch Vorfiltration des Wassers (zur Entfernung von Bakterien) muß beachtet werden, daß sich die Bakterien in Reinwassersystemen in einem Hungerzustand befinden, auf den sie mit starker Volumenverkleinerung [164] und erhöhter Adhäsivität [146] reagieren. Sie schrumpfen auf Durchmesser von weniger als 0,2 μm (s. Abb. 3.15) und können dann „Entkeimungsfilter" ohne weiteres passieren, sich in der Anlage festsetzen und meist unerwartete Biofilme bilden. Die Vorfiltration verlegt die Fouling-Probleme auf die Vorfilter. Dies läßt sich nur durch sorgfältige Überwachung der Vorfilter in den Griff bekommen. Die Strategie erfordert allerdings großen Aufwand.

5.3.2.3 Senkung der Nährstoffkonzentration im Rohwasser

Ein bislang noch nicht systematisch betrachteter Aspekt der Bekämpfung unerwünschter Biofilme ist die Limitierung von Makro- und Mikronährstoffen im Rohwasser. In der Plateauphase hängt die Dicke des Biofilms im wesentlichen von den Scherkräften und von der Nährstoffversorgung ab. Es ist ganz instruktiv, Biofouling einmal von diesem Standpunkt aus zu betrachten.

Bei genauer Betrachtung ist es weder notwendig noch sinnvoll, die Biofilme abzutöten – es genügt, deren Ausmaß zu begrenzen und unter der Toleranzschwelle zu halten. Diese Betrachtungsweise ermöglicht einen neuen Ansatz zur Bekämpfung unerwünschter Biofilme: die Analogie zu Biofilm-Reaktoren. Im Biofilm-Reaktor geschieht genau das gleiche wie beim Auftreten unerwünschter Biofilme. Das Prinzip solcher Reaktoren besteht darin, daß die immobilisierten Mikroorganismen der Wasserphase abbaubare Stoffe entziehen, diese zu Wachstum und Stoffwechsel benutzen und lokal akkumulieren. Darauf beruht die Reinigungswirkung, die bei der biologischen Trink- und Abwasseraufbereitung mit Biofilm-Reaktoren erzielt wird. Während dies also in der Biotechnologie ein gängiges und wirksames Verfahren ist, läuft der Vorgang beim Biofouling einfach nur an einer ungünstigen Stelle ab.

Unerwünschte Biofilme sind im Prinzip nichts anderes als Biofilm-Reaktoren am falschen Platz: Hier wird die Membranoberfläche als Aufwuchsmaterial für den „Reaktor" benutzt. Das Biofouling-Potential besteht aus den praktisch immer anwesenden Biofilmen und den Nährstoffen im Wasser.

Wenn Biofouling vorliegt, fungieren oberflächenreiche Anlagenkomponenten wie Ionenaustauscher, Aktivkohle oder Umkehrosmose-Membranen als Trägermaterial für einen „unfreiwilligen" Bioreaktor. Gelingt es, diese Funktion vor die Anlage zu setzen, dann könnten dahinterliegende Bereiche vor größerem Biofilm-Wachstum geschützt werden.

Die Anzahl der Zellen im Rohwasser spielt für die Biofilm-Entwicklung in der Plateau-Phase keine Rolle. Durch eine Desinfektion des Wassers wird aber bestenfalls die Verminderung der Zellzahl erreicht. Die Nährstoffkonzentration wird durch eine Desinfektion, wie bereits betont, *nicht* beeinflußt.

In dieser Situation ist es interessant, das Verhältnis zwischen der Nährstoffkonzentration im Rohwasser und dem Biofilm-Wachstum eingehender zu betrachten.

Nesaratnam und Bott [169] zeigten, wie bei zunehmender Konzentration der Nährstoffe die Höhe des Biofilm-Plateaus steigt (Abb.5.21).

Das Ergebnis ist nicht überraschend. Es illustriert aber die wichtige Rolle der Nährstoffkonzentration für die Biofilm-Entwicklung.

Miller [157] untersuchte das Biofouling bei Wärmetauschern in einem einfachen System. Eine Edelstahlfläche wurde mit einer Bakteriensuspension aus einem Fermenter bespült. Nach einiger Zeit hatte sich ein Plateau eingestellt. Um den Einfluß der Zellzahl im Wasser auf die Biofilm-Akkumulation zu erkennen, wurde die Zufuhr von Bakterien abgestellt und nur noch mit der sterilen Nährlösung gespült. Dies simuliert die vollständige Elimination von Mikroorganismen, wie sie idealerweise durch eine Desinfektion erreicht wird. Wie Abb. 5.22 a zeigt, bleibt die Höhe des

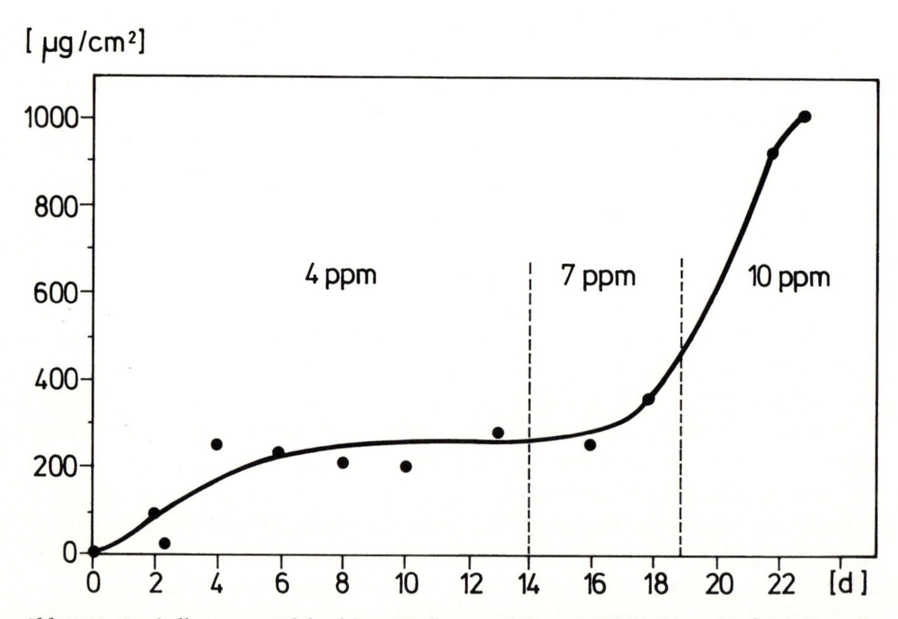

Abb. 5.21. Besiedlung von Edelstahl mit *P. fluorescens* (ausgedrückt in µg cm^{-2} Trockensubstanz): Einstellung des Biofilm-Plateaus bei unterschiedlichen Nährstoffkonzentrationen [169]

Plateaus unverändert. Wenn hingegen die Nährstoffzufuhr gesenkt wird, ohne die Bakterien auszuschließen, dann nimmt die Biofilm-Dicke signifikant ab (Abb. 5.22b).

Das Ergebnis ist in zweierlei Hinsicht bedeutungsvoll. Zum einen zeigt es, daß die Biofilm-Dicke nicht von der Bakterienzahl, sondern von der Nährstoffkonzentration abhängt. Dies wird durch ähnliche Untersuchungen von Melo et al. [156] weiter bestätigt. Zum andern zeigt es auch, daß die Biofilm-Dicke verringert werden kann, indem die Nährstoffkonzentration gesenkt wird. Der Biofilm wird sozusagen „ausgehungert". Dies ist für die Sanierung einer Anlage, die unter Biofouling leidet, von größter Bedeutung: Eine Verringerung der Nährstoffkonzentration im Rohwasser bewirkt eine Abnahme der Biofilme in der Anlage, ohne daß Biozide oder Reiniger eingesetzt werden müssen.

Die Rolle des assimilierbaren organischen Kohlenstoffs (AOC) wird unter diesen Bedingungen deutlich, denn der AOC ist es, der nach bakterieller Verwertung in Form von Biomasse auf den Oberflächen fixiert wird. Wie in Kap. 5.2.1 gezeigt, führen oxidierende Biozide u.U. sogar zu einer Erhöhung der Nährstoffkonzentration, weil ursprünglich schwer abbaubare Stoffe „anoxidiert" und damit besser bioverfügbar gemacht werden. Der AOC ist in den USA bereits ein gängiger Trinkwasser-Parameter, während in Europa, vor allem in Deutschland, entsprechende Messungen nur selten vorgenommen werden. Die Analytik des AOC steckt noch in den Anfängen, so daß teilweise noch große Schwankungen der Meßwerte hingenommen werden müssen. Intensive Anstrengungen, diesen Parameter reproduzierbarer zu machen und die Erfassungsgrenze zu senken, sind im Gange [18, 101, 236a, 259, 260, 265]. Der AOC ist allerdings bislang nur am Rande in Zusammenhang mit der Bildung unerwünschter Biofilme gebracht worden. Die Verkeimung von Trinkwasser wurde ausschließlich als Folge der Vermehrung der suspendierten Keime betrachtet. Die Einbeziehung der Biofilme könnte hier einen wesentlichen Fortschritt bringen, denn damit wird eine wichtige Verkeimungsquelle erfaßt, die im Trinkwasserbereich bislang wenig beachtet wurde [258]. Ein anderer Ansatz, die Menge des biologisch abbaubaren Anteils am Gesamt-DOC zu bestimmen, besteht in der Nutzung der autochthonen Flora, z.B. eines Sandfilters. Dabei wird eine Wasserprobe so lange mit diesen Mikroorganismen inkubiert, bis keine weitere Abnahme des DOC mehr zu erkennen ist [17, 236a]. Der Unterschied zwischen dem Ausgangs-DOC und dem DOC auf dem stabilisierten Niveau gilt dann als *„biodegradable dissolved organic carbon"* (BDOC).

Für das Biofilm-Wachstum sind nicht nur C-, N- oder P-Quellen von Bedeutung. Bott [19] zeigte, daß das Wachstum auch durch Spurenelemente begrenzt sein kann (Abb. 5.23).

Die Rolle von Eisen als essentielles Metall für Bakterien ist dabei hervorzuheben [227]. In der Praxis bedeutet dies, daß unerwartetes Biofilm-Wachstum in manchen Fällen durch die plötzliche Zufuhr von limitierend wirkenden Spurenelementen zurückzuführen ist. Sie können z.B. durch Konditionierungsmittel in das System geraten.

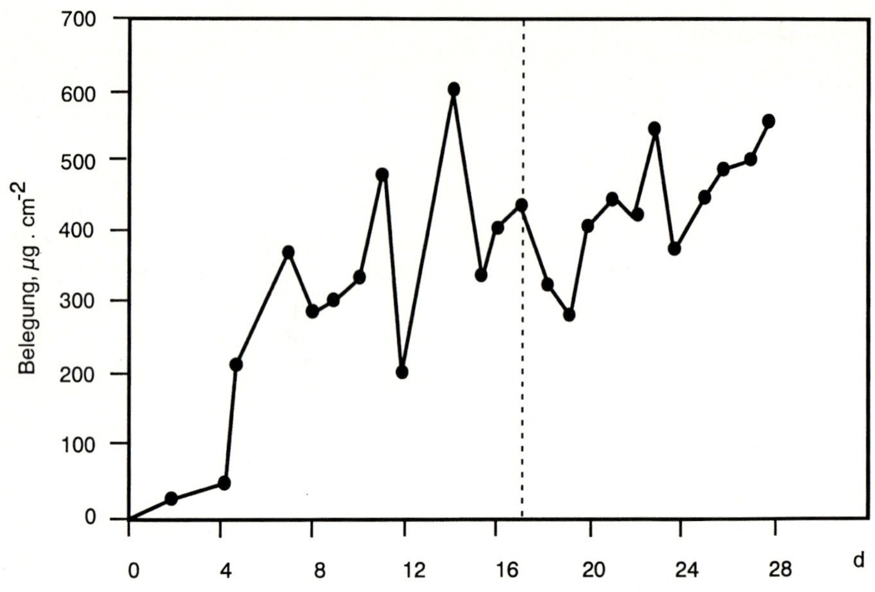

Abb. 5.22a. Entwicklung eines Biofilms auf einer Edelstahlfläche; Zufuhr von Bakterien gestoppt ---- [157]

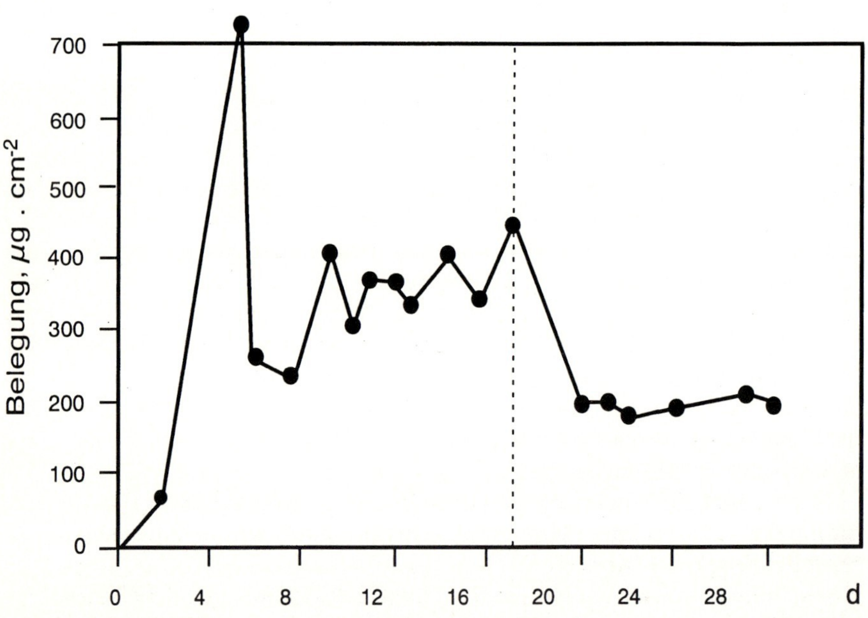

Abb. 5.22b. Entwicklung eines Biofilms auf einer Edelstahlfläche; Zufuhr von Nährstoffen gestoppt ---- [157]

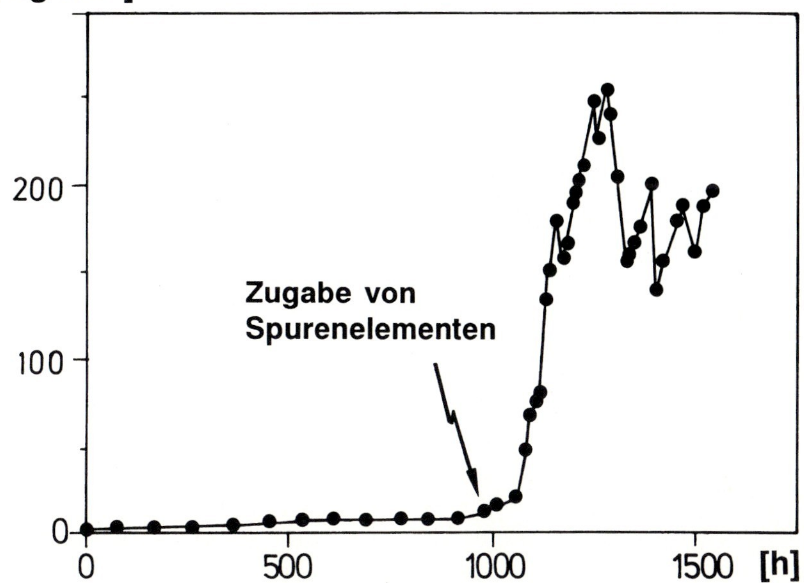

Abb. 5.23. Wirkung der Spurenelemente auf die Entwicklung eines Biofilms von *P. fluorescens* auf Edelstahl [19]

Koagulantien, Korrosionsinhibitoren, Ammoniak und andere Chemikalien zur Konditionierung von Wässern können als Nährstoffe dienen. Zwar ist Kohlenstoff in der Mehrzahl der Fälle der limitierende Faktor für das Bakterienwachstum, wenn jedoch bei P- oder N-Limitierung Phosphat, z.B. als Korrosionsinhibitor, oder Ammonium zudosiert wird, z.B. bei der Chloraminierung, kann es zu erheblichem Biomassezuwachs kommen [134]. Van der Kooij u. Hijnen [259, 260] haben gezeigt, daß bei AOC-Gehalten von deutlich unter 10 $\mu g\ L^{-1}$ im Wasser kaum noch Bakterienwachstum stattfindet. Dies schließt allerdings nicht aus, daß an einigen Stellen Biofilme existieren können. Es hängt vom System ab, welches Ausmaß an Biofilm-Entwicklung tolerierbar ist. Für viele technische Systeme dürfte jedoch das Erreichen solch niedriger AOC-Werte nachträgliche Desinfektionen überflüssig machen.

In der Praxis mag es häufig als schwer realisierbar erscheinen, die Konzentration an Nährstoffen zu limitieren. Hier dürfte ein gewisser Umdenkungsprozeß erforderlich sein. So ist z.B. durchaus umzusetzen, bei der Rückführung von Wässern in einigen Fällen (z.B. stark belastete Kühlkreisläufe, Wasser in der Papierindustrie etc.) zum Abbau der Nährstoffe Bioreaktoren gezielt in den Kreislauf einzugliedern. Dann findet die Verwertung der Nährstoffe kontrolliert im Reaktor statt, während sie früher unkontrolliert in den Biofilmen im ganzen System geschah. Es wird also nicht mehr der zu schützende Bereich als „unfreiwilliger Bioreaktor“ benutzt, sondern diese Funktion wird vor die Anlage gesetzt. Als Möglichkeiten kommen für diesen Zweck etwa Fest- und Fluidbettreaktoren, Aktivkohle-Betten sowie Schnell- und Langsamsandfilter in Frage.

5.3.2.4 Nährstofflimitierung und Biofouling bei Umkehrosmose-Membranen

Zur Überprüfung der Hypothese, daß eine Verringerung des Nährstoffangebotes das Biofouling verhindert, ohne daß Biozide notwendig sind, wurden Versuche mit dem Rohwasser eines Kühlsystems in einem Wärmekraftwerk durchgeführt (Griebe und Flemmig, i. Vorb.). Dieses Wasser wurde über ein Sandfilter geleitet. Vor und nach dem Sandfilter wurde jeweils eine Membran-Testzelle des gleichen Typs, wie bereits in Kap. 4.2.1 beschrieben, installiert. Als Membranmaterial diente die Polyamid/Polysulfon-Compositmembran FT 30. Abb. 5.24 zeigt ein Schema der Versuchsanordnung.

Die Permeationsdaten beider Testzellen wurden gemessen. Abb. 5.25 gibt den Verlauf der Permeationsleistung wieder. Eindeutig ist zu sehen, daß die Nährstoffentnahme durch das Sandfilter zu einer Verbesserung der Permeationsleistung der nachgeschalteten Membran-Testzelle führt.

Außerdem wurden die Membranen nach einer Woche Betriebszeit entnommen und analysiert. Dabei wurden die Biofilm-Dicke (nach der auf S. 89 beschriebenen Kryo-Schnitt-Methode, s. Abb. 5.26a und b) sowie der Protein, Kohlenhydrat- und Uronsäuren-Gehalt bestimmt. Die Werte sind in Tabelle 5.17 zusammengefaßt.

Der BDOC des Wassers wurde durch die Sandfilter-Passage um 0,2 mg L^{-1} gesenkt. Die Dicke des Biofilms auf der Membran war nach dem Filter signifikant geringer. Noch stärker allerdings war die Abnahme des Gehaltes an Kohlenhydraten und Proteinen. Es läßt sich erkennen, daß der Biofilm nach dem Sandfilter, der sich also unter geringerer Nährstoffkonzentration gebildet hat, erheblich weniger dicht ist als jener vor dem Sandfilter. Das dürfte sich auf die Permeationseigenschaften, d.h. auf den hydraulischen Widerstand, auswirken.

Das Beispiel zeigt klar, daß die Entnahme von Nährstoffen zu einer geringeren Biofilm-Bildung auf den Membranen führt, wobei vorteilhaft ist, daß die so gebildeten Biofilme eine höhere Permeabilität aufweisen. Weitere Untersuchungen sollen diese Beobachtungen absichern und den theoretischen Hintergrund aufhellen.

Eine andere Variante der Nährstoffbegrenzung verfolgt Oberkofler [176, 177] anläßlich der großen Biofouling-Probleme bei der Papierherstellung. Ebenfalls ausgehend von der Überlegung, daß die Nährstoffe die eigentliche Ursache des Biofouling sind, versucht er, sie durch Bindung an „biologische Komplexbildner“, vornehmlich an Lignosulfonaten, biologisch weniger zugänglich zu machen. Wie sich dies in der Praxis bewährt, ist allerdings noch nicht bekannt. Für die meisten Membranen dürfte diese Methode ungeeignet sein, weil sie voraussichtlich zum organischen Fouling beiträgt. Dennoch sollte diese Option geprüft werden und, wo möglich, eingesetzt werden.

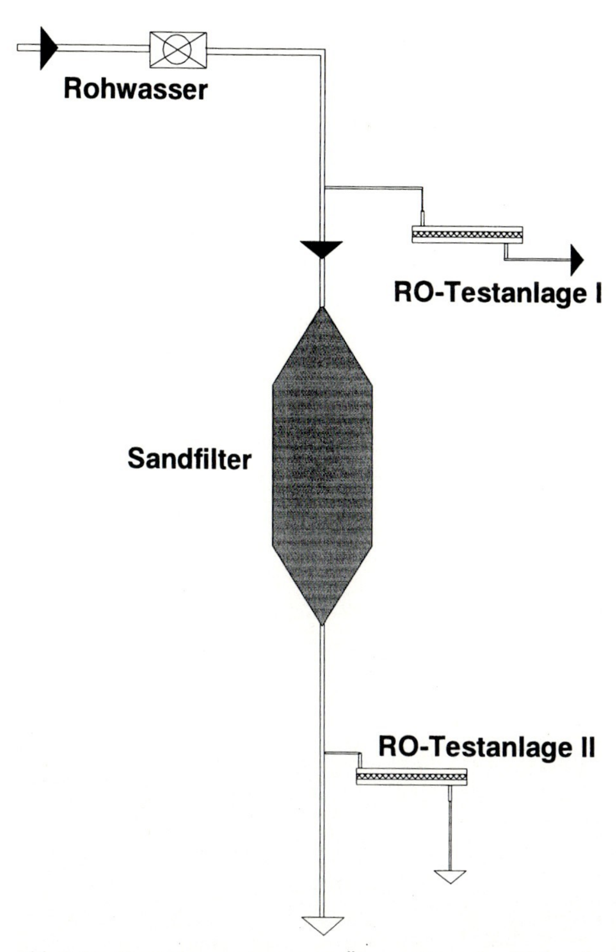

Abb. 5.24. Versuchsanordnung zur Überprüfung des Effekts der Nährstoffentnahme

Nährstoff-limitierende Verfahren werden natürlich nicht zur völligen Verhinderung von Biofilmen führen. Wie dargelegt, ist dies auch gar nicht erforderlich. Aber wenn sie eine deutlichen Senkung des Biofilm-Plateaus – möglichst unter die Toleranzschwelle – bewirken, können wesentliche Biofilm-bedingte Probleme möglicherweise schon gelöst werden. Das bedeutet, daß ganz bewußt ein mikrobielles Wachstum in einem Kreislauf an einer bestimmten Stelle in Kauf genommen wird, mit dem Vorteil, daß der Rest des Systems dadurch geschützt wird. Es ist überhaupt nicht nötig, alle Biofilme abzutöten, solange sie unter der Toleranzschwelle bleiben. Dann kann man „mit den Biofilmen leben". Dieses Verfahren würde den Einsatz von Bioziden erheblich verringern und dürfte sich durch die Einsparung laufender Kosten sowie durch die geringer Belastung des Abwassers bezahlt machen.

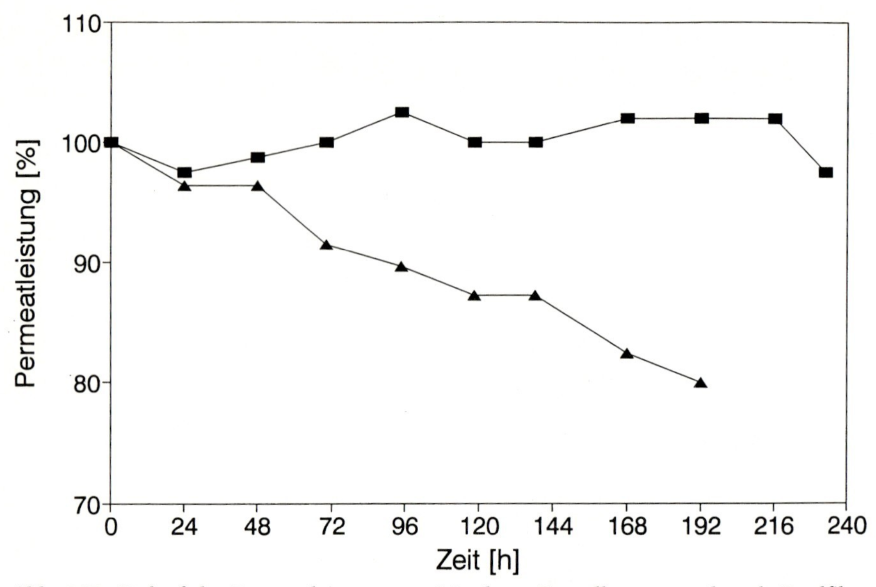

Abb. 5.25. Verlauf der Permeatleistung von Membran-Testzellen vor und nach Sandfilter (FT 30-Membran)

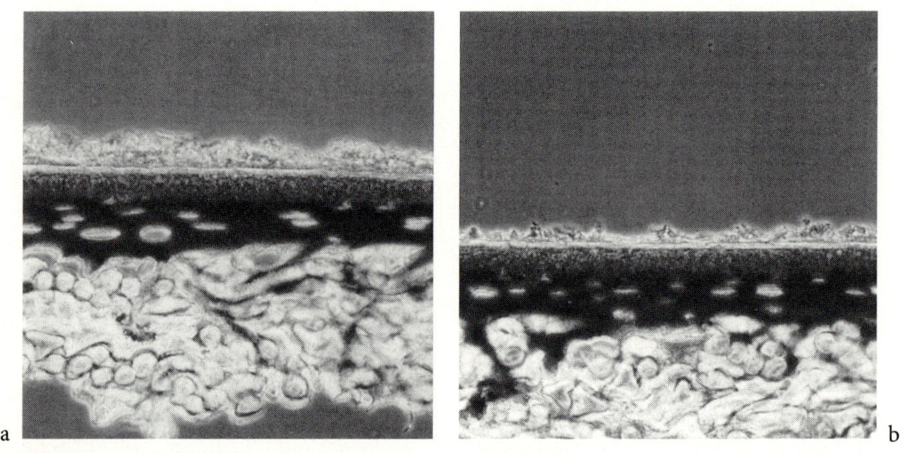

Abb. 5.26 a und b. a Kryo-Dünnschnitt einer FT-30-Membran *vor* Sandfilter; Dicke ca. 8 µm (oben) **b** Dünnschnitt einer FT-30-Membran *nach* Sandfilter; Dicke ca. 3 µm (oben)

Tabelle 5.17. Biofilm-Dicke sowie analytische Daten von Membranen und Wasser vor und nach Sandfilter

	vor Sandfilter	nach Sandfilter
Biofilm-Dicke	$(8{,}1 \pm 3{,}7)$ µm	$(3{,}0 \pm 0{,}5)$ µm
Proteingehalt	77,7 µg cm^{-2}	3,6 µg cm^{-2}
Kohlenhydratgehalt	22,5 µg cm^{-2}	2,6 µg cm^{-2}
Uronsäuregehalt	10,6 µg cm^{-2}	2,3 µg cm^{-2}
BDOC des Wassers	0,325 mg L^{-1}	0,125 mg L^{-1}

5.3.2.5 Adhäsionshemmende Stoffe

Ein sehr nahe liegender Ansatz, die Entwicklung unerwünschter Biofilme zu verhindern, ist die Inhibition der Primäradhäsion. Dazu ist es notwendig zu wissen, welche Kräfte den Adhäsionsprozeß überhaupt vermitteln. Prinzipiell kommen dafür - wie bei Kolloiden - schwache Wechselwirkungen in Frage, deren Häufung zu irreversibler Adhäsion führt. Dabei handelt es sich um hydrophobe und elektrostatische Wechselwirkungen sowie um Wasserstoffbrückenbindungen. Entsprechende Untersuchungen sind in Kapitel 4.1 vorgestellt.

Eine Möglichkeit, die Primäradhäsion zu verhindern, liegt in der Beschichtung der Oberflächen mit Substanzen, welche die Anheftung von Bakterien inhibieren. Es gibt dabei gewisse Erfolge, vor allem mit anionisch geladenen Block-Copolymeren [114, 115, 146a, 181, 185]. Allerdings gibt es bislang noch kein Material, das nicht über kurz oder lang von Mikroorganismen besiedelt werden kann.

Abbildung 5.27 zeigt, daß die (nicht weiter identifizierten) Kokken einer Mischkultur aus einem irreversibel verblockten Modul durch die eingesetzten Substanzen erheblich weniger als die Stäbchen an der Adhäsion gehemmt werden.

Hier zeigt sich bereits deutlich, daß die aufwuchshemmende Wirkung der Inhibitoren bei Mischpopulationen erheblich geringer ist als bei Reinkulturen, besonders gegenüber Kokken. Die Wirkungslosigkeit kationischer Tenside (Marlazin) ist auffallend. Es muß damit gerechnet werden, daß in solchen Mischpopulationen immer Arten vorhanden sind, die über kurz oder lang die „Imprägnierung" gegen den Aufwuchs überwinden können. Dies wurde auch durch Untersuchungen von Blainey und Marshall [15] in mariner Umgebung bestätigt.

In der Zahnmedizin werden die verschiedensten Substanzen zur Verhinderung der Plaque-Bildung eingesetzt [45], darunter kationische Verbindungen (quarternäre Ammoniumverbindungen, Biguanidine wie Chlorhexidin), Organometallverbindungen, ungeladene phenolische Verbindungen („Listerin"), Enzyme, Peroxide sowie oberflächenaktive Stoffe wie Natriumpolyvinylphosphonsäure [98] und perfluorierte oberflächenaktive Alkylverbindungen [92]; die letzteren erwiesen sich jedoch als wesentlich weniger wirksam als Chlorhexidin [100]. Dieses sowie verdünntes Phenol und Zinkcitrat erwiesen sich als

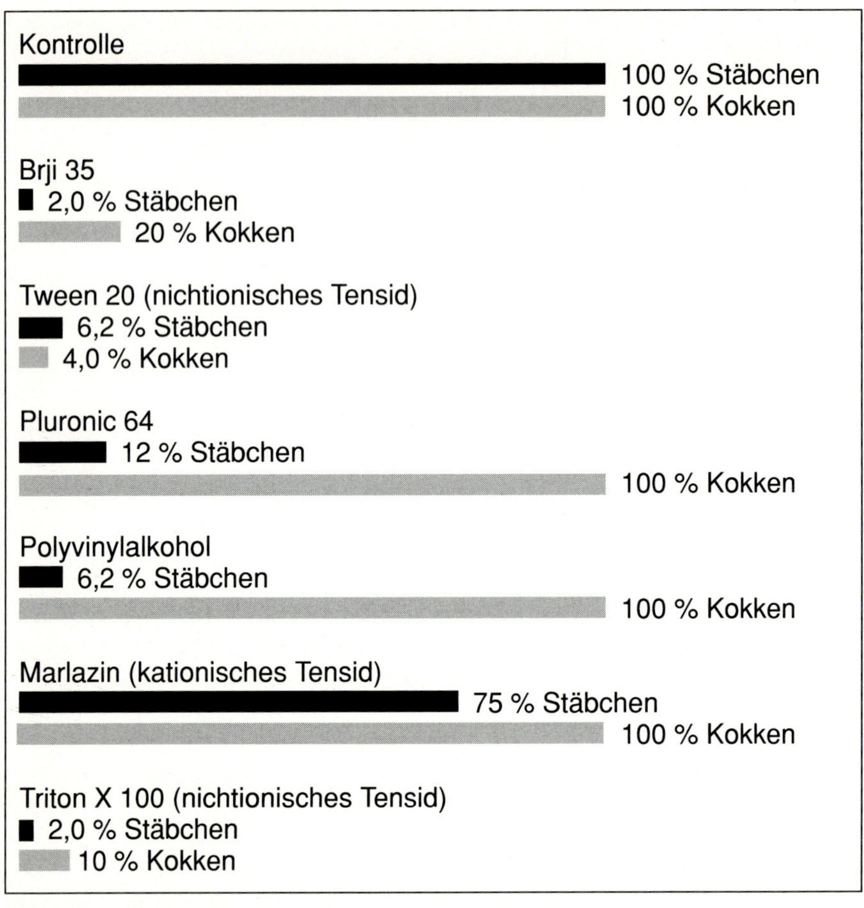

Abb. 5.27. Inhibition der Primäradhäsion einer Mischkultur (aus biologisch verblocktem Membranmodul) an einer Polysulfonmembran. Angaben in % Aufwuchs im Vergleich zur Kontrolle [222]

die effektivsten Verbindungen. Es ist denkbar, solche Stoffe in kleinen, geschlossenen technischen Systemen einzusetzen, um die Induktionsphase der Biofilm-Entwicklung zu verlängern. Allerdings sind hier noch eingehende Untersuchungen notwendig, vor allem, um die Langzeitwirkung zu überprüfen. Auf jeden Fall dürfte es lohnenswert sein, hier auch unkonventionellen Ideen nachzugehen und von Gebieten zu lernen, die sich seit langem gezielt und systematisch mit Biofouling auseinandersetzen, wie etwa die Zahnmedizin.

5.3.3 Erhöhung der Fließgeschwindigkeiten

Die Anwendung von Scherkräften in Form einer mechanischen Reinigung von Oberflächen ist die älteste – und zumeist auch wirksamste – Form der

Bekämpfung von Biofilmen. Sie wurde bereits in Abschnitt 5.2.2 abgehandelt und ist nur dann anwendbar, wenn die zu reinigenden Oberflächen auch zugänglich sind. Dies ist in technischen Systemen nur in begrenztem Umfang der Fall.

Höhere Strömungsgeschwindigkeiten führen zu einer physikalischen Begrenzung der Biofilm-Dicke. Wie wirksam dies ist, hängt von der mechanischen Stabilität des Biofilms ab. Alle Faktoren aus Tabelle 5.18 kommen hier zum Tragen.

In Tabelle 5.19 sind Faktoren zusammengestellt, die den Zusammenhalt und die Festigkeit des Biofilms in der Plateau-Phase verringern.

Wenn das Dickenwachstum des Biofilms allerdings bereits durch Nährstoffe limitiert ist, dann kann eine Erhöhung der Strömungsgeschwindigkeit das Plateau erhöhen, weil die Nährstofffracht bei höherer Strömungsgeschwindigkeit zunimmt. Der Biofilm „sieht" dann eine größere Menge Nährstoff, und es kommt zu einer Verbesserung der Nährstoffzufuhr.

Tabelle 5.18. Faktoren, die den Biofilm in der Plateau-Phase stabilisieren

- Natur der extrazellulären polymeren Substanzen („Schleime", EPS): verschiedene Mikroorganismen können verschieden feste Gel-Matrizes bilden [33, 88];
- Filamente und Fasern in der Biofilm-Matrix;
- Rauhigkeit der Unterlage (verbessert Haftung);
- Nährstoff-Situation (unter Nährstoffmangel entstehen häufig festere Biofilme);

Tabelle 5.19. Biofilm-destabilisierende Faktoren

Mechanische Kräfte
- Scherkräfte des Wassers;
- mechanisch-abrasive Behandlung [28, 173];
- Kontraktion durch Temperaturstreß [40];
- Ultraschall [281];

Glatte Unterlage (leichtere Ablösung)

Nährstoff-Situation
(hohe Wachstumsgeschwindigkeit führt oft zu geringerer Matrix-Stabilität [32]);

Oxidierende Stoffe
z.B.: Chlor [28], H_2O_2 [34, 116];

Gasblasen: an der Basis des Biofilms können anaerobe Prozesse stattfinden, bei denen Gase entstehen; z. B. Methan;

Konzentrations-Gradienten:
pH-Wert; Reaktionsprodukte; andere gelöste Stoffe;

Komplexbildner
z. B.: Ca^{2+}-Stabilisierung wird durch EGTA aufgehoben [253];

Lysis von Zellen.

„***Grazers***", d. h. abweidende höhere Organismen, meist Einzeller [190].

Mittelman et al. [163] konnten zeigen, daß ab 120 dyn cm^{-2} kaum noch eine mikrobielle Anheftung erfolgte. In Rohrleitungen mit hohen Wandschubspannungen entstehen dünne, aber mechanisch festere Biofilme [28, 219]. Zips et al. [281] diskutieren die Möglichkeit der Anwendung von Ultraschall-Energie zur periodischen oder permamenten Ablösung von Biofilmen; allerdings sind bei diesem Prinzip erhebliche konstruktive Schwierigkeiten zu überwinden. Dennoch könnte Ultraschall in bestimmten Systemen eine Option für die Begrenzung des Biofilm-Wachstums darstellen.

Bott [19] untersuchte den Zusammenhang zwischen Reynoldszahl und Biofilm-Dicke anläßlich des Biofoulings auf Wärmetauschern (Abb. 5.28):

Eine Erhöhung der Strömungsgeschwindigkeit führt in technischen Systemen im allgemeinen zu einer Verringerung der Biofilm-Dicke, und zwar so lange, bis sich ein neues Plateau auf der Basis des Gleichgewichts zwischen Scherkraft und mechanischer Festigkeit des Biofilms einstellt. Wenn dieses periodisch gestört wird, kommt es zu einer Ablösung von Biofilm-Teilen. Eine kurzfristige Erhöhung der Scherkraft trägt daher Teile des Belages aus. Als Begrenzung des Biofilm-Wachstums ist diese Methode sicherlich nur für relativ „unempfindliche" Systeme geeignet, denn zum einen wirkt sie erst bei relativ dicken Biofilmen, und zum andern führt sie dazu, daß bei den Druck-

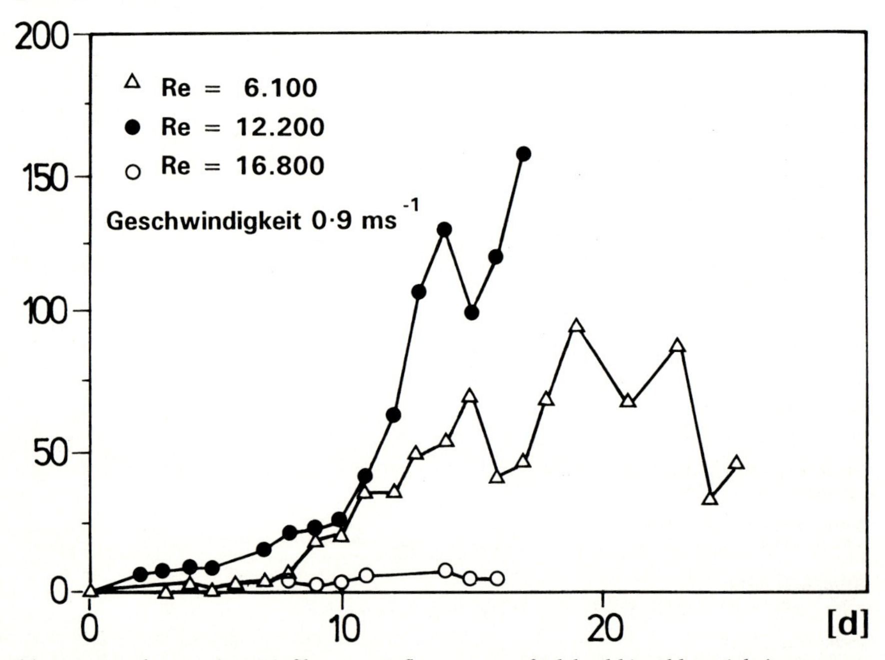

Abb. 5.28. Wachstum eines Biofilms von *P. fluorescens* auf Edelstahl in Abhängigkeit von verschiedenen Reynoldszahlen [19]

stößen Biomasse durch das System transportiert wird. Das bedeutet, daß im Durchschnitt eine höhere Keimdichte im Wasser zu erwarten ist als bei konstanten Druckbedingungen.

Konstant hohe Scherkräfte bieten eine einfache Möglichkeit, die Toleranzschwelle der Biofilm-Entwicklung zu unterschreiten. Inwieweit dies praktikabel ist und welchen Energieaufwand es erfordert, muß für das jeweilige System gesondert betrachtet werden.

Krauth und Staab (pers. Mitt.) nutzen die Anwendung hoher Scherkräfte erfolgreich aus, um das Biofouling bei der Ultrafiltration von biologisch behandeltem Abwasser zu verhindern. Sie benutzen Tubularmodule. Bei dieser Technik nehmen sie allerdings hohe Energiekosten in Kauf. Möglicherweise ließe sich durch die gezielte Verbesserung der Turbulenz über der Membranoberfläche bei geringerer Fließgeschwindigkeit der gleiche Effekt erzielen. Wie auf S. 92 ff. gezeigt, wirkt sich bei der Membranbehandlung von hochbelasteten Wässern der Spacer sehr stark auf die Leistung der Anlage aus. Deshalb könnte sich die Anbringung von Tubular-Spacern in diesen Modulen durchaus lohnen, weil dann mit wesentlich geringeren Fließgeschwindigkeiten gefahren werden könnte.

5.3.4 Erhöhung der Toleranzschwelle durch Zusatz von Stoffen, welche die Permeabilität von Biofilmen steigern

Bei der Reinigung eines Umkehrosmose-Moduls ist zu erwarten, daß $\triangle p_{\text{Membran}}$ und $\triangle p_{\text{feed/brine}}$ (s. Abb. 2.2) abnehmen. $\triangle p_{\text{Membran}}$ kommt durch den dickenabhängigen Permeationswiderstand des Biofilms zustande, $\triangle p_{\text{feed/brine}}$ entsteht durch den Reibungswiderstand des Biofilms entlang der Verfahrensstrecke, d.h. tangential zur Membranfläche. In der Praxis wird nach Reinigungsmaßnahmen an Membrananlagen oft beobachtet, daß zwar $\triangle p_{\text{Membran}}$ durch die Prozedur verringert wird, $\triangle p_{\text{feed/brine}}$ jedoch unverändert hoch bleibt, d.h., daß der Druckabfall im System nicht abnimmt. Dies dürfte bedeuten, daß der Belag bei der Reinigung nicht abgetragen wurde, sondern daß nur seine Permeationseigenschaften verbessert wurden. Die Erfahrungen aus der Praxis zeigen, daß die Entfernung des Belages in einem Spiral- oder Hohlfasermodul bestenfalls teilweise gelingt. In manchen Fällen ist nach einer Reinigung überhaupt kein Austrag der Biomasse aus dem System zu erkennen. Dennoch verbessern sich die Betriebsparameter nach der Reinigung normalerweise. Wenn dies nicht auf die Entfernung des Belages zurückzuführen ist, dann kann eine Verbesserung der Betriebsparameter nur auf einer höheren Permeabilität des Belages beruhen. Es besteht die Möglichkeit, daß der Reiniger nur die Belagsstruktur poröser macht, ohne tatsächlich die Biomasse abzulösen.

Anregungen gibt auch die Betrachtung eines transmissionselektronenmikroskopischen Schnittes durch Fouling-Schicht und Membran (Abb. 3.4). Jedes Wassermolekül, das als Permeat gewonnen wird, hat diesen Belag zu durchqueren, der daher als Sekundärmembran wirkt.

Die Abbildung zeigt, was ein Reiniger zu beseitigen hat. Die Fouling-Schicht ist um mehrere Größenordnungen dicker als die Trennschicht der Membran. Bei einer Reinigung müßte, um die Trennleistung zu verbessern, ein entsprechender Teil der Fouling-Schicht abgetragen werden.

Um die Hypothese, daß die Reinigung die Permeabilität des Belags verbessert, zu überprüfen, wurden einige einfache Experimente durchgeführt [152a]. Zur einfacheren Handhabung wurde als Modell für einen Biofilm ein leicht herstellbares Hydrogel gewählt, nämlich Agar-Agar in einer Konzentration von 2%. Wie in Kap. 4 dargelegt, sind Biofilme ebenfalls Hydrogele. Eine Schicht des Gels wurde auf eine Filtermembran in einer Druckzelle aufgebracht. Unter 10^6 Pa Druck wurde Leitungswasser durchgepreßt. Der Permeatfluß und die Höhe des Gels wurden gemessen. Als der Permeatfluß konstant war, hatte sich auch eine konstante Höhe der Deckschicht eingestellt. Nun wurde eine 1%ige Lösung von Ultrasil U 53, einem handelsüblichen Reinigungsmittel, aufgebracht, welche das System durchfloß. Es handelte sich um ein Gemisch aus nichtionischen und anionischen Tensiden bei neutralem pH-Wert. Daraufhin stieg die Durchflußrate zunächst stark an und sank dann bis auf einen konstanten Wert, der geringfügig über demjenigen des Wassers lag. Als diese Lösung durch neues Wasser ersetzt wurde, stieg die Permeatleistung wieder und lag über die weitere Versuchszeit konstant um das Neunfache höher als zuvor (Abb. 5.29; [152a]).

Abbildung 5.29 demonstriert, daß sich die Permeationsleistung signifikant erhöht hat, ohne daß die Dicke der Hydrogel-Schicht dabei geringer geworden ist. Als Ursache für diesen Effekt kommt eine bessere interne Benetzung der Gelmatrix in Frage; es bleiben aber noch grundsätzliche Fragen zum Mechanismus dieser Verbesserung der Porosität offen.

Analoge Versuche bei verschiedenen pH-Werten und Salzkonzentrationen führten zu keiner meßbaren Veränderung der Permeationseigenschaften des Hydrogels. Wenn statt des Hydrogels eine Schicht von *P. diminuta* benutzt wurde, kamen ähnliche Ergebnisse zustande (Tabelle 5.20).

Die permeationsverbessernde Wirkung von Ultrasil 53 war auch bei realen Biofilmen erkennbar. Tannin, ein gebräuchliches Konditionierungsmittel in der Membrantechnologie, verschlechterte die Permeationseigenschaften deutlich. Harnstoff (6 M) und Tetramethylharnstoff (0,1 M) wurden gewählt, weil sie Wasserstoffbrückenbindungen zerstören (s. Tabelle 3.4). Sie wirkten sich kaum auf die Permeation aus. Formaldehyd ist ein Biozid, das häufig zur Membranreinigung angewandt wird. Weitere Untersuchungen sind derzeit im Gange.

Besonders interessant für weitere Untersuchungen sind die Effekte von Desinfektions- und Konservierungsmitteln wie Formaldehyd oder Glutardialdehyd. Sie werden in der Mikroskopie als Fixiermittel eingesetzt, weil sie Proteine vernetzen und Mikroorganismen auf Oberflächen festhalten. Es ist zu erwarten, daß sie die Festigkeit eines Biofilms eher erhöhen als senken, und Tabelle 5.20 zeigt, daß sie zu einer geringeren Permeationsrate führen, außerdem ist zu erwarten, daß der Belag nach der Anwendung von Formaldehyd oder Glutardialdehyd sogar schlechter zu entfernen sein dürfte.

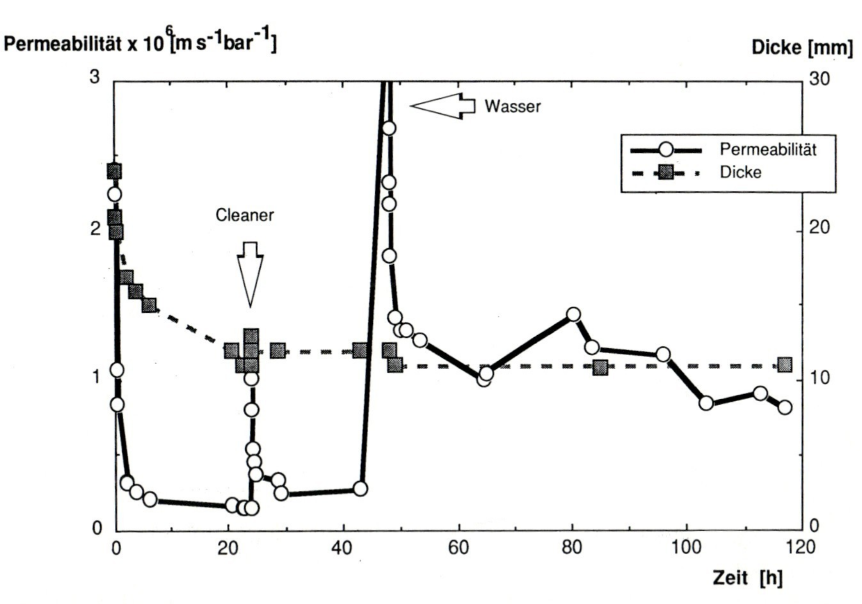

Abb. 5.29. Einfluß eines Reinigungsmittels auf die Permeationseigenschaften und die Dicke eines Hydrogels

Tabelle 5.20. Auswirkung von Chemikalien auf die Permeationseigenschaften von Bakterienschichten [152a]; J_o: Permeabilität vor Anwendung des Agens; J: Permeabilität nach Anwendung

Agens	Relative Permeabilität (J/J_o)
Ultrasil 53	5,1
Tannin (1 % w/v)	0,38
Tetramethylharnstoff (0,1 M)	1,0
Harnstoff (6 M)	0,9
Formaldehyd	0,6

Diese Beobachtung läßt Schlüsse auf die Praxis zu. Wenn ein Reiniger auf ein verblocktes RO-Modul angewandt wird und anschließend eine Verbesserung der Betriebsparameter beobachtet wird, dann wird dieser Effekt am plausibelsten auf eine Verringerung der Belagsdicke durch den Reiniger zurückgeführt. Wenn der Reiniger statt dessen aber nur die Belagsstruktur verändert, so daß die Permeationseigenschaften verbessert werden, dann wird dies sicherlich nicht in Erwägung gezogen. Dennoch ist anzunehmen, daß zumindest bei der Reinigung von RO-Modulen ein nicht zu unterschätzender Anteil des Erfolges von Reinigern auf diesen Effekt zurückzuführen ist.

Wenn dies so ist, dann wird ein Membransystem dickere Biofilme bei gleicher Permeatleistung vertragen können, d.h., das System wird unempfindlicher gegen Biofilme: Es verträgt einen dickeren Belag bei gleicher Permeatleistung. Wie massiv sich die Porosität eines Belages auf die Permeationsleistung auswirkt, zeigt Abb. 4.27. Es wurde auf der Basis der Permeationsdaten aus Abb. 3.24 gerechnet. Als Toleranzschwelle (s. Kap. 1) wurde eine Verminderung der Permeatproduktion um 30% angenommen. Bei einem solchen Wert würde in der Praxis die Durchführung von Reinigungsmaßnahmen aktuell (Nagel, Hager + Elsässer, pers. Mitt.). Abb. 4.27 verdeutlicht, wie groß der Einfluß der Porosität auf die „tolerierbare Biofilm-Dicke" ist: Bei einer Porosität von 25% darf ein Biofilm nicht dicker als ca. 10 μm sein, während bei einer Porosität von 75% die Toleranzschwelle erst bei einer Dicke von 40 μm erreicht wird [152, 152a].

In diesem Zusammenhang wird die Suche nach Stoffen interessant, welche die Struktur des Biofilms so verändern, daß sich die Permeationseigenschaften verbessern. Bislang ist dies ein übersehener, gelegentlicher Nebeneffekt von Bioziden und Reinigungsmitteln. Weniger toxische Substanzen ließen sich sicherlich für die gleichen Zwecke einsetzen. Auf diesem Gebiet liegen bislang ungenutzte Möglichkeiten für eine weniger umweltbelastende Anti-Fouling-Strategie und ein deutlicher Forschungsbedarf.

5.3.5 Modulkonstruktion

Gesichtspunkte der Reinigungsfreundlichkeit sind bislang nur in relativ geringem Umfang in die Überlegungen zur Konstruktion von Membranmodulen eingegangen. Verständlicherweise sind die Aspekte der Leistungsfähigkeit demgegenüber weitaus dominanter gewesen. Aus der Betrachtung der Konstruktionsweise und aus den Erfahrungen der Praxis heraus läßt sich jedoch bereits heute eine „Hierarchie" der Reinigungsfreundlichkeit aufstellen. Die Aufzählung nennt das am besten zu reinigende Modul zuerst.

1. Plattenmodul
2. DT-Modul
3. Tubularmodul
4. Wickelmodul
5. Hohlfasermodul

Ein weiteres Feld für verfahrenstechnische Möglichkeiten, Biofouling zu verhindern, dürfte das Design von Spacern sein. Je besser diese zur Verwirbelung des Wassers direkt auf der Membranoberfläche beitragen, desto langsamer dürfte sich ein Biofilm bis über die Toleranzschwelle hinaus entwickeln.

5.3.6 Membranmaterial

Die Primärbesiedlung gilt in erster Linie als physikalisch-chemischer Prozeß mit relativ geringem Anteil der physiologischen Aktivität der Mikroorganismen [146a]. Einen Hinweis auf den physikalischen Anteil gibt die Betrachtung der Oberflächenenergie [12b]. Viele in der Wassertechnologie benutzte Oberflächen haben ursprünglich eine unterschiedliche Oberflächenenergie. Bei Kontakt mit natürlichen und technischen Wässern entsteht ein Conditioning film, der die Unterschiede in der Oberflächenenergie nivelliert, d.h. hydrophobe Oberflächen (niedrige Oberflächenenergie) hydrophiler macht und umgekehrt, wobei eine leicht negative Gesamtladung resultiert [12b]. Dies führt dazu, daß die meisten benetzten Oberflächen häufig eine Oberflächenspannung im Bereich zwischen 30 und 40 mJ m^{-2} aufweisen. Bei einer Oberflächenspannung von mehr als 30 mJ m^{-2} nimmt die Adhäsionsrate vieler Mikroorganismen stark zu [261]. Oberflächen mit einer Spannung im Bereich zwischen 23 und 27 mJ m^{-2} werden ebenfalls mit einem Conditioning film belegt und von Mikroorganismen besiedelt. Hier geht der Prozeß jedoch am langsamsten vor sich, und die Haftung von Biofilmen ist auf ihnen am gering-

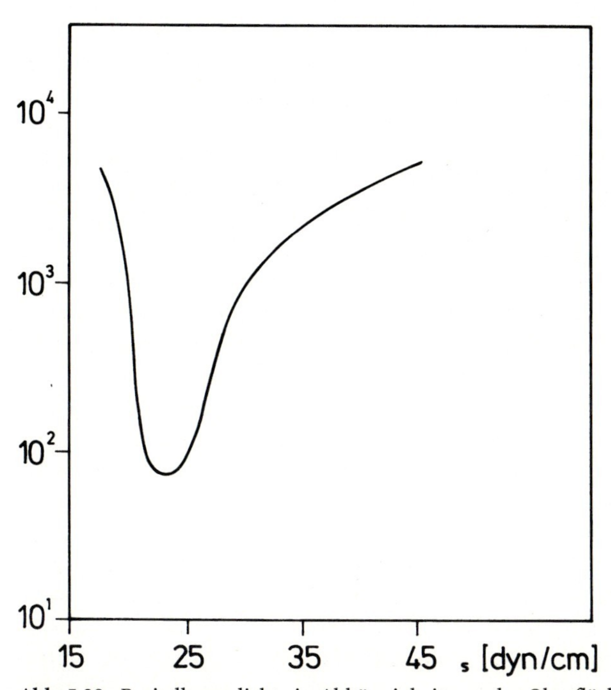

Abb. 5.30. Besiedlungsdichte in Abhängigkeit von der Oberflächenspannung der Aufwuchsfläche [47]

sten [12, 12a, 47]. Bei niedrigeren Oberflächenspannungen verbessert sich die Adhäsion wieder. Oberflächen besonders hydrophob zu machen, verhindert also die bakterielle Adhäsion nicht; in der Natur ist z.B. die Besiedlung von wachsbedeckten Blättern durch Destruenten der Beginn der Entsorgung. Abb. 5.30 zeigt die Belegungsdichte in Abhängigkeit von der Oberflächenspannung der Aufwuchsfläche [46a]. Die Auswahl von Materialien und Beschichtungen hinsichtlich der Minimierung von mikrobiellem Bewuchs sollte diesen Gesichtspunkt mit einbeziehen.

Die Primärbesiedlung geht normalerweise schnell vor sich, d.h. innerhalb der ersten Stunden nach Kontakt zwischen keimhaltigem Wasser und Oberfläche (s. Abb. 4.17). Wie Untersuchungen zum Biofouling von Umkehrosmose-Membranen zeigten [77], gibt es Bakterienstämme, deren Zellen auch in abgetötetem Zustand an Oberflächen haften können („passive Adhäsion“ [91]), und zwar ebensoschnell wie lebende (Abb. 4.17). Dies trifft nicht für alle Spezies in einer Wasserpopulation zu; andere Stämme können sich nur im lebenden Zustand anheften. Für die Entstehung von Biofilmen nach Desinfektionen genügt es natürlich, wenn auch nur einige Mikroorganismen-Arten aus dem Spektrum der Gesamtpopulation dazu in der Lage sind. Sie bleiben haften und verstärken erneutes Biofouling. Bei einer Behandlung der Wasserphase mit Mikrobioziden ist es daher wichtig, die Bakterien aus dem System zu entfernen ob abgetötet oder nicht.

In durchflossenen Systemen begünstigen rauhe Oberflächen die Besiedlung ebenfalls. Allerdings werden auch solche Flächen kolonisiert, bei denen die Amplitude der Rauhigkeit unterhalb der Dimension von Bakterien liegt [30]. So kann etwa durch Elektropolierung einer Metalloberfläche nur die Induktionsphase verlängert, nicht aber die Besiedlung verhindert werden.

Die Auswahl des Membranmaterials selbst spielt ebenfalls eine Rolle, obwohl man sich darüber klar sein muß, daß jedes Material mikrobiell besiedelbar ist. Der Unterschied besteht lediglich darin, daß manche Materialien schneller kolonisiert werden als andere. Ein Beispiel für einen Werkstoff, der signifikant geringer besiedelt wird als Polyamid, Polysulfon, Polyethersulfon und Celluloseacetat ist Polyetherharnstoff [78]. Worauf dies zurückzuführen ist, konnte bislang noch nicht geklärt werden [137]. Es zeigte sich aber auch in der Praxis, daß dieses Material weniger anfällig gegenüber Biofouling ist. Es ist jedoch nicht gegen Chlor beständig. Um eine Beständigkeit zu erreichen, wurde es vom Hersteller mit Polysulfon beschichtet. Dann allerdings zeigt sich, daß es seine geringere biologische Affinität verloren hat (Tabelle 5.21).

Abbildung 5.31 zeigt die Besiedlung von verschiedenen Membranmaterialien durch eine Mischpopulation aus Abwasser. Wiederum ist eine signifikant geringere Kolonisation von Polyetherharnstoff zu erkennen.

Ridgway und Safarik [210] zeigten, daß in einer Praxisanlage signifikante Unterschiede in der Permeatleistung von Celluloseacetat und aromatischem Polyamid als Membranmaterialien auftreten (Abb. 5.32). In Laborversuchen hatte Polyamid eine höhere biologische Affinität gezeigt [209]; der Unterschied wird auf verschiedene Anfälligkeit gegenüber Biofouling zurückgeführt.

Tabelle 5.21. Besiedlung verschiedener Membranmaterialien durch *Pseudomonas diminuta*, ausgedrückt in Zellen cm^{-2} nach 4 h Inkubation mit einer Suspension von $5 \cdot 10^8$ Zellen mL^{-1} von *Pseudomonas diminuta*

Polyamid	$(6{,}5 \pm 3) \cdot 10^8$
Polysulfon	$(8{,}1 \pm 5) \cdot 10^8$
Polyethersulfon	$(3{,}2 \pm 2) \cdot 10^8$
Celluloseacetat	$(7{,}5 \pm 4) \cdot 10^8$
Polyetherharnstoff	$(1{,}8 \pm 1) \cdot 10^6$
Polyetherharnstoff beschichtet	$(3{,}6 \pm 3) \cdot 10^8$

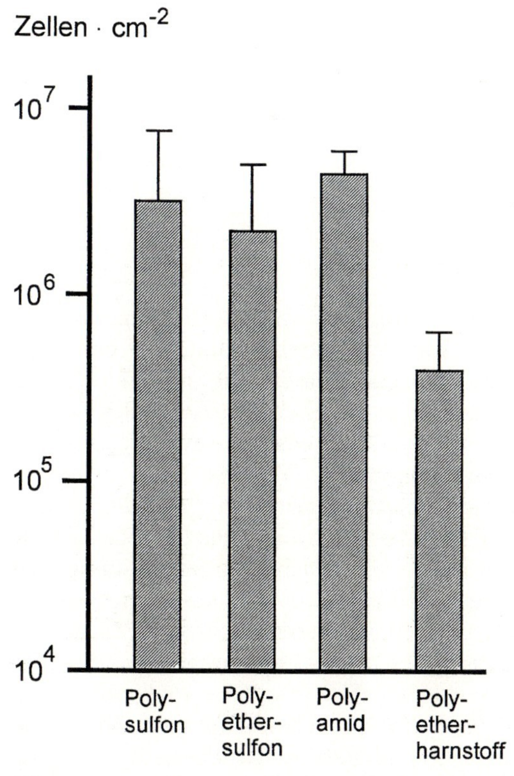

Abb. 5.31. Besiedlung verschiedener Membranmaterialien durch eine Abwasser-Mischpopulation

Hinsichtlich der biologischen Affinität verschiedener Membranmaterialien muß einschränkend festgestellt werden, daß die zugrundeliegenden Mechanismen bislang noch nicht verstanden sind. Eine gezielte Beeinflussung – z.B. Hydrophilisierung – erscheint nicht sinnvoll, da auch hydrophile Oberflächen mikrobiell besiedelt werden. Auf diesem Gebiet sind weitere Grundlagenuntersuchungen notwendig.

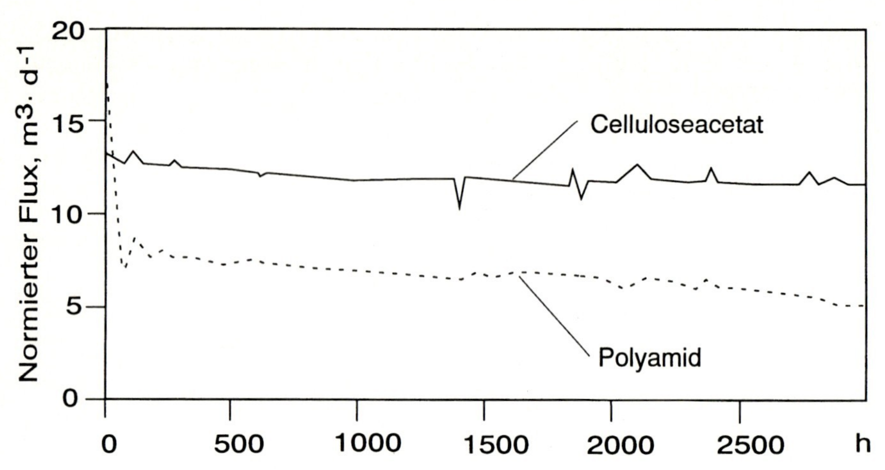

Abb. 5.32. Normierte Flux-Daten für Membranen aus aromatischem Polyamid (PA) und Celluloseacetat (CA) (nach [210])

5.3.7 Technische Hygiene

Biofouling läßt sich im allgemeinen nur durch eine gezielte Strategie verhindern, und zwar mit einer „clean system philosophy", d.h., alle benetzten Oberflächen müssen in die Betrachtung mit einbezogen werden [75]. Ein solcher Ansatz kann als „technische Hygiene" bezeichnet werden; dieser Gesichtspunkt wird auch implizit im DVGW-Arbeitsblatt „Desinfektion von Wasserversorgungsanlagen" hervorgehoben (DVGW 1986) und entspricht nicht zuletzt dem gesunden Menschenverstand. Dazu gehört, daß die verwendeten Materialien keine biologisch abbaubaren Stoffe abgeben [231], daß sie eine niedrige biologische Affinität aufweisen [78] und daß ihre Rauhigkeit unterhalb der Dimension von Bakterien liegt (d.h. <0,2 μm). Oberflächenbeschichtungen sind mit Vorsicht zu betrachten und im Einzelfall zu prüfen; zahlreiche Berichte über die Besiedlung solcher Beschichtungen sind bekannt (z.B. [46a]).

Soll im System durch Vorfiltration des Wassers (Entfernung der Bakterien) vor Bakterienbefall geschützt werden, so muß berücksichtigt werden, daß sich die Bakterien in Reinwassersystemen in einem Hungerzustand befinden, auf den sie mit starker Volumenverkleinerung [164] und erhöhter Adhäsivität [146] reagieren. Sie schrumpfen auf Durchmesser von weniger als 0,2 μm und können dann „Entkeimungsfilter" von 0,45 μm Porendurchmesser ohne weiteres passieren, sich in der Anlage festsetzen und Biofilme bilden. Die Vorfiltration verlegt die Fouling-Probleme auf die Vorfilter.

Dichtungen, Ritzen, Ventile, Kanten und Vertiefungen in Wassersystemen bilden die „Hauptnischen" für Biofilme. In der Reinstwasser-Produktion sind bereits erhebliche Fortschritte darin erzielt worden, solche Nischen bereits von der Konstruktion her zu vermeiden [237]. Soweit sie aber nicht zu vermeiden sind, sollten sie wenigstens einigermaßen zugänglich und leicht zu reinigen sein. Scheut man sich hier, die auftretenden Schwierigkeiten und Probleme zu meistern, so muß man mit einer höheren Keimbelastung in der Anlage rechnen.

Die praktischen Erfahrungen und auch die Laborexperimente haben gezeigt, daß sich in unsterilen technischen Systemen eine Primäradhäsion nicht verhindern läßt. Das bedeutet, daß sich hier immer ein Biofilm bilden wird. Je nachdem, welches Ausmaß dieser Biofilm hat, bewirkt er Biofouling oder nicht. Dieses Ausmaß hängt aber im wesentlichen von der Versorgung mit Nährstoffen und von den Scherkräften ab.

Weitere Untersuchungen zur Möglichkeit einer Anti-Fouling-Strategie durch Nährstoffbegrenzung sind derzeit im Gange. Besonders wichtig erscheinen dabei folgende Fragestellungen:

- Welche Biofilm-Dicke spielt sich bei welcher Nährstoff-Konzentration ein?
- Welcher Nährstoff wirkt in einem bestimmten System am stärksten limitierend?
- Wie läßt sich die Biofilm-Dicke zuverlässig und einfach messen?
- Wo liegt die Toleranzschwelle eines Systems, und wie wird sie bestimmt?
- Welche Verfahrensmöglichkeiten eignen sich am besten für die Entnahme des Nährstoffs, vor allem bei relativ niedrigen Konzentrationen?

5.4 Monitoring

Bei der Kontrolle von Biofouling ist es entscheidend zu wissen, wie weit sich der Biofilm in der Anlage bereits entwickelt hat. Dies ist nur durch Monitoring zu erreichen. Zu diesem Zweck müssen besondere Möglichkeiten entwickelt und genutzt werden.

Fazit der Untersuchungen ist, daß die Betriebsparameter allein beginnendes Biofouling nicht erkennen lassen. Die Auswirkungen der mikrobiellen Belegung gehen im „Anfangsrauschen" unter; bei weiteren Belastungen regelt sich zunächst ein neues Plateau der Biofilm-Dicke ein [19, 85].

Um das Biofouling-Potential einer Anlage in der Praxis zu erkennen, sind direkte Untersuchungen der Membranoberfläche unerläßlich. Gerade bei großen und kostenintensiven Anlagen, die mit Biofouling zu kämpfen haben, dürfte sich daher die Installation von Bypass-Testanlagen lohnen. Beispiele sind die großen Meerwasser-Entsalzungsanlagen am Roten Meer oder die Reinwasser-Anlagen für die chemische, pharmazeutische und elektronische Industrie.

Da es bislang noch keine Möglichkeit gibt, die Oberfläche von Membranen zerstörungsfrei zu untersuchen, sind „Opfermodule" notwendig [274]. Sie könnten in einer solchen Testanlage eingesetzt werden. Dabei ließe sich auch die Effektivität von Reinigungsmaßnahmen überwachen und optimieren.

Ein neuer Weg, das Monitoring zerstörungsfrei, on-line, in situ und in Echtzeit zu bewerkstelligen, ist die Nutzung der Lichtreflexion (Flemming, Ridgway u. Tamachkiarowa, i. Vorb.). Dabei wird ausgenutzt, daß eine frische

Membran weißes Licht weiß reflektiert. Wenn sich ein Belag darauf bildet, wird sich die Reflexion abschwächen. Dabei kann zunächst zwar noch nicht unterschieden werden, ob es sich um einen biotischen oder einen abiotischen Belag handelt (bzw. um ein Gemisch von beiden), es kann aber sehr wohl festgestellt werden, *daß* sich ein Belag bildet. Schon diese Information kann sehr nützlich sein. Durch Ausnutzung bestimmter Wellenlängen, die für biologische Moleküle spezifisch sind, läßt sich eine weitere Differenzierung des Belages erreichen. Eine Anlage kann mit solchen Sensoren regelrecht „gespickt" und zentral überwacht werden.

Bei Reinigungsmaßnahmen kann dann aus der Zunahme der Lichtreflexion erkannt werden, ob sich der Erfolg einstellt. Diese Technik kann durch Faseroptik miniaturisiert werden. Es ist technisch möglich, daß solche Reflexionseinheiten bereits bei der Fabrikation in Module eingebaut werden. Sie würden eine direkte Beobachtung der Membran-Oberfläche erlauben und damit sozusagen „Licht in die black box" bringen.

6 Literaturverzeichnis

1. Adamczyk, Z., B. Siewek and M. Zembala (1991): Negative cooperativity in adsorption and adhesion of particles. Biofouling 4, 89–98
2. Ahmed, S.P. and M.S. Alansari (1989): Biological fouling and control at RAS Abu Jarjur RO plant – a new approach. Desalination 74, 69–84

2a. Allen, M.J., R.H. Taylor and E.E. Geldreich (1980): The occurrence of microorganisms in water main encrustations. J. Am. Water Works Assoc. 72, 614–625

3. Allison, D.G. and I.W. Sutherland (1984): A staining technique for attached bacteria and its correlation to extracellular carbohydrate production. J. Microb. Meth. 2, 93–99
4. Alsopp, C. and D. Alsopp (1983): An updated survey of commercial products used to protect materials against biodeterioration. Int. Biodet. Bull. 19(3/4), 99–146
5. Altman, F.P. (1976): Tetrazolium salts and formazans. Prog. Histochem. Cytochem. 9, 1–50
6. Ammann, R.I., J. Stromley, R. Devereux, R. Key and D.A. Stahl (1992): Molecular and microscopic identification of sulphate reducing bacteria in multispecies biofilms. Appl. Environ. Microbiol. 58, 614–623
7. Anderson, R.L., L.A. Bland, M.S. Favero, M.M. McNeil, B.J. Davis, D.C. Mackel and C.R. Gravelle (1985): Factors associated with *Pseudomonas pickettii* intrinsic contamination of commercial respiratory therapy solutions marketed as sterile. Appl. Environ. Microbiol. 50, 1342–1348
8. Applegate, L.E. and C.W. Erkenbrecher (1987): Monitoring and control of biological activity in Permasep seawater RO plants. Desalination 65, 331–359
9. Applegate, L.E., C.W. Erkenbrecher and H. Winters (1989): New chloramine process to control aftergrowth and biofouling in Permasep B-10 RO surface seawater plants. Desalination 74, 51–67
10. Argo, D. and H.F. Ridgway (1982): Biological fouling of reverse osmosis membranes. Aqua 6, 481–491
11. Bablon, G., C. Ventresque, F. Damez and M.C. Hascoet (1986): Removal of organic matter by means of combined ozonization/BAC filtration, a reality on an industrial scale at the Choisy-Le-Roi treatment Plant. Proc. Am. Water Works Assoc. Ann. Conf., June 22–26, Denver, CO
12. Baier, R.E. (1980): Substrata influences on adhesion of microorganisms and their resultant new surface properties. In: G. Bitton and K.C. Marshall (Hrsg.): Adsorption of microorganisms to surfaces. John Wiley, New York; 59–104

12a. Baozhen, G., C. Ventresque and F. Roy (1987): Evolution of organics in a potable water treatment system. Aqua 2, 110–113

12b. Baier, R. E. (1990): Cornea and cartilage: surface properties of natural materials with low bioadhesion. Int. Congr. Bioadhesion, Groningen, The Netherlands, Nov. 6–9

13. Barnela, S.B., S.D. Worley and D.E. Williams (1987): Syntheses and antibacterial activity of new N-halamine compounds. J. Pharm. Sci. 76, 245–247
14. Bergström, I., A. Heinänen and K. Salonen (1986): Comparison of Acridin orange, Acriflavine, and Bisbenzimide stains for enumeration of bacteria in clear and humic waters. Appl. Environ. Microbiol. 51, 664–667

15. Blainey, B. and K.C. Marshall (1991): The use of block copolymers to inhibit bacterial adhesion and biofilm formation on hydrophobic surfaces in marine habitats. Biofouling 4, 309–318
16. Blenkinsopp, S.A. and M.A. Lock (1990): The measurement of electron transport system activity in river biofilms. Water Res. 24, 441–445
17. Block, J.C. (1992): Biofilms in drinking water distribution systems. In: L. Melo, M.M. Fletcher, T.R. Bott and L. Capdeville (eds.): Biofilms – science and technology. Kluwer Academic Publ., Amsterdam, 469–485
18. Block, J.C., L. Matthieu, P. Servais, D. Fontvieille and P. Werner (1992): Indigeneous bacterial inocula for measuring the biodegradable dissolved organic carbon (BDOC) in waters. Water Res. 26, 481–486
19. Bott, T.R. (1990): Bio-fouling. In: Bohnet, M. (ed.): Fouling of heat exchanger surfaces. Conf. Proc., VDI Ges. P.O.Box 1139, 4000 Düsseldorf 1; 5.1–5.20
20. Bradford, M.M. (1976): A rapid and sensitive method for the quantitation of microgram quantities of protein utilizing the principle of proteindye binding. Analyt. Biochem. 72, 248–254
21. Bric, J.M., R. Rostock and S.E. Silverstone (1991): Rapid in-situ assay for indolacetic acid production by bacteria immobilized on a nitrocellulose membrane. Appl. Envir. Microbiol. 57, 535–538
22. Callow, M.E., C.R. Health u. B.S.C. Leadbeater (1994): The control of calcium carbonate precipitation within algal biofilms. R.G.J. Edyvean (Hrsg.): Biodeterioration 9. Elsevier Publ., Amsterdam, in press.
23. Cantor, P.A. and B.J. Mechalas (1969): Biological degradation of cellulose acetate reverse osmosis membranes. J. Polym. Sci. 28, 225–241
24. Chamberlain, H.L., P. Angell and H.S. Campbell (1988): Staining procedures for characterizing biofilms in corrosion investigations. Brit. Corros. J. 23, 197–198
25. Characklis, W.G. and P.A. Wilderer (Hrsg.)(1989): Structure and function of biofilms. John Wiley, New York
26. Characklis, W.G. and K.C. Marshall (Hrsg.)(1990): Biofilms. John Wiley, New York.
27. Characklis, W.G. (1990): Biofilm processes. In: W.G. Characklis and K.C. Marshall (Hrsg.): Biofilms. John Wiley, New York; 195–232
28. Characklis, W.G. (1990): Microbial fouling control. In: W.G. Characklis and K.C. Marshall (Hrsg.): Biofilms. John Wiley, 585–633
29. Characklis, W.G., M.H. Turakhia and N. Zelver (1990): Transport and interfacial transfer phenomena. In: W.G. Characklis and K.C. Marshall (Hrsg.): Biofilms. John Wiley, New York; 265–340
30. Characklis, W.G. (1990): Microbial fouling. In: W.G. Characklis and K.C. Marshall (Hrsg.): Biofilms. John Wiley, New York; 523–584
31. Characklis W. G. (1988): Bacterial regrowth in distribution systems, Final report, Water works Assoc. Res. Found, Denver, CO
32. Christensen, B.E. and W.G. Characklis (1990): Physical and chemical properties of biofilms. In: W.G. Characklis and K.C. Marshall (Hrsg.): Biofilms. John Wiley, New York; 93–130
33. Christensen, B.E. (1989): The role of extracellular polysaccharides in biofilms. J. Biotec. 10, 181–196
34. Christensen, B.E., H.N. Tronnes, K. Vollan, O. Smidsrod and R. Bakke (1990): Biofilm removal by low concentrations of hydrogen peroxide. Biofouling 2, 165–175
35. Christian, D.A. and T.A. Meltzer (1986): The penetration of membranes by organism grow-through and its related problems. Ultrapure Water 3 (3), 39–44
36. Chung, Y.-C. and J.B. Neethling (1989): Microbial activity measurements for anaerobic sludge digestion. J. Water Poll. Contr. Fed. 61, 343–349
37. Claus, G. (1992): Angewandte Mikrobiologie und Biotechnologie an der Fachhochschule für Technik (FHT) Mannheim. BioEngineering 8, 52–56
38. Corpe, W.A.: Microbial surface components involved in adsorption of microorganisms. In: G. Bitton and K.C. Marshall (Hrsg.): Adsorption of microorganisms to surfaces. John Wiley, New York, 1980; 105–144

39. Costerton, J.W. and R.T. Irvin (1981): The bacterial glycocalyx in nature and disease. Ann. Rev. Microbiol. 35, 299–324
40. Costerton, J.W. (1983): Biofilm removal. U.S. Pat. 4.419.248
41. Costerton, J.W., K.-J. Cheng, G.G. Geesey, T.I. Ladd, J.C. Nickel, M. Dasgupta and T.J. Marrie (1987): Bacterial biofilms in nature and disease. Ann. Rev. Microbiol. 41, 435–464
42. Costerton, J.W. and J. Boivin (1991): Biofilms and Corrosion. In: H.-C. Flemming and G.G. Geesey (eds.): Biofouling and biocorrosion in industrial water systems. Springer, Berlin, Heidelberg; 195–204
43. Coulbourne, J.S., P.J. Dennis, R.M. Trew, C. Berry and F. Vesey (1988): Legionella and public water supplies. Proc. Int. Conf. Water Wastewater Microbiol., Newport Beach, Ca.
44. Craven, R.A., A.J. Ackerman and P.L. Tremong (1986): High purity water technology for silicon wafer cleaning in VLSI production. Microcontamination 4(99), 1421
45. Cummins, D. (1991): Routes to chemical plaque control. Biofouling 4, 199–207
46. Cunningham, A.B., E.J. Bouwer and W.G. Characklis (1990): Biofilms in porous media. In: W.G. Characklis and K.C. Marshall (eds.): Biofilms. John Wiley, New York, 697–732

46 a. Dempsey, M.J. (1981): Colonization of antifouling paints by marine bacteria. Botany XXIV, 185–191

47. Dexter, S.C. (1976): Influence of substratum critical surface tension on bacterial adhesion – in situ studies. J. Coll. Interf. Sci. 70, 346–354
48. Dial, F. and T. Chu (1987): The effect of high bacteria levels with low TOC levels on bipolar transistors: a case study. Proc. 7th. Ann. Semicond. Pure Water Conf., San Jose; 178–193
49. Dlouhy, G. and K. Marquardt (1984): Moderne Techniken zur Wasseraufbereitung für pharmazeutische, kosmetische und medizintechnische Zwecke. Seminar Hager + Elsässer, P.O. Box 800540, D-7000 Stuttgart 80, FRG
50. Dott, W. u. D. Schoenen (1985): Qualitative und quantitative Bestimmung von Bakterienpopulationen aus aquatischen Biotopen. 7. Mitt.: Entwicklung der Aufwuchsflora auf Werkstoffen im Trinkwasser. Zbl. Bakt. Hyg. I. Abt. Orib. B 180, 436–447
51. Dott, W. u. D. Schoenen (1986): Qualitative und quantitative Bestimmung von Bakterienpopulationen aus aquatischen Biotopen. 9. Mitt.: Bakterienpopulationen aus aquatischen Biotopen. Zbl. Bakt. Hyg. Orig. B 174, 174–181
52. Doulah, M.S. (1977): Mechanisms of disintegration of biological cells inultrasonic cavitation. Biotech. Bioengng. 19, 649–660
53. Dubois, M., et al. (1956): Colorimetric method for determination of sugars and related substances. Anal. Chem. 28, 350–356
54. Duddridge, J.E., C.A. Kent and J.F. Laws (1982): Effect of surface shear stress on the attachment of Pseudomonas fluorescens to stainless steel under defined flow conditions. Biotech. Bioeng. 24, 153–164
55. Duncan-Hewitt, W.C. (1990): Nature of the hydrophobic effect. In: R.J. Doyle and M. Rosenberg (eds.): Microbial cell surface hydrophobicity. Am. Soc. Microbiol., Washington, DC; 39–74
56. Ebrahim, S. and A. Malik (1987): Membrane fouling and cleaning at DROP. Desalination 66, 201–221
57. Eighmy, T.T., D. Maratea and P.L. Bishop (1983): Electron microscopic examination of wastewater biofilm formation and structural components. Appl. Environ. Microbiol. 45, 1921–1931
58. Eisenberg, T.N. and E.J. Middlebrooks (1984): A survey of problems with reverse osmosis water treatment. J. Am. Water Works Assoc. 76, 44–49
59. Eisenmann, D.E. and C.J. Ebel (1988): Sulfuric acid and DI point of use particle counts and resultant silicon wafer FM levels. Proc. 9th Ann. Meet. Inst. Environ. Sci. (ICCS), Sep. 26–30, Los Angeles; 547-559
60. Emde, K.M.E:, D.W. Smith and R. Facey (1992): Initial investigation of microbially influenced corrosion (MIC) in a low temperature water distribution system. Water Res. 26, 169–175
61. Epstein, N. (1981): Fouling: technical aspects. In: E.F.C. Somerscales and J.G. Knudsen (Hrsg.): Fouling of heat transfer equipment. Hemisphere, Washington; 31–53

62. Exner, M., G.J. Tuschewitzki and J. Scharnagel (1987): Influence of biofilms by chemical disinfectants and mechanical cleaning. Zbl. Bakt. Hyg. B 183, 549-563
63. Fane, A.G., C.J.D. Fell, P.H. Hodgson, G. Leslie and K.C. Marshall (1991): Microfiltration of biomass and biofluids: effects of membrane morphology and operating conditions. Filtr. Sep., Sept./Oct. 1991; 332-340
64. Flemming, H.-C. (1981): Bakterienwachstum auf Ionenaustauscher-Harz - Untersuchungen an einem stark sauren Kationen-Austauscher. Teil I: Anhaftung und Verteilung der Bakterien; betriebliche Möglichkeiten der Wachstumsunterdrückung. Z. Wasser Abwasser Forsch. 14, 132-139
65. Flemming, H.-C. (1984): Die Peressigsäure als Desinfektionsmittel. Zbl. Bakt. Hyg. B 179, 97-111
66. Flemming, H.-C. (1987): Microbial growth on ion exchangers - a review. Water Res. 21, 745-756 (1987)
67. Flemming, H.-C. (1991): Biofilme und Wassertechnologie. Teil I: Entstehung, Aufbau, Zusammensetzung und Eigenschaften von Biofilmen. Gas-Wasser-Fach Wasser, Abwasser 132, 197-207
68. Flemming, H.-C. (1991): Biofouling auf Ionenaustauschern. Willy Hager Stiftung, Stuttgart, 108 pp
69. Flemming, H.-C. (1991): Introduction - biofilms as a particular form of microbial life. In: H.-C. Flemming and G.G. Geesey (eds.): Biofouling and Biocorrosion in Industrial Water Systems. Springer, Heidelberg; 3-9
70. Flemming, H.-C. (1991): Biofouling in water treatment. In: H.-C. Flemming and G.G. Geesey (eds.): Biofouling and biocorrosion in industrial water systems. Springer, Heidelberg; 47-80
71. Flemming, H.-C. (1992): Biofilme und Wassertechnologie. Teil II: Unerwünschte Biofilme - Phänomene und Mechanismen. Gas-Wasser-Fach Wasser, Abwasser 133, 119-130
72. Flemming, H.-C. (1992): Biofilme und Wassertechnologie. Teil III: Bekämpfung unerwünschter Biofilme. Gas-Wasser-Fach Wasser, Abwasser 133, 298-310
73. Flemming, H.C. (1993): Biofouling bei der Membranbehandlung hochbelasteter Wässer. In: K. Marquardt (Hrsg.): Sickerwasserbehandlung. Expert Verlag, Ostfildern
74. Flemming, H.-C. (1993): Mechanistic aspects of reverse osmosis membrane biofouling and prevention. In: Z. Amjad (ed.): Membrane Technology. Van Nostrand Reinhold, New York; 163-209
75. Flemming, H.-C. (1994): Biofilme, Biofouling und mikrobielle Materialschädigung. Stuttg. Ber. Siedlungswasserwirtsch. 129, Oldenbourg Verlag, München, 275 pp.
76. Flemming, H.-C. (1993): Biofouling in der Wasseraufbereitung. In: K. Marquardt (Hrsg.): Herstellung von Reinstwasser. Expert-Verlag, Ostfildern; 28-43, 337-341
77. Flemming, H.-C. und G. Schaule (1988): Untersuchungen zum Biofouling an Umkehrosmose- und Ultrafiltrationsmembranen. Teil I: Entstehungsstadium des Biofouling. Vom Wasser 71, 207-233
78. Flemming, H.-C. and G. Schaule (1988): Biofouling on membranes - a microbiological approach. Desalination 70, 95-119
79. Flemming, H.-C. und G. Schaule (1989): Biofouling auf Umkehrosmose- und Ultrafiltrationsmembranen. Teil II: Analyse und Entfernung des Belages. Vom Wasser 73, 287-301
80. Flemming, H.-C. and G. Schaule (1991): Biofouling on membranes - role of hydrophobicity. In: N. Dowling, M.W. Mittelman and J.C. Danco (eds.): Microbially Induced Corrosion. Knoxville, TN; 5.101-5.109
81. Flemming, H.-C., J. Schmitt and K.C. Marshall (1995): Sorption properties of biofilms. In: U. Förstner (ed.): Environmental behaviour of sediments. Lewis Publishers, New York; in press
82. Flemming, H.-C., G. Schaule and R. McDonogh (1992): Some second thoughts on membrane biofouling. Int. Membr. Sep. Sci. Technol. Conf., Sydney, Nov. 11-13, Conf. Proceed.
83. Flemming, H.-C., G. Schaule, E. Gaveras und M. Beck (1992): Biofouling von Umkehrosmose-Membranen bei der Reinwasser-Herstellung. In: K. Marquardt (Hrsg.): Herstellung von Reinwasser. Expert Verlag, Ostfildern; 44-65, 341-343

84. Flemming, H.-C., G. Schaule and R. McDonogh (1992): Biofouling on membranes - a short review. In: L. Melo, M.M. Fletcher and T.R. Bott (eds.): Biofilms: Science and Technology. Kluwer Academic Publishers, Dordrecht, Boston, London; 487-497
85. Flemming, H.-C., G. Schaule, R. McDonogh and H. F. Ridgway (1994): Mechanism and extent of membrane biofouling. In: G. G. Geesey, Z. Lewandowski and H.-C. Flemming (eds.): Biofouling and Biocorrosion. Lewis Publishers, Chelsea, Michigan, 63-89
86. Flemming, H.-C., G. Schaule und R. McDonogh (1993) How do performance parameters respond to initial biofouling on separation membranes? Vom Wasser 80, 177-186
88. Fletcher, M.M. (1991): The physiological activity of bacteria attached to solid surfaces. Adv. Microb. Physiol. 32, 53-85
89. Fletcher, M.M. (1985): Effect of solid surfaces on the activity of attached bacteria. In: D.C. Savage and M.M. Fletcher (eds.): Bacterial adhesion. Plenum Press, New York, 1985; 339-362
90. Fletcher, M.M. (1978): How do bacteria stick to solid surfaces? Microbiol. Sci. 4 (5), 133-136
91. Fletcher, M.M. (1980): The question of passive versus active attachment mechanisms in nonspecific bacterial adhesion. In: R. C. W. Berkeley, J. M. Lynch, J. Melling, P. P. Rutter and B. Vincent (Hrsg.): Microbial adhesion to surfaces. Ellis Horwood, Chichester, 1980; 197-210
92. Gaffar, A. and A. Exposito (1988): An oral composition containing perfluorosurfactants. US Pat. 4759925
93. Gantzer, C.J. et al. (1989): Group report: Exchange processes at the fluid-biofilm interface. In: W.G. Characklis and P. Wilderer (eds.): Structure and function of biofilms. John Wiley, New York; 73-89
94. Geesey, G.G. (1987): Survival of microorganisms in low nutrient waters. In: M.W. Mittelman and G.G. Geesey (eds.): Biological fouling of industrial water systems. A problem solving approach. Water Micro Associates, San Diego, CA 92128-0848, P.O. Box 28848; 1-23
95. Geesey, G.G. and P.J. Bremer (1989): Applications of Fourier Transform Infrared Spectrometry to Studies of Copper Corrosion under Bacterial Biofilms. MTS Journal, Vol. 24,3, 6-43
96. Geesey, G.G. and D.C. White (1990): Determination of bacterial growth and activity at solid-liquid interfaces. Ann. Rev. Microbiol. 44, 579-602
97. Geldreich, E.E., R.H. Taylor, J.C. Blannon and D.J. Reasoner (1985): Bacterial colonization of point-of-use water treatment devices. J. Am. Water Works Assoc. 77, 72-80
98. Giertsen, E., A. Gaffar and G. Rölla (1989): A non-antibacterial approach to prevent plaque formation. J. Dent. Res. (Spec. Iss.) 68, 1683-1685
99. Gilbert, E. (1988): Biodegradabilitys of ozonation products as a function of COD and DOC elimination by the example of humic acids. Water Res. 22, 123-126
100. Glantz, P. P. and R. Attström (1986): Tooth surface alteration agents: state-of-the-art review. In: H. Loe and D. Kleinman (eds.): Dental plaque control measures and oral hygiene practices. IRL Press, Oxford; 185-194
101. Governal, R.A., M.T. Yahya, C.P. Gerba and F. Shadman (1992): Comparison of assimilable organic carbon and UV-oxidable carbon for evaluation of ultrapure water systems. Appl. Environ. Microbiol. 58, 724-726
102. Graham, S.I., Reitz, R.L. and Hickman, C.E. (1989): Improving reverse osmosis performance through periodic cleaning. Desalination 74, 113-124
103. Griebe, T., C.-I. Chen, R. Srinivasan and P.S. Steward (1993): Analysis of biofilm disinfection by monochloramine and free chlorine. In: G.G. Geesey, Z. Lewandowski and H.-C. Flemming (eds.): Biofouling/biocorrosion in industrial water systems. Lewis Publishes, Chelsea, Michigan; 151-161
103a. Griebe, T. and H.-C. Flemming, in Vorbereitung
104. Grubert, L., G.-J. Tuschewitzki und B. Pätsch (1992): Rasterelektronenmikroskopische Untersuchungen zur mikrobiellen Besiedlung von Wasseranschlußleitungen aus Polyethylen und Stahl. Gas-Wasser-Fach Wasser, Abwasser 133, 310-313

105. Gu, B., J. Schmitt, Z. Chen, L. Liang, J.F. McCarthy (1993): On the adsorption-desorption mechanisms of natural organic matter by iron-oxide and its coated quartz. Sci. Environ. Tech. 28, 1; 38–46
106. Guy, D.G., Biodegradation of cellulosic membranes at the Roswell and Yuma desalination test facilities. Pure Water, Vol. 2, Int. Desalination and Environmental Association, Teaneck, New Jersey, 1980
107. Hampson, J.D. (1982): Industrial preservatives and biocides. Lab. Pract. 31, 337–338
108. Harned, W. (1986): Bacteria as a particle source in wafer processing equipment. J. Environ. Sci. 24 (3), 33
109. Herbertz, J. und M. Wöhrmann (1987): Erfassung der Kavitation in Ultraschall-Reinigungswannen. Fortschr. Akk. DAGA 1987, 421–424
110. Hill, F.K., P.P. Pandolfini, G.L. Dugger and W.H. Avery (1981): Biofouling removal by ultrasonic radiation. Corrosion '81, NACE Houston, P.O. Box 218340, TX 77218 Paper No. 267
111. Himelstein, W.D. and J. Amjad (1985): The role of water analysis, scale control and cleaning agents in reverse osmosis. Ultrapure Water, March/April 1985, 32–36
112. Ho, L.D.W., D.D. Martin and W.C. Lindemann (1983): Inability of microorganisms to degrade cellulose acetate reverse-osmosis membranes. Appl. Environ. Microbiol. 45, 418–427
113. Howard, G. and R. Duberstein (1980): A case of penetration of 0,2 µm-rated membrane filters by bacteria. J. Parent. Drug Assoc. 34, 95–102
114. Humphries, M., J.F. Jaworzyn and J.B. Cantwell (1986): The effect of a range of biological polymers an synthetic surfactants on the adhesion of a marine Pseudomonas sp. strain NCMB 2021 to hydrophilic and hydrophobic surfaces. FEMS Microbiol. Ecol. 38, 299–308
115. Humphries, M., J.F. Jaworzyn, J.B. Cantwell and A. Eakin (1987): The use of non-ionic ethoxylated and propoxylated surfactants to prevent the adhesion of bacteria to solid surfaces. FEMS Microbiol. Lett. 42, 91–101
116. Ikuta, S., K. Nishimiura, T. Yasunaga, S. Ichikawa and Y. Wakao (1988): Biofouling control using a synergistic hydrogen peroxide and ferrous ion technique. Proc. Int. Water Conf., Eng. Soc. West Pa., 49th; 449–458
117. Isner, J.D. and R.C. Williams (1993): Analytical techniques for identifying reverse osmosis foulants. In: Z. Amjad (Hrsg.): Membrane Technology. Van Nostrand Reinhold, New York; 237–274
118. Irvin, R.T. (1990): Hydrophobicity of protein bacterial fimbriae. In: R.J. Doyle and M. Rosenberg (Hrsg.): Microbial cell surface hydrophobicity. Am. Soc. Microb., Washington, DC; 137–178
119. Jann, K. and B. Jann (1977): Bacterial polysaccharide antigens. In: I.W. Sutherland (eds.): Surface carbohydrates of the procaryotic cell. Academic Press, New York; 247–262
120. Jungschaffer, G., R. Reiner, B. Sprössler und A. Scorialo (1988): Verfahren zum Verbessern der Entwässerbarkeit von biologischem Klärschlamm. Eur. Pat. 0 291 665 B 1 v. 25.3.88
121. Kaakinen, J.W. and C.D. Moody (1985): Characteristics of reverse-osmosis membrane fouling at the Yuma desalting test facility. Symp. Rev. Osmos. Ultrafiltr., 359–382
122. Kane, D.R. and N.E. Middlemiss (1985): Cleaning chemicals – state of the knowledge in 1985. In: D. Lund et al. (eds.): Fouling and cleaning in food processing. Univ. Wisconsin, Madison, WI; Extension Duplicating 1985; p. 312
123. Kayser, G. und H.-C. Flemming (1989): Legionellen in Warmwassersystemen. Eine Literaturstudie im Auftrag der KfA Jülich
124. Kinniment, S. and J.W.T. Wimpenny (1990): Biofilms and biocides. Int. Biodet. 26, 181–194
125. Kissinger, J.C. and C.O. Willits (1970): Preservation of reverse osmosis membranes from microbial attack. Food Technol. 24, 177–180
126. Kissinger, J.C. (1970): Sanitation studies of a reverse osmosis unit used for concentration of maple sap. J. mIlk Food Technol. 33, 326–329
127. Kudryavtsev, B.B. (1964): Ultrasonics applications in industry. In: V.F. Nozdreva (ed.): Ultrasound in industrial processing and control. New York; 19–39

128. Kutz, S.M., N.A. Sinclair and D.L. Bently, Characterization of Seliberia and its effects on reverse osmosis membranes. Abstr. Ann. Meet. Am. Soc. Microbiol., Las Vegas, Nevada; 223, 1985
129. Kutz, S.M., D.L. Bently, N.A. Sinclair and L.M. Kelley, Morphological diversity of a bacterium resembling Seliberia: an electron microscopic evaluation of nutritional effects. Abstr. Ann. Meet. Am. Soc. Microbiol., Washington, D.C.; 189, 1986
130. Kutz, S.M., D.L. Bentley and N.A. Sinclair, Morphology of a Seliberia-like organism isolated from reverse osmosis membranes, In: Perspectives in microbial ecology, F. Megusar and M. Gantar, (eds.), Slov. Soc. Microbiol., Ljubljana, 1986, 584-587
131. Lawrence, J.R., D.R. Korber, B.D. Hoyle, J.W. Costerton and D.E. Caldwell (1991): Optical sectioning of microbial biofilms. J. Bact. 173, 6558-6567
132. Leahy, T.M. III., Recent experience with CTA hollow fiber membranes at the Roswell Test Facility. Proc. 8th Ann. Conf. Water Supply Improvement Assoc., Ipswich, Massachussetts, 1980
133. LeChevallier, M.W., T.M. Babcock and R.G. Lee (1987): Examination and characterization of distribution system biofilms. Appl. Environ. Microbiol. 53, 2714-2724
133a. Le Chevallier, M.W., C.D. Cawthon and R.G. Lee (1988): Inactivation of biofilm bacteria. Appl. Environ. Microbiol. 54, 2492-2499
134. LeChevallier, M.W. (1991): Biocides and the current status of biofouling control in water systems. In: H.-C. Flemming and G.G. Geesey (eds.): Biofouling and Biocorrosion in Industrial Water Systems, 113-132; Springer, Heidelberg
135. LeChevallier, M.W. and G.F. McFeters (1990): Microbiology of activated carbon. In: G.F. McFeters (Hrsg.): Drinking water microbiology. Springer, New York, Berlin; 104-119
136. Leslie, G. (1993): Bacterial fouling of microfiltration membranes. Ph. D. thesis, University of New South Wales, School of Chemical Engineering and Industrial Chemistry, P.O. Box 1, Kensington, NSW 2033, Australia
137. Light, W.G., J.L. Perlman, A.B. Riedinger and D.F. Needham (1988): Desalination of nonchlorinated surface seawater using TFC-membrane elements. Desalination 70, 47-65
138. Lim, K.J., C.L. Young and V.F. Gerencser (1979): A simple ultrasound method to characterize in vitro plaque inhibition activity. J. Dent. Res. 58, 665-669
139. Line, M.A. (1983): Catalase activity as an indicator of microbial colonization of wood. In: T.A. Oxley and S. Barry (eds.): Biodeterioration 5. John Wiley, New York; 38-43
140. Lintner, K. und S. Bragulla (1988): Reinigung von Desinfektion von Membrananlagen. Henkel Referate 24, 42-45
141. Little, B.J. and J.R. DePalma (1988): Marine biofouling. Treat. Mat. Sci. Technol. 28, 89-119
142. Loeb, G.I. and R.A. Neihof (1975): Marine conditioning films. In: R.E. Baier (eds.): Applied chemistry at protein interfaces. Am. Chem. Soc., Washington; 319-335
142a. Lopez-Pila, J.M. and H. Dizer (1992): Elimination of viruses from secondary effluent by UV and membrane filtration. 6th Int. Symp. Microb. Ecol. Barcelona, P1-10-06
143. Lowe, M.J., J.E. Duddridge, A.M. Pritchard and T.R. Bott (1984): Biological-particulate fouling interactions: effect of suspended particles on biofilm development. Inst. Chem. Eng. Symp. Ser. 86, 391-400
143a. Maloney, S.W., I.H. Suffet, K. Bancroft and H.M. Neukrug (1985): Ozone - GAC following conventional US drinking water treatment. J. Am. Water Works Assoc. 77 (8), 66-73
143b. Marino, R.P. and F.F. Gannon (1991): Survival of fecal coliforms and fecal streptococci in sediments. Water Res. 25, 1089-1098
144. Marmur, A. and E. Ruckenstein (1986): Gravity and cell adhesion. J. Coll. Int. Sci. 114, 261-266
145. Marshall, K.C. (1992): Biofilms: an overview of bacterial adhesion, activity and control at surfaces. ASM News 58, 202-207
146. Marshall, K.C. (1985): Bacterial adhesion in oligotrophic habitats. Microb. Sci. 2, 321-326
146a. Marshall, K.C. and B. Blainey (1991): Role of bacterial adhesion in biofilm formation and biocorrosion. In: H.-C. Flemming and G.G. Geesey (eds.): Biofouling and biocorrosion in industrial water systems. Springer, Heidelberg; 28-45

147. Marshall, K.C., R. Stout and R. Mitchell (1971): Mechanism of the initial events in the sorption of marine bacteria to surfaces. J. Gen. Microbiol. 68, 337–348
148. Martin, R.S., W.H. Gates, R.S. Tobin, D. Grantham, R. Sumarah, P. Wolfe and P. Forestall (1982): Factors affecting coliform bacteria growth in distribution systems. J. Am. Water Works Assoc. 74 (1), 34–37
149. Martyak, J.E. (1988): Reverse osmosis/deionized water bacterial control at the central production facility. Microcontamination (1), 34–55
150. Matauschek, J. (1961): Einführung in die Ultraschalltechnik. VEB Verlag Technik, Berlin
151. McCoy, W.F. and J.W. Costerton (1982): Fouling biofilm development in tubular flow systems. Dev. Ind. Microbiol., 23, 551–558
152. McDonogh, R., G. Schaule and H.-C. Flemming (1994): Hydrodynamic and permeation properties of biofouling layers on membranes. J. Membr. Sci. 87, 199–217
152a. McDonogh, R., G. Schaule und H.-C. Flemming: The permeability of fouling layers on membranes. F. Membr. Sci. 87, 199–217
153. McDonough, F.E. and R.E. Hargrove (1972): Sanitation of reverse osmosis/ultrafiltration equipment. J. Milk Food Technol. 35, 102–106
154. McEldowney, S. and M. Fletcher (1986): Variability of the influence of physicochemical factors affecting bacterial adhesion to polystyrene substrata. Appl. Environ. Microbiol. 52, 460–465
155. Meyer-Reil, L.A. (1978): Autoradiography and epifuluresence microscopy combined for the determination of number and spectrum of acctively metabolizing bcteria in natural waters. Appl. Envir. Microb. 36, 506–512
156. Melo, L.F. and M. Pinheiro (1992): Biofouling in heat exchangers. In: Melo, M.M. Fletcher, T.R. Bott and B. Capdeville (eds.): Biofilms – science and technology. Kluwer Acad., Dordrecht; 501–509
157. Miller, P.C. (1981): Biological fouling film formation and destruction. PhD Thesis, University of Birmingham
158. Milligan, D.G. and D.H. Paul (1991): Reverse osmosis: biofouling. Desal. Wat. Reuse Quart. 2/1, 8–11
159. Mittelman, M.W. and G.G. Geesey (1987): Biological fouling in industrial water systems. Water Micro Associates, San Diego, P.O. Box 28848, San Diego, CA 92128–0848; 269–347
160. Mittelman, M.W. (1987): Biological fouling of purified water systems. In: Mittelman, M.W. und G.G. Geesey (eds.): Biological fouling of industrial water systems: a problem solving approach; 194–233, Water Micro Associates, San Diego
161. Mittelman, M.W. and D.C. White (1989): The role of biofilms in bacterial penetration of microporous membranes. Proc. Pharm. Tech. Meet., Sept. 18–20, Philadelphia; 211–221
162. Mittelman, M.C. (1991): Bacterial growth and biofouling control in purified water systems. In: H.-C. Flemming and G.G. Geesey (eds.): Biofouling and biocorrosion in industrial water systems. Springer, Heidelberg, 113–134
163. Mittelman, M.W., J.M.H. King, G.S. Sayler and D.C. White (1992): On-line detection of bacterial adhesion in a shear gradient with bioluminescence by a Pseudomonas fluorescens (lux) strain. J. Microb. Meth. 15, 53–60
164. Morita, R.Y. (1985): Starvation and miniaturization of heterotrophs with special emphasis on maintenance in the starved viable state. In: M. Fletcher and G. Floodgate (eds.): Bacteria intheir natural environments: the effect of nutrient conditions. Soc. Gen. Microbiol., U.K.; 111–130
165. Motomura, H. and Y. Taniguchi, Durability study of cellulose acetate reverse osmosis membrane and adverse circumstances for desalting, in: Synthetic Membranes. Vol. I: Desalination, A.F. Turbak, (ed.), Am. Chem. Soc., Washington, D.C., 79, 1981
166. Mozes, N. and P.G. Rouxhet (1987): Methods for measuring hydrophobicity of micro-organisms. J. Microb. Meth. 6, 99–112
167. Müller, R.C. (1946): Medizinische Mikrobiologie. Urban & Schwarzenberg, Berlin; 246
168. Nagy, L.A. and B.H. Olson (1985): Occurrence and significance of bacteria, fungi and yeasts associated with distribution pipe surfaces. Proc. Water Qual. Tech. Conf. Houston, Tx, Am. Water Works Assoc., Denver

169. Nesaratnam, R.N. and T.R. Bott (1984): Effects of velocity and sodium hypochlorite derived chlorine concentration on biofilm removal from aluminium tubes. Heat. Vent. Eng. Feb./March, 5–8
170. Neu, T.R. and K.C. Marshall (1991): Microbial "footprints" – a new approach to adhesive polymers. Biofouling 4, 101–112
171. Neu, T.R. (1992): Polysaccharide in Biofilmen. Jahrbuch f. Biotechnol., 4. Ausg.; Carl Hanser Verlag, München; i. Dr.
172. Newman, H.N. and D. Adams (1982): Adhesion to teeth of live and killed Streptococcus mutans. Microbios Lett. 20, 35–46
173. Nickels, J., R.-J. Bobbie, D.F. Lott, R.F. Maritz, P.H. Benson and D.C. White (1981): Effect of manual brush cleaning on biomass and community structure of microfouling film formed on aluminium and titanium surfaces exposed to rapidly flowing seawater. Appl. Environ. Microbiol. 41, 1442–1453
174. Novitsky, J.A. and R.Y. Morita (1976): Morphological characterization of small cells resulting from nutrient starvation of a psychrophilic marine vibrio. Appl. Environ. Microbiol. 32, 617–622
175. O'Carroll, K. (1988): Assessment of bacterial activity. In: B. Austin (Hrsg.): Methods in aquatic bacteriology. John Wiley, New York; 347–366
176. Oberkofler, J. und C. Möller-Bremer, (1990): Verfahren zur Herabsetzung der Schleim- und Belagsbildung in Anlagen. Dt. Pat. DE 38 41 596 A 1, v. 13.6.1990
177. Oberkofler, J. (1989): Biozidfreie Schleim- und Ablagerungskontrolle auf Basis des biologischen Gleichgewichtes. Wochenbl. Papierfabr. 117, 920–923
178. Obst, U. und A. Holzapfel-Pschorn (1988): Enzymatische Tests für die Wasseranalytik. R. Oldenbourg Verlag, München
179. Olson, B. (1982): Assessment and implications of bacterial regrowth in water distribution systems. EPA-600/52-82-072. US Environmental Protection Agency, Cincinnatti, Ohio
180. Organ, R.M. (1983): The needs of museums for biocides. In: T.A. Oxley and S. Barry (Hrsg.): Biodeterioration 5, 409–415
181. Owens, N.F., D. Gingell and P.R. Rutter (1987): Inhibition of cell adhesion by a synthetic polymer adsorbed to glass shown under defined hydrodynamic stress. J. Cell Sci. 87, 667–675
182. Pantke, M. und G. Patuska (1984): Mikrobiologische Schadensanalyse an Grenzwertgebern für Heizöllagertanks. Amts- und Mitt.-Bl. Bundesanst. Materialf. 14, 329–332
183. Parekh, B.S. (Hrsg.) (1988): Reverse osmosis technology. Marcel Dekker Inc., New York and Basel; 516 pp.
184. Patterson, M.K., G.R. Husted, A. Rutkowski and D.C. Mayette (1991): Isolation, identification and microscopic properties of biofilms colonizing large-volume UPW distribution systems. Ultrapure Water, May/June 1991, 18–24
185. Paul, J.H. and W.H. Jeffrey (1985): Evidence for separate adhesion mechanisms for hydrophilic and hydrophobic surfaces in Vibrio proteolytica. Appl. Environ. Microbiol. 50, 431–437
186. Paul, J.H. and W.H. Jeffrey (1985): The effect of surfactants on the attachment of estuarine and marine bacteria to surfaces. Can. J. Microbiol. 31, 224–228
187. Paul, D.H. (1992): Reverse osmosis: scaling, fouling & chemical attack. Desalin. Wat. Reuse Quart. 4/1991, 8–11
188. Payment, P. (1989): Bacterial colonization of domestic reverse-osmosis water filtration units. Can. J. Microbiol. 35, 1065–1067
189. Payne, K.R. (1988): Industrial biocides. Crit. Rep. Appl. Chem. 23, John Wiley, London, New York; 118 pp.
190. Pedersen, K. (1990): Biofilm development on stainless steel and PVC surfaces in drinking water. Water Res. 24, 239–243
191. Poirier, S.J. (1985): The new role of TOC analysis in pure water system management. Proc. 4th. Ann. Semicond. Pure Water Conf., Jan., San Francisco; 197–210
192. Power, K. and K.C. Marshall (1988): Cellular growth and reproduction of marine bacteria on surface-bound substrate. Biofouling 1, 1–12

193. Pringle, J.H. and M.M. Fletcher (1986): Influence of substratum hydration and adsorbed macromolecules on bacterial attachment to surfaces. Appl. Envir. Microb. 51, 1321 - 1325
194. Puelo, R.J., M.S. Favero and G.J. Tritz (1967): Feasibility of using ultrasonics for removing viable microorganisms from surfaces. Contam. Contr. 15, 58 - 62
195. Rautenbach, R. und R. Albrecht (1981): Membran-Trennverfahren. Ultrafiltration und Umkehrosmose. Verlag Salle und Sauerländer, Frankfurt.
196. Reasoner, D.J. and E.E. Geldreich (1985): A new medium for enumeration and subculture of bacteria from potable water. Appl. Environ. Microbiol. 49, 1 - 7
197. Rechen, H.C. (1985): Piping system design and materials for optimal performance in ultrapure water transmission. Ultrapure Water, Jan./Feb. 1985, 39 - 42
198. Reese, E.T., Biological degradation of cellulose derivatives. Ind. Eng. Chem. 49, 89 - 93, 1957
199. Ridgway, H.F., E.G. Means and B.H. Olson (1981): Iron bacteria in drinking water distribution systems: elemental analysis of Gallionella stalks, using X-ray dispersive microanalysis. Appl. Environ.Microbiol. 41, 288 - 297
200. Ridgway, H.F. and B.H. Olson (1981): Chlorine resistance patterns of bacteria from two drinking water distribution systems. Appl. Environ. Microbiol. 44, 972 - 987
202. Ridgway, H.F., A. Kelly, C. Justice and B.H. Olson (1983): Microbial fouling of reverse osmosis membranes used in advanced wastewater treatment technology: Chemical, bacteriological and ultrastructural analyses. Appl. Envir. Microbiol. 45, 1066 - 1084
203. Ridgway, H.F., M.G. Rigby and D.G. Argo (1984): Biological fouling of reverse osmosis membranes: the mechanism of bacterial adhesion. Proc. Water Reuse Symp. II "The Future of Water Reuse", San Diego, 1314 - 1350
204. Ridgway, H.F., M.G. Rigby and D.G. Argo (1984): Adhesion of a mycobacterium sp. to cellulose diacetate membranes used in reverse osmosis. Appl. Environ. Microbiol. 47, 61 - 67
205. Ridgway, H.F., M.G. Rigby and D.G. Argo (1985): Bacterial adhesion and fouling of reverse osmosis membranes. J. Am. Water Works Assoc. 77, 97 - 106
207. Ridgway, H.F., D.M. Rodgers and D.G. Argo (1986): Effect of surfactants on the adhesion of mycobacteria to reverse osmosis membranes. Semiconductor Pure Water Conference, Jan. 16 - 17, Conf. Transcripts, 133 - 164
208. Ridgway, H.F. (1987): Microbial fouling of reverse osmosis membranes: genesis and control. In: Geesey, G.G. and M.W. Mittelman (Hrsg.): Biological fouling of industrial water systems. Water Micro Associates, San Diego, CA, 138 - 193
209. Ridgway, H.F. (1988): Microbial adhesion and biofouling of reverse osmosis membranes. In: B.S. Parekh, (Hrsg.): Reverse osmosis technology. Marcel Dekker, New York, Basel; 429 - 481
210. Ridgway, H.F. and J. Safarik (1991): Biofouling on reverse osmosis membranes. In: H.C. Flemming and G.G. Geesey (Hrsg.): Biofouling and biocorrosion in industrial water systems. Springer Verlag, Heidelberg, Berlin; 81 - 111
211. Rittmann, B.E. (1989): Detachment from biofilms. In: W.G. Characklis and P. Wilderer (Hrsg.): Structure and function of biofilms. John Wiley, New York; 49 - 58
212. Rodriguez, G.G., D. Phipps, K. Ishiguro and H.F. Ridgway (1992): Use of a fluorescent redox probe for direct visualization of actively-respiring bacteria. Appl. Environ. Microbiol. 58, 1801 - 1808
213. Rose, A.H. (1981): History and scientific basis of microbial biodeterioration of materials. In: A.H. Rose (Hrsg.): Microbial biodeterioration. Academic Press, London; 1 - 18
213a. Rosenberg, E. and N. Kaplan (1986): Surface-active properties of Acinetobacter exopolysaccharides. In: M. Inouye (ed.): Bacterial outer membranes as a model system. Interscience Publ., New York; 311 - 342
214. Rosenberg, M. and S. Kjelleberg (1986): Hydrophobic interactions: role in bacterial adhesion. Adv. Microb. Ecol. 9, 353 - 393
214a. Rosenberg, M., S. Rottem and E. Rosenberg (1982): Cell surface hydrophobicity of smooth and rough Proteus mirabilis strains as determined by adherence to hydrocarbons. FEMS Microbiol. Lett. 13, 167 - 169
215. Rossmoore, H.W. and M. Sandossi (1988): Applications and mode of formaldeyde condensate biocides. Adv. Appl. Microbiol. 33, 223 - 277

216. Rutter, P.R. and B. Vincent (1980): The adhesion of micro-organisms to surfaces: physico-chemical aspects. In: D.C. Savage and M.M. Fletcher (Hrsg.): Microbial adhesion to surfaces. Ellis Horwood Publ., Chichester; 79-92
217. Rutter, P. and R. Leech (1980): The deposition of Streptococcus sanguis NCTC 7868 from a flowing suspension. J. Gen. Microbiol. 120, 301-307
218. Rutter, P.R. and B. Vincent (1984): Physicochemical interactions of the substratum, microorganisms and the fluid phase. In: K.C. Marshall (Hrsg.): Microbial adhesion and aggregation. Springer Verlag, Berlin, Heidelberg, New York, Tokyo; 21-38
219. Santos, R., M.E. Callow and T.R. Bott (1991): The structure of Pseudomonas fluorescens biofilms in contact with flowing systems. Biofouling 4, 319-336
220. Sar, N. and E. Rosenberg (1983): Emulsifier production by Acinetobacter calcoaceticus strain. Curr. Microbiol. 9, 309-314
221. Schaule, G., H.C. Flemming and K. Poralla (1990): Primary biofouling in membrane processes - influence of various factors. Dechema Biotechnology Conferences Vol. 4, 1010-1013
222. Schaule, G. (1992): Primäradhäsion von Pseudomonas diminuta an Filtermembranen. Dissertation, Universität Tübingen
223. Schaule, G., H.-C. Flemming and K. Poralla (1992): Forces involved in primary adhesion of Pseudomonas diminuta to filtration membranes. 5th Int. Conf. on Microb. Ecol., Barcelona, September 8-12, 1992.
224. Schaule, G., A. Kern and H.-C. Flemming (1993): RO treatment of dump trickling water - membrane biofouling. A case history. Desal. Wat. Reuse, Vol 3/1, 17-23
225. Schaule, G., H.-C. Flemming and H.F. Ridgway (1993): The use of CTC (5-cyano-2,3-ditolyl tetrazolium chloride) in the quantification of respiratory active bacteria in biofilms. Appl. Environ. Microb. 59, 3850-3857
225a. Schaule, G., H.-C. Flemming (1994): Quantifizierung atmungsaktiver Bakterien in Wasser und in Biofilmen mit einem fluoreszierenden Redox-Farbstoff. Werkstoffe und Korrosion 45, 54-57
226. Scheer, R. (1990): Wasserkeime auf Membranfiltern. Dt. Apoth. Z. 130, 20-21
227. Schlegel, H.G. (1985): Allgemeine Mikrobiologie. Thieme, Stuttgart
228. Schmidt, H. (1983): Verhinderung organischer Ablagerungen und mikrobielle Kontrolle in industriellen Kühlwassersystemen. Wasser, Luft u. Betrieb 27, 12-17
229. Schneider, R. and K.C. Marshall (1992): The role of conditioning films in bacterial adhesion in the einvironment. 6th Int. Sympl. MIcrob. Ecol., Sep. 6-11, Barcelona, C2-5-3
229a. Schmitt, J. und H.-C. Flemming (1994): Die FTIR-Spektroskopie zur Untersuchung von Biofilmen. Werkstoffe und Korrosion 45, 58-64
229b. Schmitt F., Krietemeyer, G.v.d. Bosche und H.-C. Flemming (1995): Biofilme in der Trinkwasseraufbereitung. DVGW-Schriftenreihe, im Druck
230. Schoenen, D. und E. Thofern (1981 b): Mikrobielle Besiedlung von Auskleidungsmaterialien und Baustoffen im Trinkwasserbereich. 9. Mitt.: Experimentelle Untersuchungen von Zementmörtel für Fliesenauskleidung unter Laboratoriumsbedingungen. Zbl. Bakt. Hyg. I. Abt., Orig. B 174, 375-382
231. Schoenen, D. (1990): Influence of materials on the microbiological colonization of drinking water. In: P. Howsam (Hrsg.): Microbiology in civil engineering. Chapman & Hall, London; 121-145
232. Schoenen, D. und E. Thofern (1981 a): Mikrobielle Besiedlung von Auskleidungsmaterialien und Baustoffen im Trinkwasserbereich. 6. Mitt.: Esxperimentelle Untersuchung von Chlorkautschukanstrichen unter Praxis- und Laborbedingungen. Zbl. Bakt. Hyg., I. Abt. Orig. B 173, 197-203
233. Schulze-Röbbecke, R., R. Fischeder, (1989): Mycobacteria in biofilms. Zbl. Bakt. Hyg. 188, 385-390
233a. Schulze-Röbbecke, R., B. Jannig and R. Fischeder (1992): Occurrence of mycobacteria in biofilm samples. Tubercle & Lung Disease 73, 141-144
234. Seidler, R.J., J.E. Morow and S.T. Bagley (1977): Klebsiellae in drinking water emanating from Reedwood tanks. Appl. Environ. Microbiol. 33, 893-900

235. Seidler, E. (1991): The tetrazolium-formazan system: design and histochemistry. G. Fischer Verlag, Stuttgart, New York; 86 pp.
236. Seiferth, R. und. W. Krüger (1950): Überraschend hohe Reibungsziffer einer Fernwasserleitung. VDI-Zeitschr. 92, 189-191
236a. Servais, P., A. Anzil and C. Ventresque (1989): Simple method for determination of biodegradable dissolved organic carbon in water. Appl. Environ. Microbiol. 55, 2732-2734
237. Setz, W. (1990): Aspekte bei der Neukonzeption einer Aufbereitungsanlage für aqua purificata im Pharmabereich. Pharma Technol. J., Concept Heidelberg, P.O. Box 101764; 110-120
238. Siegrist, H. (1985): Stofftransportprozesse in festsitzender Biomasse. Dissertation an der ETH Zürich
239. Simonetti, J.A. and H.F. Schroeder (1984): Evaluation of bacterial grow-through. J. Environ. Sci. 26(6), 27-32
240. Sinclair, N.A., Microbial degradation of reverse osmosis desalting membranes. Operation and Maintenance of the Yuma Desalting Test Facility. Vol. IV. U.S. Department of the Interior, Bureau of Reclamation, Yuma, Arizona, 1982
241. Sly, L.I., M.C. Hodgkinson and V. Arunpairojana (1988): Effect of water velocity on the early development of manganese-depositing biofilm in a drinking water distribution system. FEMS Microb. Ecol. 53, 175-186
242. Snyder, A.P. and D.B. Greenberg (1984): Viable microorganism detection by induced fluorescence. Biotechnol. Bioeng. 26, 1395-1397
243. Stenström, T.A. (1989): Bacterial hydrophobicity, an overall parameter for the measurement of adhesion potential to soil particles. Appl. Environ. Microbiol. 55, 142-147
244. Stoecker, J.G. and D.H. Pope (1986): Study of biological corrosion in high temperature demineralized water. Paper No. 126, Proc. Nat. Asso. Corr. Engn. Ann. Meet., NACE Publications, Houston, Texas
245. Switalski, L., M. Höök and E. Beachey (1988): Molecular mechanisms of microbial adhesion. Springer Verlag, New York, Heidelberg.
246. Szewzyk, U. and B. Schink (1988): Surface colonization by and life cyclus of Pelobacter acidigalli studied in a continuous-flow microchamber. J. Gen. Microbiol. 134, 183-190
247. Szewzyk, R. and W. Manz (1992): Survival of pathogenic bacteria in biofilms of water bacteria. 6th. Int. Conf. Microbial Ecology, September 7-11, Barcelona, Spain; Poster Nr. P2-04-21
247a. Tanford, T.F. (1980): The hydrophobic effect of living matter. Science 200, 1012-1018
248. Ten Cate, J.M. (ed.)(1989): Recent advances in the study of the dental calculus. IRL Press, Oxford
249. Thofern, E. und K. Botzenhart (1974): Untersuchungen zur Verkeimung von Trinkwasser. gwf-Wasser, Abwasser 115, 459-460
250. Thomanetz, E., A. Sperandio und D. Bardtke (1983): Quantifizierung der Biomasse oberflächiger Bakterienfilme auf Filtersanden und Reaktorfüllkörpern von Anlagen zur weitergehenden Abwasserreinigung. Gas Wasser Fach 124, 8-16
251. Trägardh, G. (1989): Membrane cleaning. Desalination 71, 325-335
252. Tuovinen, O.H., K.S. Button, A. Vuorinen, L. Carlson, D.M. Mair and L.A. Yut (1980): Bacterial, chemical and mineralogical characteristics of tubercles in distribution pipelines. J. Am. Water Works Assoc. 72, 626-635
253. Turakhia, M.H., K.E. Cooksey and W.G. Characklis (1983): Influence of a calcium-specific chelant on biofilm removal. Appl. Environ. Microbiol. 46, 1236-1238
254. Tuschewitzki, G.J., M. Exner und E. Thofern (1983): Induktion einer mikrobiellen Wandbesiedlung in Kunststoffschläuchen durch Trinkwasser. Zbl. Bakt. Hyg. B 178, 380-388
255. v. Loosdrecht, M.C.M., J. Lyklema, W. Norde and A.J.B. Zehnder (1989): Bacterial adhesion - a physicochemical approach. Microb. Ecol. 17, 1-15
256. v. Loosdrecht, M.C.M., J. Lyklema, W. Norde, G. Schraa and A. Zehnder (1987): Electrophoretic mobility and hydrophobicity as a measure to predict the initial steps of bacterial adhesion. Appl. Environ. Microbiol. 53, 1898-1901
257. v.d.Wende, E., W.G. Characklis and J. Grochowski (1988): Bacterial growth in water distribution systems. Water Sci. Technol. 20, 521-524

258. v.d.Wende, E. and W.G. Characklis (1990): Biofilms in potable water distribution systems. In: G.A. McFeters (Hrsg.): Drinking water microbiology. Springer International, New York, 249-268
259. van der Kooij, D., A. Visser and W.A.M. Hijnen (1982): Determining the concentration of easily assimilable organic carbon in drinking water. J. Am. Water Works Assoc. 70 (10), 540-545
260. van der Kooij, D. and W.A.M. Hijnen (1985): Measuring the concentration of easily assimilable organic carbon (AOC) treatment as a tool for limiting regrowth of bacteria in distribution systems. Proc. Am. Water Works Assoc. Water Techn. Conf., Houston, TX
261. van Oss, C.J. (1991): The forces involved in bioadhesion to flat surfaces and particles - their determination and relative roles. Biofouling 4, 25-35
261a. Vervey, E.J.W. and J.Th. Ovrbeek (1948): Theory of stability of lyophobic colloids. Elsevier, Amsterdam
262. Wagner, R. (1972): Glossarium. In: Wasserkalender 1972, Erich Schmidt Verlag, Berlin; 163
263. Wallhäußer, K.H. (1988): Praxis der Sterilisation, Desinfektion, Konservierung. Thieme Verlag, Stuttgart, 4. überarb. Aufl.
264. Wasel-Nielen, J.und N. Nix (1990): Kesselspeisewasser - Erzeugung aus Flußwasser durch Ionenaustausch und Umkehrosmose. Erste Betriebserfahrungen. Vom Wassr 75, 127-141
265. Werner, P. and B. Hambsch (1986): Investigations of the growth of bacteria in drinking water. Water Supply 4, 227-230
266. White, D.C. and M.W. Mittelman (1990): Biological fouling of high purity waters: mechanisms and consequences of bacterial growth and replication. 9th. Ann. Semicond. Pure Water Conf., Jan. 17-18, Santa Clara, California; 150-171
267. Whittaker, C., H. Ridgway and B.H. Olson (1984): Evaluation of cleaning strategies for removal of biofilms from reverse-osmosis membranes. Appl. Environ. Microbiol. 48, 395-403
268. Wiatr, C.L. (1990): Controlling industrial slime. Eur. Pat. 0388 115 v. 12.3.90
269. Wiencek, K.M., N.A. Klapes and P.M. Foegeding (1991): Adhesion of Bacillus spores to inanimate materials: effects of substratum and spore hydrophobicity. Biofouling 3, 139-149.
270. Williams, D.E., S.D. Worley, S.B. Barnela and L.J.H. Swango (1987): Bacterial activities of selected organic N-halamines. Appl. Environ. Microb. 53, 2082-2089
271. Winfield, B.A. (1979 b): A study of the factors affecting the rate of fouling of reverse osmosis membranes treating secondary sewage effluents. Water Res. 13, 565-569
272. Winfield, B.A. (1979 a): The treatment of sewage effluents by reverse osmosis - hP based studies of the fouling layer and its removal. Water Res. 13, 561-564
273. Winters, H. and I.R. Isquith (1979): In-plant microfouling in desalination. Desalination 30, 337-399
274. Winters, H., I.R. Isquith, W.A. Arthur and A. Mindler (1983): Control of biological fouling in seawater reverse osmosis. Desalination 47, 233-238
275. Winters, H. (1987): Control of organic fouling at two seawater reverse-osmosis plants. Desalination 66, 319-325
276. Wolf, H. and H. Schoppmann (1989): Streptomyces can grow through small filter capillaries. FEMS Microbiol. Lett. 57, 259-264
277. Wood, P.J. (1980): Specifity in the interaction of direct dyes with polysaccharides. Carb. Res. 85, 271-287
278. Worley, S.B., D.E. Williams and S.B. Barnela (1987): The stabilities of new N-halamine water disinfectants. Water Res. 21, 983-988
279. Wright, J.B., I. Ruseska, M.A. Athar, S. Corbett and J.W. Costerton (1989): Legionella pneumophila grows adherent to surfaces in vitro and in situ. Infect. Contr. Hosp. Epidemiol. 10, 408-415
280. Young-Bandala, L. and R.J. Kajdasz (1983): A rapid method for monitoring microbial fouling in industrial cooling water systems. Proc.-Int. Water Conf., Eng. Soc. West Pa. 44th, 442-446
281. Zips, A., G. Schaule and H.-C. Flemming (1990): Ultrasound as a mean for detachment of biofilms. Biofouling 2, 323-333
282. ZoBell, C.E. (1943): The effect of solid surfaces upon bacterial activity. J. Bact. 46, 39-56

Sachwortverzeichnis

C

D

E

F

G

H

U

V

W

Z

H. Brauer (Hrsg.)

Handbuch des Umweltschutzes und der Umweltschutztechnik

Band 4: Additiver Umweltschutz: Behandlung von Abwässern

1995. Etwa 350 S. Zahlreiche Abb. (Bd. 4) Geb. **DM 118,-**; öS 920,40; sFr 118,-;
ISBN 3-540-58061-1

Band 4 kann als Fortsetzung von *Band 3* verstanden werden. Er enthält die Strategie zur Reduzierung und Rezyklierung von Abwässern und beschreibt die modernen Umweltschutzmöglichkeiten in kommunalen und industriellen Kläranlagen. Die weiteren Teile befassen sich mit Hochleistungsverfahren für die biologische Behandlung hochbelasteter industrieller Abwässer sowie den mechanischen, thermischen und chemischen Verfahren zur Abwasserbehandlung.

B. Böhnke, **W. Bischofsberger**, **C.F. Seyfried** (Hrsg.)

Anaerobtechnik

Handbuch der anaeroben Behandlung von Abwasser und Schlamm

Gefördert durch die Oswald-Schulze-Stiftung

Unter redaktioneller Leitung von **S. Dauber**

1993. XIX, 837 S. 232 Abb. Geb. **DM 198,-**; öS 1544,40; sFr 198,- ISBN 3-540-56410-1

Das umfassende Handbuch für Praxis und Lehre vermittelt den aktuellen Kenntnisstand der anaeroben Behandlung organisch hochverschmutzter Industrieabwässer und von Klärschlämmen, die bei der Reinigung kommunaler und industrieller Abwässer anfallen. Ausgehend von den mikrobiologischen Grundlagen anaerober Abbauprozesse bis hin zur Erläuterung und kritischen Beurteilung in der Praxis ausgeführter Anlagen werden systematisch die verfahrenstechnischen Grundlagen zur Anaerobtechnik erarbeitet und darauf aufbauend Anwendungsmöglichkeiten abgeleitet und anhand ausgeführter Beispiele diskutiert. Die detaillierte Darstellung von Funktionsweise, Einsatzbereich, Leistungsfähigkeit und Wirtschaftlichkeit anaerober Technologien bietet Ingenieurbüros, Beratungsunternehmen und den Betreibern solcher Anlagen sowie auf dem Abwassersektor tätigen innovativen Anlagenherstellern vielfältige Informationen zu allen Fragen der Anaerobtechnik. Abgerundet wird das Buch durch die konsequente Angabe der Literaturbezüge sowie eine Zusammenstellung der wesentlichen Forschungsvorhaben auf dem Sektor der Anaerobtechnologie in den letzten Jahren, so daß bei speziellen Fragestellungen gezielte Recherchen ermöglicht werden.

E. Frehland

Anaerobe Vergärung organischer Reststoffe

1995. Etwa 299 S. 40 Abb. Brosch. etwa DM 88,-

ISBN 3-540-59107-9

Bei dieser Thematik handelt es sich um ein Verfahren zur Abfallverwertung bzw. -entsorgung von organischem Material, das in den letzten Jahren zunehmend an Bedeutung gewonnen hat. Zunächst wird eine ausführliche Darstellung der mikrobiologischen Grundlagen anaerober mikrobieller Prozesse gegeben. Es folgt eine ausführliche Darstellung der technischen Umsetzung des Verfahrenskonzepts einschließlich einer Übersicht über die derzeit auf dem Markt angebotenen teilweise realisierten, teilweise in Planung befindlichen Verfahrensvarianten. Desweiteren wird ein Vergleich mit konkurrierenden bzw. alternativen Verfahren (z.B. thermische Verwertung) angestellt. Ein eigenes Kapitel behandelt die Wirtschaftlichkeitsaspekte der einzelnen Verfahren.

K. Pöppinghaus, W. Filla, S. Sensen, W. Schneider

Abwassertechnologie

Entstehung, Ableitung, Behandlung, Analytik der Abwässer

Herausgeber: **K. Pöppinghaus, W. Schneider, W. Fresenius**

2., völlig neubearb. Aufl. 1994. XX, 1098 S. 292 Abb. Geb. **DM 248,-**; öS 1934,40; sFr 244,- ISBN 3-540-58000-X

Die Abwasserentsorgung stellt nach wie vor eine der größten Aufgaben des Umweltschutzes dar. Das Handbuch deckt den gesamten Bereich der Abwassertechnologie ab: - Abwasseranfallmengen und Konzentrationen aus häuslichen und industriellen Abwässern - Vermeidung, Verminderung und Verwertung von Abwässern - direkte und indirekte Abwasserableitung - Vorbehandlung und zentrale Behandlung der Abwässer sowie Aspekte des Gewässerschutzes.

Die Neuauflage wurde hinsichtlich der neuen Philosophie der Abwasserentsorgung überarbeitet und bietet einen umfassenden Einstieg in die neuheitliche Abwassertechnologie.

Druck: Mercedesdruck, Berlin
Verarbeitung: Buchbinderei Lüderitz & Bauer, Berlin